旅館管理

顧景昇◎著

自序

近年來，餐旅人才的培育向高等教育延伸，許多學校紛紛設立餐旅相關的研究所及科系，陸續投入培養餐旅人才的行列。相關科系的學生除了學習旅館或餐飲管理的技能及專業知識之外，對於餐旅專業領域的研究也受到重視。

本書屬於偏向研究導向分析的教材，希望的有系統的介紹旅館管理領域中研究的議題；然而由於旅館管理是強調實作性的學科，本書同時兼具傳統上旅館管理的教材，也將旅館組織及作業流程介紹給初學者，同時加上一些實例，以強化內容的實作性，這對於初學旅館管理的學生，是相當重要且實用的。

同時隨著科系的擴增及產業面臨環境挑戰，旅館也更須投入高階管理人才的培育，這部分包括管理階層主管的再進修，如許多學校紛紛開設在職專班；服務人員回流的再教育，如許多進修部的設立；以及原有學校培育人才的提升與競爭等，這些原因都讓原有的強調作業層次的教材面臨無法滿足培育未來學生的需求。

撰寫一本教材是不容易的，原因是學習餐旅管理的學生需要實作上的說明，以瞭解基本作業的問題；同時，又必須讓旅館學習者瞭解作業與管理二層面如何連結；另一方面，面對各研究所學生及教師，對餐旅領域的研究投入，尤其對本土產業的研究累積了相當的知識。在這些因素考慮之下，本書將餐旅服務涉及作業問題與管理架構，依序分成九大部分，輔以相關文獻（特別是碩博士論文）為佐證，並提供研究可以思考的理論說明，以及學習者能夠在實務與理論之間取得平衡。如果您所任教的學生並非研究取向者，建議您仍然以實務及作業程序多作說明；如果需要朝研究導向的課程安排時，希望書中的理論可以縮短您摸索的時間。

這本書得以完成，最要感謝揚智文化協助不計成本出版本書，鄧宏如小姐及曾慧青小姐在整本書的編排上，提供寶貴意見，也一併致謝。最後感謝並期待採用這本書的所有讀者，能提供您寶貴的意見（聯絡方式：edward_ku@seed.net.tw），做為未來修正本書的參考。

顧景昇 謹識

旅館管理

目錄

目　錄

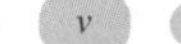

目錄

目 錄

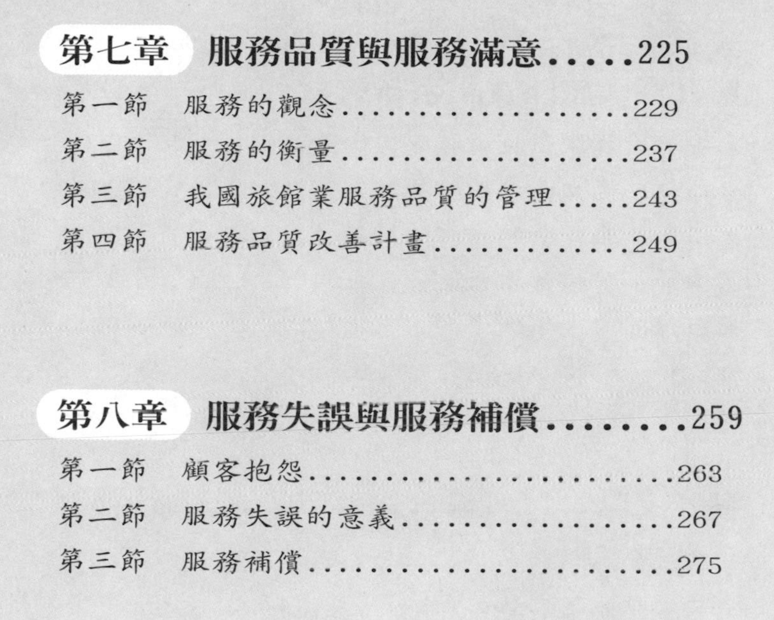

目錄

第一章　旅客行為與旅館業發展

旅館商品

旅客選擇旅館的考慮因素

旅館的分類

我國旅館業的發展

旅客消費研究

消費資訊對強化商品之重要性

雅文期盼的特別休假終於來了，在朋友的推薦下，決定到東南亞國家去玩一趟，雅文在網路上搜尋了一番，發現曼谷連鎖旅館的精緻廣告，讓雅文好動心。

曼谷連鎖旅館對外宣布全新的Aleenta旅館將於2003年1月1日在班汶里開幕。Aleenta Pranburi是Aleenta開發公司未來幾年計劃在泰國發展精緻、高級的小型渡假旅館。旅館開發執行長Anchalika Kijkanakorn表示：「我們的目標是以不同的方式，擷取泰國熱情的風貌，創造一種全新的渡假方式、一種旅客可以完全用心品味的旅館，結合獨特設計、好吃的食物及創意式的服務。最重要的是讓顧客玩的盡興。」這讓雅文好心動。

在Aleenta，旅客可以在豪華的裝潢中感受溫馨、舒適。所有房間可直接通達海灘，彷彿在天堂般的大床、柔軟舒適的浴巾，男女專用浴袍、拖鞋，以及精心設計的衛浴設施。旅館中的俱樂部會所是美食餐廳、泳池、小型的閣樓SPA及遠眺海景的開放式雞尾酒吧。但旅館中最特殊的是「一間房間、一種風格」的設計。在Aleenta每個房間都有各具特色，也有自己的名字，"Ylang Ylang"是一間獨立式、直通海邊的木屋。它最特別的地方在於窗戶設計可以敞開至180度，旅客不管在白天或晚上都可以隨時欣賞到海景，還有一座容納二人的戶外泳池，到海濱渡假就該有這樣的享受。而Basil Sweet是建於海灘上的三層樓高的閣樓式套房，擁有完全私密的空間，還可以盡覽暹邏灣及三百峰國家公園（Khao Sam Roi Yod）的美麗景致。"Basil Sweet"還有一個私人的日光浴空間及可容納二人的大浴缸，雅文迫切想要享受這種獨特設計的房間。

Din and Fa（地與天）是位於海灘邊的一棟二層樓、雙臥室住宅，適合二對情侶、夫妻或小團體使用。一樓可直接通往海濱、擁有一座專屬泳池。樓上，前、後皆有陽台及寬敞的日光浴空間，白天可以小憩的床及蓮花池。這裡最適合白天悠閒懶散、夜晚仰望星斗的悠閒渡假方式。

Aleenta位於班汶里海濱，距離華欣約20分鐘車程，是距離曼谷最近的最佳渡假選擇，Aleenta與華欣的旅館相較下，雖然是小型旅館，但卻更加精緻豪華，10間連接隱密海灘的房間，還有旅館專業服務人員在旁的服務，Aleenta宛如一間私人的渡假俱樂部。Aleenta共有5間海景套房、3間海濱木屋及專屬泳池、一棟2層樓高的海濱，有日光浴區及專屬泳池的別墅。此外，由旅館經營，占地達2千平方英尺的"Frangipani"海濱別墅最高可容納6個人。

慶祝開幕，Aleenta推出每晚5,000泰銖（$125美元）起的房價優惠（外加10%服務費及7%政府稅），2003年1至2月旅館提供優惠渡假專案，由於房間數量不多，雅文立刻透過旅行社安排前往的行程，並且預訂這間旅館，準備好好放鬆一番。

隨著時代的進步、交通工具的發達及經濟的成長，人們在商務活動上日趨頻繁，同時亦渴望能充分地休閒渡假其體驗大自然的風貌。無論爲了何種目的，在旅途中，選擇舒適的旅館住宿環境，讓旅途中充分的休息，或是將旅館視爲休閒度假的地點，體驗住宿的樂趣，成爲現代人旅遊活動中相當重要行程考慮關鍵之一（顧景昇，1993；陳凌娟，2003）。

旅館事業在我國的起步較慢，直到希爾頓國際連鎖旅館（Hilton）引進之後，對我國旅館事業不論在旅館商品的提升，作業流程的改進及服務觀念上，具有相當大的助益。旅館業係屬服務性的事業之一，提供旅客住宿、餐飲、休閒與會議等設施之場所，與觀光整體產業中之的餐飲服務業、旅行業、航空業等事業，均具有舉足輕重的地位。

對旅館業經營者而言，旅館業必須隨著時代潮流趨勢，隨時掌握消費者的習性，同時瞭解旅館經營趨勢的改變、調整經營方式，更新設備，並不斷提升服務水準，發展獨特的商品價值或服務模式，才能在激烈競爭中保持優勢。

第一節　旅館商品

一、旅館的發展

旅館（Hotel）一詞，其原意係指在法國大革命前，許多貴族利用市郊的私人別墅，盛情接待朋友。亦即在鄉間招待貴賓用的別墅稱爲Hotel，後來歐美各國就沿用此一名詞。東南亞許多國家的獨幢別墅（Villa）最初也用作招待貴賓或度假之用。隨著經濟起飛、飛行器的發展，在商務需求殷切的驅動下，現代美國所經營的旅館規模，有從極簡單的組織，演變成爲大型連鎖化的旅館（吳勉勤，1998；李欽明，1998）。

由於接待業務日趨繁雜，旅館由提供簡單的住宿設施擴張，逐漸演進到飯店、客棧的設立。大部分業者以原有設備和人力，來兼營這種事業，其中都是以供應餐食和飲料爲主，偶有提供簡單住宿的設備。具現代化設備的旅館出現，是在1800到1920年之間，美、英、法等國相繼建造旅館，由中小型演變至大型規模的飯店。旅館設備擴充上日新月異，許多美國旅館爲符合現代生活的需要，不斷地改善設備；近來美國許多經營旅館業的企業，除了在其所在地區經營之外，同時在其他城市投資興建新的旅館，或是透過連鎖經營的方式，或收購現成旅館，不斷擴展旅館業務體系。

二、旅館的定義

各國對旅館的定義，最早始於1915年美國在俄亥俄州召開一次旅館業大會，會中通過了對「旅館」的定義：「凡是一所大廈或其他建築物，曾公開宣導並爲眾所周知，專供旅客居住和飲食而收取費用的，在人口不到1,000人的鄉鎮裡有5間以上的臥室，不到10,000人的城市裡有15間以上的臥室，超過10,000人口的市鎮有25間以上的臥室。且在同一場所或其附近設有1間或1間以上的餐廳或會客室，以提供旅客飲食者，即被認定是旅館」。並規定「任何私人商號、公司均得利用一所大樓或其他建築經營餐旅業務，但必須爲有關主管機關登記核准，始得稱爲旅館」。

延伸旅館業大會對於旅館的定義，旅館專爲供應旅客們日常生活所需的居住、飲食及相關休閒的設施，使每一位賓客都能得到舒適的休憩。隨著時空變化及經濟成長，旅館經營的基本條件，除了應具有標準的設備之外，應特別注重對旅客周到

的服務，客人對旅館的需求已不再局限於住宿或餐點的提供。相對地，旅館進而擴充其服務功能，包括會議及宴會場所、購物、娛樂設施、健康中心等，旅館成爲社交中心，或成爲城市的象徵。除此之外，讓每位客人感受到「賓至如歸」的感覺；服務成爲旅館經營中一項不可或缺的無形性產品。衡量旅館發展的趨勢，旅館業漸漸被定義爲：「專爲公眾提供住宿、餐飲及其他有關服務的建築物或設備，業者透過提供這些商品過程而獲得利潤。」(吳勉勤，1998；李欽明，1998)。

三、產品內容

就國際觀光館業而言，客房與餐飲服務是直接提供給顧客的實體產品，讓不同的顧客在住宿期間，能夠感受國際觀光旅館提供之實體產品所產生不同價值的利益，爲國際觀光旅館行銷的重點，亦即由消費者之觀點旅館行銷必須著重於對消費者資訊的掌握，將實體產品屬產轉化爲消費者期望得之實質利益。國際觀光旅館提供旅客住宿、餐飲及其它設備的場所，其實體產品包括：

(一)客房 (Room)

客房是旅館提供消費者最基本的實體產品，客房大小及裝潢爲因應不同市場區隔而呈現不同的風貌。其設計除可區分不同等的規劃外，另有對特定目標市場規劃的客房，其型態有專爲女性旅客規劃的仕女樓層；爲商務人士規劃的商務客房；爲長住型客人規劃的公寓式套房等。除了客房內部設計外，客房產品亦包括周圍環境之品質，以吸引不同需求之消費者。商務旅館服務與住客消費行爲之研究中發現，商務旅館旅客多位居中高以上的社會階層；由旅客動機相互反應出對旅館服務的認同度，硬體設備比軟體服務獲得較高的認同；旅客生活型態中，以品質享受者所占比重最高；旅客在停留夜數、付費者、下榻次數到住宿身分皆有集中化的現象（左如芝，2002），經營者在規劃旅館客房設備時應明顯地區隔市場。

(二)餐飲（Food & Beverage）

餐飲服務是國際觀光旅館提供之另一項重要的實體產品，其包括不同風味及型態的餐廳，及與客房產品結合之餐飲服務，亦有專為會議及宴客需求之顧客提供餐飲商品。在國際觀光旅館西式自助餐行銷策略之質化研究中得之，參與訪談的專家對未來五年內台北市國際觀光旅館西式自助餐行銷策略發展趨勢之一致看法：台北市國際觀光旅館西式自助餐將以餐飲衛生及品質增強在顧客心目中的品牌形象為行銷重點（艾明德，2000）。然而值得關心的趨勢是，禁煙問題對餐廳消費行為之研究中建議業者若致力於改善餐廳形象，且消費族群設定為女性及41至50歲的消費大眾，則可考量實施禁煙措施，建議餐飲業者及早規劃禁煙空間，以因應消費潮流之所需。餐廳形象正向地影響消費者購買意願（郭先豪，1996）。

(三)備品（Amenities）

備品為客房之內附屬之產品，包括住宿基本所需的浴袍、牙膏、肥皂等衛浴備品及其它陳列於客房中客人使用的物品；顧客必須進入旅館後才能實際感受其價值。國際觀光旅館業為因應不同市場而提供不同之客房備品，如仕女樓層中提供女士使用的備品。

國際觀光旅館業除提供實體產品給消費者外，同時強調服務傳遞之特性，此特性為藉由實體產品傳遞，讓顧客能感受到商品服或價值；亦即透過有形產品傳遞無形的商品附加價值，國際觀光旅館商品又是指將無形的附加價值作爲商品的核心，以滿足消費者的需求，增強其再度光臨的意願。

第二節　旅客選擇旅館的考慮因素

一、由顧客住宿次數探討

國外研究中探討旅客消費行爲的研究中，瞭解旅客選擇旅館的因素是業者與學者關心的議題之一。由Helen（1973）探討第一次住宿及常住型消費者選擇旅館考慮因素中發現，當消費者第一次選擇旅館住宿時，考慮旅館因素依次爲(1)旅館的外觀，(2)旅館地點，(3)旅館聲譽，(4)住宿的房價及，(5)餐宿服務等；而常住型的客人依次爲(1)房間清潔程度，(2)旅館服務品質，(3)服務人員態度，(4)收費價格及(5)旅館地點等，可見顧客在實際感受旅館所提供之實體產品後，對於客房清潔程度及服務品質等無形價值之需求程度有顯著提升。

二、由顧客消費程度探討

Bonnie（1988）亦由不同消費程度的旅客，分析其選擇住宿旅館時所考慮的因素；Bonnie依顧客支付房價的水準將顧客區分爲經濟型（Economy）、中價位（Mid-Price）及豪華型（Luxury）等三種不同消費層次的群組間，選擇旅館及使這些顧客願意再度光臨的因素，發現任何一群中均有超過2/3的顧客在選擇旅館時都會考慮客房之清潔安全、旅館位置之便利性、服務品質、環境之隱密性及服務人員友善的程度，房價並非主要考略慮因素。而不同型態的顧客願意再度光臨該旅館所考慮的因素則有些不同，除了客房之清潔安全之外，商務型旅客較重視會議地點的便利性及旅館設置會議設備的程度，休閒型的旅客也會將旅館附屬休閒設施當作一項重要的考慮因素。顧客對無形商品價值的期望，遠勝於對實體商品的需求，此無形的價值，是旅館商品應強化的重點。

三、由顧客旅遊滿意度探討

對經常性旅遊之國人在台旅遊滿意度相關因素之探討中，由旅遊活動的流程分析，影響國人在台旅遊滿意之五大因素，其重要性依序為旅遊目的地、住宿、遊客本身、餐飲、為交通。旅遊目的地類為最關鍵之因素。旅遊產品對遊客的影響遠超過人員互動的影響。遊客本身亦為影響旅遊之關鍵要素。顧客對於服務疏失的「實質補償」如「折扣」或「贈與」等政策，有極高的評價。「核心產品」是影響遊客對餐飲類不滿意與之關鍵因素。旅館內的「實體設施」是影響遊客對住宿類滿意與否的關鍵因素。第一線服務人員回應顧客需求的速度影響顧客的滿意度。相關管理單位與業者宜合作規劃以改善交通。旅遊目的地之核心產品，如：瑰麗的景觀、刺激遊樂的設施、或是傳統的文化活動都是影響遊客滿意的關鍵要素。目的地出現攤販、垃圾髒亂時，破壞整個景觀的美感，實際不符合於預期希望所要的舒適環境時，都易引起遊客的不滿意(陳凌娟，2003)。

國內相關研究中也獲得相同的結果，運用主成分分析方法，探討消費者對選擇旅館住宿之因素中發現，消費者認為旅館是否有優惠專案、旅館是否交通便利、旅館是否收費合理、旅館環境是否整潔幽雅、旅館是否提供折價券等在重要性上是比較高的，約略各占80%以上。而藉由主成分分析法對變數進

行分析，並經由主成分分析的結果顯示，可以得知旅館的外觀、旅館是否供應早餐等總體的評量是影響消費者選擇的最主要成分，次要的主成分分別在旅館是否物超所值上有較高的比重（江佳蓉，2002）。

另一項國內對於企業經理人之知覺品質、品牌聯想、生活型態與消費行爲關聯性之研究得知，企業經理人知覺品質與國際觀光飯店消費行爲具有顯著的關係存在。知覺品質構面中的服務品質之認知對於消費行爲中之安全與隱私、地點與形象有正向影響；而領導地位之認知會對消費行爲中之由旅行社或航空公司代訂及住房頻率有負向影響，但地點與形象有正向影響。企業經理人品牌聯想與國際觀光飯店消費行爲具有顯著的關係存在。品牌聯想構面中之差異化聯想對於消費行爲中之公事需求及住房頻率有負向影響，但對由廣告或他人推薦獲得資訊及硬體設備有正向影響。不同生活型態類型之企業經理人在消費行爲中之需求認知、資訊來源與購買決策上有顯著之差異，而在品牌聯想上也有顯著的差異存在，但在知覺品質上則無差異性存在（林佩儀，2000）。換言之，許多研究已顯示，旅客選擇旅館的因素中，價格並非唯一或是關鍵的因素。

值得注意的是，國民文化對旅館顧客不滿意之影響；一項研究中建議國際觀光旅館的經營者，瞭解各國文化的差異，對於不同國籍旅客的抱怨行爲，應有不同的考量與對策，如不同的溝通技巧與抱怨處理準則，進而提昇國際觀光旅館的服務品質，增進各國旅客的滿意程度(黃純德，1997)。

第三節　旅館的分類

旅館若依房間數量的多少或經營規模之大小區分爲大、中、小型三種。根據美國飯店業協會（American Hotel and Lodging Association，AH&LA）區分凡客房數在200間以下者統稱「小型旅館」，200至600間房間者稱爲「中型旅館」，600間房間以上者稱爲「大型旅館」。若依旅客住宿期間之長短分爲1.短期住宿用旅館（Transient Hotel）：提供住宿一周以下的旅客。與旅館除山旅客辦理登記外，不必有簽訂租約的行爲。2.長期住宿用旅館：供給住宿一個月以上且必須與旅館簽訂合同，以免產生租賃上的糾紛。3.半長期住宿用旅館（Semi-Residential）：具有短期住宿用旅館的特點，旅客住宿期間介於上述兩者之間。

此外，旅館會依照其服務的對象，區分成下列形態的旅館：

一、商務型旅館（Commerce or Business Hotel）

此類型旅館多集中於都市中。商品之設計，主要是商務旅客爲主，商品內容主要以滿足商務需求爲主，旅館中會有各式的客房、商務中心、會議室；商務中心會有符合商務人是需要的網路設備、傳眞機及影印機等，許多國際級旅館在客房內設置傳眞機、國際直撥電話、電腦專屬絲路等設備，此外健身房、游泳池、三溫暖等設施也提供商務旅客休閒之需。

商務型旅館多會集中於都會區的中心，或是經濟繁榮的區

域，以便利商務旅客洽商的需要。在台灣，早期的國際觀光旅館朝台北都會區發展，而這些旅館的興建都是要滿足來華洽公旅客的需要。商務型態的旅館因爲經濟發展，朝向中大型、豪華精緻的方向興建，例如台北喜來登飯店、西華大飯店、君悅大飯店、遠東國際飯店、六福皇宮等，都呈現商務型態旅館的特色。

商務型旅館區位選擇之成因，以及有關區位選擇是旅館經營獲利關鍵。旅館區位選擇正確有助於旅館經營獲利，並使區位條件最佳化。正確的區位選擇對旅館投資者跨出成功的第一步是非常有俾益也是非常重要。錯誤的區位抉擇令旅館的區位條件處於劣勢，包括交通、競爭、聚集經濟、土地成本等（李欽明，1996）。

旅客選擇商務旅館服務與消費行爲的研究中發現，商務旅館以公務出差類型住客居多；休閒商務旅館住客多具備較高的社會階層；對旅館服務的認同度上，硬體設備比軟體服務能獲得較高的認同；住客生活型態中以品質享受者所占比重最高；旅客除了住宿之外，使用旅館提供各項附加服務的比率偏低；渡假類型住客漸漸也成爲其重要客源。因此，商務旅館在經營方面應強化重視住客最常使用的免費附加服務項目，同時增加住客使用付費餐飲服務的需求度與使用率。在休閒時代來臨之際應重視休閒型旅客使其成爲假日客源，同時需要加強對女性住客的服務與設備（左如芝，2000）。

二、會議中心旅館（Conference Center）

會議產業是都市國際化的指標，隨著世界各國經貿政治之合作日趨緊密，許多都市發展會議產業進而改善都市結構，活絡地方經濟，建立國際形象。台灣地區在國際會議市場日趨競爭之同時，以國際化城市為前瞻規劃的台北市能否發展為國際會議觀光都市，成為政府與業界關切之課題。

此類型旅館以會議場所為主體之旅館，服務對象為參加會議人士及商展之商務人士。服務內容除提供寬敞的會議或展覽空間外，一系列的會議專業設施亦是主要產品。台北圓山大飯店一度曾想朝會議型態旅館發展。

在針對台北市成為會議觀光城市之發展潛力的研究中（葉泰民，2000），藉由產、官、學界之專家深度訪談及問卷調查，以獲取台北市發展國際會議觀光之各項發展條件的重要性與實際執行績效滿意度認知，研究結果發現影響國際會議觀光發展之因素分別為「專業服務」、「政府支援」、「城市形象」、「交通便利」、「安全友善」、「成本價格」、「會議設施」、「旅館設施」及「觀光活動」等因素。列為優先改善的為「政府支援」因素；而「會議設施」，「專業服務」及「旅館設施」之條件非常重要且滿意度高，台北市應繼續維持此競爭優勢。

三、休閒型旅館（Resort Hotel）

渡假旅館多位於風景區之附近，藉由最自然的遊憩資源，提供給渡假休閒的客人。除了基本的客房、餐飲設施之外。服務內容包括：戶外運動及球類器材、健身設施、溫泉浴等，依所在地方特色提供不同的設備，均以健康休閒為目的。

國內針對遊客至休閒旅館的消費特性、利益追尋動機及滿意度的研究發現，至休閒旅館渡假之遊客，年齡集中在20～49歲，學歷以專科及大學畢業且已婚為多數，職業以軍公教為主。遊客的旅遊特性方面，大多數為第一次到休閒旅館，且與家人或親戚同遊為多數，其停留時間最多為兩天一夜，並以自用小客車為主要交通工具。

選擇該休閒旅館皆以休閒設施多樣化、舒適的房務設施、親友推薦且口碑良好爲主要原因。遊客對於休閒旅館的滿意度越高，其重遊率也越高。而休閒旅館本身的住宿設備、規模大小、旅館周邊的自然資源及活動，爲影響遊客遊憩滿意度的3項重要因素（陳桓敦，2002）。

四、溫泉旅館（Hot-Spring）

近年來美容、水療及溫泉，亦成爲休閒流行時尙的主題，溫泉旅館成爲另一類具特色的休閒型旅館。隨著民眾對於休閒活動在質量要求的提升，精緻化的溫泉遊憩活動近年來逐漸加溫，各式溫泉旅館逐漸盛行。

台灣早期對溫泉區環境資源之開發與管理，並未提出相關的法規或政策，加上各項法令的設限，始終缺乏一套合理完善的制度。台灣地區擁有特殊地熱資源，有許多位於山谷中的天然溫泉，形成了獨特的溫泉旅遊。

溫泉具有觀光休閒及療養等多樣性功能，極有潛力成爲台灣最具代表性的觀光遊憩資源。然而，大部分業者在開發溫泉區時，未對相關資源作適當的管理保護，加上周休二日的實施及休閒方式的改變，大批的遊客湧入溫泉區，頓時讓當地的交通或環境產生問題，呈現資源濫用、景觀凌亂的現象。直到觀光局於1999年推出「溫泉開發管理方案」後，溫泉區之管理與規劃才依此執行。溫泉館興建數量迅速成長，在服務品質方面也作了長足的轉變。地方政府在進行地區行銷時，溫泉往往成爲地區特色行銷的重點。

台北都會區民眾之溫泉遊憩區位選擇過程爲先選擇溫泉遊憩地區，再選擇溫泉空間之二維結構。溫泉地區之選擇則呈巢狀結構，分爲北宜蘭溫泉系（礁溪溫泉）、風味溫泉鄉系（新北投溫泉、烏來溫泉）以及大屯山溫泉系（行義路溫泉、金山陽明山溫泉）三大溫泉系。都會區遊客之溫泉休閒活動高度要求便利性、功能性、安全性及快適性，並與其他休閒活動連結，形成複和式休閒遊程（陳彥銘，2002）。

礁溪溫泉遊憩區的遊客的研究中顯示，該區旅客中以21～30歲男性爲主；職業以服務業最多、軍公教及學生次之；學歷以大學、專科以上較多；未婚者；家庭平均月收入以80,000元以上爲主；平均每月休閒活動支出以2,001至4,000元。主要資訊來源爲旅遊指南書籍；停留時間以兩天一夜者居多；除了泡湯外，另外從事的活動以到附近風景區遊玩者最多；交通工具以自行開車爲主；平均每人消費金額以1,001～2,000元占多數；因此業者可以結合礁溪當地及附近鄉鎮的一些風景點設計套裝行程，並針對兩區隔所注重的利益及區隔特徵，擬定有效的行銷策略（林中文，2001）。

此外，遊客參與溫泉活動所獲得之遊憩體驗在心理體驗方面，包括(1)放鬆愉悅：想要欣賞旅館周邊所能提供之自然景色。(2)交流互動：透過旅遊，增進家人和朋友之間的感情。(3)知覺保健：親情與健康因素及(4)思考沈澱：自我成長與學習因素等。溫泉遊客之遊憩體驗在實質環境體驗重視度方面，依序爲「泡溫泉環境衛生良好」、「溫泉區整體環境清潔」、「注重安全維護」、「收費合理」及「溫泉水質優良」（鮑敦瑗，1999；方怡堯，2002）。溫泉資源管理上，應對溫泉區加以規劃；外部環境上，應有完善規劃，以提供國際觀光的知名度；旅館管理輔導上，則以釋出公有地，使業者參與投資爲優先。環境安全管理上，以落石清理；溫泉區內應設置停車場及解說導覽最爲重要（賴珮如，2000；伍家任，2004；宋欣雅，2004；林益鴻，2004；楊欣宜，2004；陳瑋鈴，2004）。

五、機場旅館（Airport Hotel）

機場旅館又稱過境旅館，其地點多位於機場附近。服務對象以商務旅客、因班機取消暫住旅客、航空服務人員爲主，服務內容之特色爲提供旅客機場來回的便捷接送（Shuttle Bus）及方便停車位置。有些旅館爲航空公司經營，稱之爲Airtel。

六、套房式之旅館（Suite Hotel）

此類型旅館多位於都市中，提供給主管級商務客人爲主，除了客房之外獨立客廳及廚房亦多提供的服務內容。

七、長期住宿旅館（Residential Hotel／Serviced Apartment）

此類型旅館主要提供停留時間較長的客人，爲方便客人長期住宿之需求，廚房、酒吧等設施亦爲設計之重點。

八、賭場旅館（Casino Hotel）

此類型旅館中多設有賭場，服務對象以賭客及觀光客爲主。商品服務內容包括：設立豪華之賭具並邀請知名藝人作秀，提供特殊風味餐和包機接送服務。我國目前對澎湖地區規劃賭場旅館的作法有許多討論。

九、別墅型旅館（Villa）

此類型旅館盛行於東南亞國家，以獨幢的設計著稱 ，每幢旅館內備有獨立的游泳池，專屬的司機可以接送旅客，同時有專屬的廚師可以烹調旅客想吃的佳餚，如東南亞許多國家盛行此類的旅館。

十、精品旅館（Boutique Hotel）

此類型飯店強調的室內空間設計，是以流行生活品味的語彙爲主要設計走向，並以精緻甚至是結合摩登前衛取勝，以對比一般五星級飯店的華麗鋪陳。館內家具多以金屬原色及深咖啡色爲主要色系，呈現出沉穩、自信的風采，讓蒞臨賓客體會到最時尚的空間潮流。在台灣，台北國聯飯店強調其精品旅館的設計走向。

十一、汽車旅館（Motel）

爲提供長途駕車旅行客人之需，在高速公路沿線或郊區多設此類型旅館，便利的停車場地及簡單的住宿設施爲主要服務內容。台灣近年來出現許多設計精緻的汽車旅館，不僅提供旅客短暫住宿或休息的設施，汽車旅館內也設計了游泳池、豪華視廳設備等，都滿足現代充滿壓力情況之下，能夠放鬆心情的環境。

十二、房間和早餐簡易式旅館（Bed and Breakfast，縮寫B&B）

最早流行於英國，目前在美國、澳洲、英國頗受歡迎。服務對象不限，以自助旅行者學生較多，除提供房間並供應早餐，通常由主人擔任早餐烹調工作，頗具人情味。

十三、民宿（Pension）

家庭式的旅館，多由一般家庭改裝而成，收費較低廉，沒有服務人員，須由旅客自行動手整理床鋪被褥。在台灣受歡迎之渡假區及戶外活動所附近，都有此類住宿設施。民宿是喜愛戶外活動及悠閒住宿人士之最佳選擇。國內民宿業興起，觀光局也提出民宿管理辦法，以保障旅客住宿的品質。例如一項對國內遊客對北海岸風景特定區住宿設施及服務的偏好與滿意度之研究中得知，遊客心目中最偏好的住宿旅館類型以「渡假小木屋」居多，遊客其社經背景特性與旅遊特性是獨立的；而且對住宿設施及服務滿意度因素類型之認同有顯著差異（黃淑美，1995）。

十四、青年旅舍（Hostel）

隸屬國際青年旅舍聯合會的青年旅舍，分布於許多重要都市及旅遊勝地，提供經濟且舒適的住宿，惟租用者須是青年旅舍協會的會員。我國青年救國團活動中即是類似此類型的住宿環境。

第四節　我國旅館業的發展

一、旅館業發展沿革

(一)觀光旅館萌芽時代

我國的觀光事業從民國45年開始發展，觀光旅館業也是在這一年開始興起。當時台灣省觀光事業委員會、省（市）衛生處、警察局共同訂定，客房數在20間以上就可稱爲「觀光旅館」。在民國45年政府開始積極推展觀光事業之前，台灣可接待外賓的旅館只有圓山、中國之友社、自由之家及台灣鐵路飯店等四家，客房一共只有154間。

民國52年政府訂定「台灣地區觀光旅館管理規則」，將原來規範觀光旅館的房間數提高爲40間，並規定國際觀光旅館的房間提升了80間以上。

(二)大型化國際觀光旅館時代

民國53年統一大飯店（現已結束營業）、國賓大飯店、中泰賓館相繼開幕，台灣出現了大型旅館。民國63年至65年間，由於能源危機及政府頒布禁建令，大幅提高稅率、電費，這三年間沒有增加新的觀光旅館，導致民國66年出現嚴重的旅館荒，同時也出現許多無照旅館。民國65年交通部觀光局鑑於觀光旅館接待國際旅客之地位日趨重要，爲加強觀光旅館業之輔導與管理，經協調有關機關研訂「觀光旅館業管理規則（草案）」，於民國66年7月2日由交通、內政兩部會銜發布施行，明訂觀光旅館建築設備及標準，同時將觀光旅館業規劃出特定營業之管理範圍。

民國66年我國政府鑒於觀光旅館嚴重不足，特別頒布「興建國際觀光旅館申請貸款要點」，除了貸款新台幣28億元外，並有條件准許在住宅區內興建國際觀光旅館，在這些辦法鼓勵下，兄弟、來來、亞都、美麗華、環亞、福華、老爺等國際觀光旅館如雨後春筍般興起。早期的研究中曾建議政府鼓勵將正在建築的大廈改爲可供食宿的公寓式住宿設備，及政府金融機構應辦理對新建觀光旅館之投資及長基低率貸款，並且將「國際觀光旅館」及「觀光旅館」列爲「獎勵投資條例」所規定的生產事業範圍內，予以降低營利事業所得稅並准予適用工業用

電。政府也協助投資興建觀光旅館者取得建築用地，並且對新建觀光旅館之土地及建物等固定資產，准予加折舊，且對房屋稅給予七年的減免之優待（戚嘉林，1979）。

(三)國際連鎖時代

自民國62年國際希爾頓集團在台北市設立希爾頓大飯店（現爲台北凱撒大飯店）開始；觀光旅館引進國際連鎖體系如喜來登（Sheraton）來來大飯店，於民國71年與喜來登集團簽訂業務及技術合作契約；日航（Nikko）老爺酒店於73年成立；凱悅（Hyatt）（現更名爲君悅）、晶華（Regent）亦於79年成立。台北亞都大飯店於民國72年成爲「世界傑出旅館」（The Leading Hotel of the World）訂房系統的一員，81年開幕的台北西華大飯店也成爲世界最佳飯店（Preferred Hotels & Resorts Worldwide）訂房系統的一員，這些訂房系統旗下所擁有的旅館在世界均有很高的知名度。台中市全國大飯店於85年加入「日航國際連鎖旅館公司」（Nikko Hotels International），成爲該飯店體系之一員。民國87年觀光局修正觀光旅館管理規則，同意並鼓勵已興建之旅館申請加入觀光旅館之行列。

由於引進歐美旅館的管理技術與人才，這些國際連鎖的旅館除了爲台灣的旅館經營，朝向國際化的方向邁進，提供良好的管理經驗與模式之外，也造福本地的消費者。

(四)本土化連鎖時代

近年來另一項本土性的連鎖體系亦逐漸形成，包括福華飯店、中信飯店、晶華酒店、長榮酒店、麗緻旅館系統等，憑藉著本土性經營文化提供客人不同的選擇。例如由國人自創的麗緻旅館管理體系，積極朝國際化發展，聯合曼谷Dusit酒店集團、香港Marco Polo酒店集團、新加坡Meritus連鎖酒店及日本New Otani連鎖酒店等當地本土型連鎖酒店集團，以結盟的方式成立亞洲酒店聯盟。

二、旅館業發展趨勢

(一)重視服務品質

民國72年，交通部觀光局及省（市）觀光主管機關為激發觀光旅館業之榮譽感，提升其經營管理水準，使觀光客容易選擇自己喜愛等級之觀光旅館，自民國72年起對觀光旅館實施等級區分評鑑，評鑑標準分為二、三、四、五朵梅花等級，評鑑項目包括建築、設備、經營、管理及服務品質，促使業者觀光旅館之硬體與軟體均予重視。此舉對督促觀光旅館更新設備，提升服務品質著實有成效。

依我國現行法令，交通部觀光局將旅館業區分兩部分，第一部分為觀光旅館業，另一部分為旅館業。觀光旅館業係指經營觀光旅館，接待觀光旅客住宿及提供服務之事業。觀光旅館業在區分為國際觀光旅館與觀光旅館。而對旅館業之定義為：「旅館業係指觀光旅館業以外，提供不特定人休息、住宿服務之營利事業。」在相關規定中，觀光旅館業與旅館業的差異，除了考慮建築設備標準之不同外，實行的評鑑標準也將考慮旅館的服務設計，這對提升旅館業服務品質助益甚大。

依照旅館業督導權責劃分，也可以由旅館業申請設立的過程與目的事業主管機關知不同而區分；觀光旅館業之申請設立採許可制，旅館業採登記制申請設立；而旅館事業主管機關部分的區分：國際觀光旅館為交通部觀光局；觀光旅館依地區分屬台北市政府交通局、高雄市政府建設局。旅館業目的事業主管機關在中央為交通部觀光局之旅館業查報督導中心；在省

（市）部分屬於台北市政府交通局、高雄市政府建設局；在縣（市）屬於各縣市政府之觀光課或其他兼辦觀光事務的課組。

(二)開拓大陸市場

此外，台灣製造業前進大陸，也吸引許多服務業跟進，國內主要飯店集團都有到大陸開拓市場的打算，繼中信連鎖飯店體系宣布在昆山興建飯店後，亞都麗緻也將接受委託，將前往海南島管理一家新飯店，旅館管理的觸角也向大陸延伸。

(三)資訊科技的運用

近年來國際觀光旅館不斷地增加，同業間競爭日趨激烈，各大飯店爲了廣爲招攬更多顧客，乃順應國際潮流及最新科技，運用國際網際網路（Internet），將飯店內各項設施、服務，及相關訂房作業、須知，於網路上做詳細的介紹，旅客可藉由網際網路輕易取得相關資訊，在旅館經營的發展中，勢必邁入另一段激烈的競爭中。國際觀光旅館業經營策略之研究中建議，國際觀光旅館在經營能力及獲利能力均優於同業，主要原因是擁有優越的核心資源與能力。晶華酒店也充分的掌握外部環境的優勢，並結合運用產生競爭策略。晶華未來競爭策略主要以成長策略爲主，並將成長策略擬定爲市場滲透策略、市場開發策略、產品開發策略，並針對各競爭策略付諸執行，並加以控制，使得晶華酒店在績效上優於同業（王雪梅，2003）。

觀光旅遊業因應資訊科技的衝擊，而重新界定其目標及業務範圍，在資訊科技發展的協助下，各企業體重新思考其合作關係。由此趨勢，觀光旅遊業在規劃發展資訊系統時，藉由對合作方式重新架構，協助企業目標市場的釐清，選擇適合之合作企業，使觀光旅遊企業開發不同的目標市場，將使企業體從容面對觀光旅遊產業競爭的威脅。例如：國際觀光旅館可以由不同區域之航空訂位系統，同時與擁有歐洲客源與美洲客源，享有其訂房系統的利益。這種合作方式的再架構，將是觀光旅遊業資訊系統規劃時所須考慮的。

三、強化核心競爭力

Prahalad and Hamel（1990）認爲核心競爭力是新事業發展的泉源，亦是公司階層必須建構的策略重點。管理者必須贏得在核心產品方面的製造領導能力，並經由建立品牌已取得全球占有率與經濟規模，如此才能面對挑戰。核心競爭力乃是組織內的共同學習，能使不同的生產技巧結合成爲多用途的技術，因此，核心競爭力是一種跨組織間的聯繫、參與及工作承諾。而且核心競爭力並不因使用而消退，反而會因分享與運用而增強。

資源基礎理論（Resource-Based Theory）相對於交易成本理論強調的成本最小化概念，資源基礎理論強調的乃是經由合資與運用有價的資源以達成公司價值最大化。資源基礎理論認爲一有價值的企業資源通常具備了稀有、不可模仿以及缺乏直接替代品等的特質（Barney，1991；Peteraf，1993），因此，對企業而言，資源的累積與交易成爲管理策略上必須考量的重點。

核心競爭力（Core-competencies）與資源基礎理論中所提到的許多重要資源的概念十分相近，如公司資源、組織能力、核心資源與獨特競爭力等。核心競爭力的概念可以追溯到Selznick（1957）提出的「獨特能力」，意指「組織內要提升競爭力，需擁有之特殊特性（Characters）」。

Prahalad and Hamel（1990）將核心競爭力定義爲組織由過去到現在所累積知識的集合學習（Collective Learning），

特別是在協調不同的生產技術及科技整合上的能力。其中集合學習所強調的是人力資源功能的重要本質，亦即學習係經由應用與分享而增強。核心競爭力是組織內多種技術的整合，不是實體的資產，而是一種可以「創造顧客核心價值」、「與競爭者差異性」以及「進入新市場」的能力（Hamel and Heene1994）。此外，核心競爭力能夠多方面整合科技、作業流程以及發展具有持久、獨特之競爭優勢並創造組織附加價值的技術或管理子系統（Tampoe，1994）。許多的研究將核心競爭力分爲兩大類，其一爲可以取得先進入者優勢（First Mover Advantage）的洞察力，其二爲第一線人員的執行能力（Front-Line Execution Competencies）。

當資源透過效率市場交換爲可行時，企業有較大可能性維持個別獨立的狀態（Eisenhardt and Schoonhoven，1996），然而儘管市場交易行爲乃是資源交換的基礎模式，但效率交換在零星市集中卻通常無法達成。某些有價資源是無法完美進行交易的，因爲它們不是與其它資源混合在一起便是埋藏在組織之中，也因此合併、購併與策略聯盟在產業間成爲獲取資源的主要管道。

四、策略聯盟

Kogut（1988）提出的組織學習模式乃是資源基礎理論範疇中的一部分，該研究基於企業資源如知識與科技等提出結盟形態的細部區分，經由Kogut的研究，有二個企業形成結盟的可能理由，其分別爲：獲取其它組織知識（Know-How），以及當企業從其它組織資源獲利同時，將可保留本身組織的知識。Das and Teng（2000）擴大Kogut所提出的概念到企業內部所有類型的資源，主張刺激組織運用策略結盟與合併及購併（Mergers／

Acquisitions；M&As）的兩個相關但有所區別的理由為：(1)獲取其它組織資源；(2)藉由結合其它組織資源以維持及發展本身自有之資源優勢。

資源基礎理論認為企業資源的異質性並非一種短期的狀態，而是傾向隨時間持續不斷的（Peteraf，1993；陳聰正，2000；林玫廷，2003）。維持資源異質性的資源特質為：不可移動性（Imperfect Mobility）、不可模仿性（Imperfect Inimitability與不可替代性（Imperfect Substitutability）等（Dierickx，Cool and Banney，1989）。不可移動性指其資源移動的困難度。要素市場（Factor Markets）通常是不完整與不完美的，因此許多資源不是無法進行交易便是無法達成完美的交易，這些資源如組織文化、企業信譽等。不可模仿性與不可替代性指的是其它地方獲取相似資源時的障礙，何種資源是企業競爭優勢的關鍵因素的認知透明度缺乏，因而限制了企業對其競爭對手進行仿效與替代的行動，是故假若企業除了自擁有者手中獲取所需資源，無法利用其它管道取得資源時，企業將產生策略聯盟的需求。

由於企業資源的種類繁多，因此過去文獻在資源分類上，產生多種方法，其中最簡單的區分方法乃是將資源區分為有形與無形資源。Barney（1991）則將企業資源分成實體資本、人力資本與組織資本資源等三類；Chrisman et al（1988） 認為公司資源的分類包含了財務、實體、管理、人力、組織及科技等。在Das and Teng（2000）以資源基礎理論探討策略聯盟的研究中，運用Miller and Shamsie（1996）的分類，基於不可模仿性障礙的概念，將所有資源分為二個類別：財產權基礎資源（Property-Based Resources）與知識基礎資源(Knowledge-Based Resources)。財產權基礎資源是企業合法擁有財產權之資源，包括財務資本、實體資源、人力資源等，擁

有者享有清楚的財產權利，因此其他人不得在未擁有者允許之下取得資源。知識基礎資源則指企業的無形知識與技術等，相對於財產權基礎資源以法律爲其模仿障礙，知識基礎資源的仿效障礙乃源於知識與資訊，其他人無法輕易複製或模倣知識基礎資源，乃是由於這些資源是模糊而不清楚的；此外，模倣科技與管理資源具有不確定性，因爲知識創造不可避免會牽涉到"Irreducible Ex Ante Uncertainty"(Lippman and Rumelt，1982)，是故將造成無法完美仿效或替代資源的結果。

策略聯盟有許多形式，其中包括了合資、少數資本結盟、R&D契約、聯合R&D、聯合行銷、聯合生產、增強供應商夥伴關係、配銷合作等等。Killing (1988) 及Yoshino and Rangan (1995) 將策略聯盟區分成三種類型：非傳統契約式 (非平等式基礎)、少數資本結盟及合資等。而對於非平等式結盟，Mowery等人 (1996) 提出兩種形式的合作模式，一爲單邊契約基礎，一爲雙邊契約基礎。之後在Das and Teng (2000) 的研究中，整合上述各家提出的類別，將策略聯盟的類型分爲四個型態，即爲1.資本合資 (equity joint ventures) ；2.少數資本結盟 (minority equity alliances) ；3.單邊契約基礎結盟 (Unilateral Contract-Based Alliances) 與4.雙邊契約基礎結盟 (Bilateral Contract-Based Alliances) 等。

研究旅館連鎖型態及績效相關的研究即可以由資源基礎理論的觀點，分析旅館業的競爭情勢。

五、台灣地區國際觀光旅館營運狀況

目前台灣地區觀光旅館共計80家，其中國際觀光旅館56家，一般觀光旅館24家。依其所屬地區予以區分，包括：(1)台北地區：台北圓山、台北國賓、中泰賓館、台北華國洲際、華泰、國王、豪景、台北希爾頓（現為台北凱撒）、康華、亞太、兄弟、三德、亞都麗緻、國聯、來來、富都、環亞、老爺、福華、力霸皇冠、台北凱悅（現改為君悅）、晶華、西華、遠東國際及六福皇宮等25家。(2)高雄地區：華王、華園、皇統、高雄國賓、霖園大飯店（高雄店）、漢來、高雄福華及高雄晶華酒店等八家。(3)台中地區：敬華、全國、通豪、長榮桂冠酒店（台中）、台中福華及台中晶華酒店　等六家。(4)花蓮地區：花蓮亞士都、統帥、中信花蓮及美侖大飯店等四家。(5)風景地區：陽明山中國、高雄圓山、凱撒、知本老爺、溪頭米堤、天祥晶華及墾丁福華大飯店等七家。(6)桃竹苗地區：桃園、南華、寰鼎大溪別館及新竹老爺大酒店等四家。(7)其他地區：台南大飯店一家。

觀光局為協助旅館業者、投資人、學術機構及研究單位，瞭解台灣地區國際觀光旅館營運狀況，每年均蒐集國內各國際觀光旅館之營運資料予以統計分析，以提供有關業者、人士及相關單位做為日後經營方針之研究與參考。國內許多研究分析報告，大多均以交通部觀光局統計的資料為分析的基礎。以民國92年7月台灣地區觀光旅館及客房數統計，國際觀光旅館共計61家，客房數總計18,579間。1990年至2000國際觀光旅館平均住房率約為65%。

由旅客來源的分析中，國際觀光旅館國人住宿率平均而言有增加的現象。高雄、台中、花蓮與其他地區等四個地區國人住宿率均超過50%，顯示國人已逐漸成為國際觀光旅館市場重要的客源。本研究的發現值得業者與政府相關單位之重視（施瑞峰，1999）。台灣國際觀光旅館在未來發展上仍有興建的條件，而分區特性的變化，北、中、南、東四地區只有北部地區仍有成長的條件，中、南、東部區域現有的國際觀光旅旅館數

已經超過預測值，因此國際觀光旅館的承載量已經超過負荷，業者若繼續興建投資，某些經營不理想的旅館將面臨危機（樓邦儒，2001）。許多業者看好旅遊休閒市場，在台灣花東地區、南部及風景度假地區興建旅館，主要即是以國人爲目標主要市場。國人住宿需求之研究實證結果顯示，在自身價格彈性方面，除風景地區彈性值爲正，與理論不符外，其他五區之自身價格彈性皆小於一，屬缺乏彈性。此外，三大都會區（台北、高雄、台中）國際觀光旅館需求大都呈替代的關係，且相互之間的影響效果並不大，屬渡假型之花蓮與風景地區兩地的國際觀光旅館互爲替代性產品，風景地區房價變動的影響效果大於花蓮地區。由支出彈性結果得知，國人在台北地區、花蓮地區與其他地區國際觀光旅館的住宿需求將有較大的發展空間（洪靜霞，2001）。

第五節　旅客消費研究

一、EKB模式

EKB Model（或稱EBM Model）是廣爲學者使用以解釋消費者行爲的理論。即利用此一模式介紹一般消費者的購買決策過程（CDP），及會影響到CDP的各項因素，如環境因素、消費者個體差異部分、與資訊處理的流程。研究者可以依此模式結合研究主題探討不同型態的消費行爲及決策。EKB模式能有效整合並組織建立一個分析消費者行爲的架構，因此做了幾次的修正，修正後EKB模式（Engel，Blackwell and Miniard，1990）主要包括四大部分，分別爲(1)訊息投入部分；(2)訊息處理部分；(3)決策過程部分；(4)決策過程的影響部分。

二、廣告對旅客的影響

觀光局爲瞭解來台旅客動機、在台旅遊動向、消費情形及對台滿意度，以供相關單位規劃與改善國內觀光設施，研擬國際觀光宣傳與行銷策略之參考，並作爲估算觀光外匯收入之依據，以「九十一年來台旅客消費及動向調查」爲例。經分別在桃園中正機場、高雄小港機場現場訪問離境旅客，共取得有效樣本6,253份。在旅遊決策分析上，近六成觀光目的旅客來台前曾看過台灣觀光宣傳廣告：依調查結果顯示，旅客來台前曾看過台灣觀光宣傳廣告或旅遊報導者占40.92%，並以觀光目的旅客曾看過台灣觀光宣傳廣告之比例（占58.51%）最高；旅客來台前以在「雜誌書籍」（59%）看過台灣觀光宣傳廣告或旅遊報導者最多，「網際網路」（34%）、「報紙」（34%）居次。看過台灣觀光宣傳廣告後之觀光目的旅客對台灣觀光印象及來台從事觀光活動意願有提高者皆達五成以上；超過半數旅客未來希望透過「網際網路」取得台灣旅遊資訊，來台灣後則希望在「旅館」、「機場入境處」取得旅遊資訊；與亞洲各國觀光吸引力比較，台灣的「人民友善」、「菜餚」及「風光景色」最具優勢。

廣告是溝通企業形象及產品特性與消費者間之橋樑，國際觀光旅館產業同時具有形及無形產品，廣告之主題、媒體之選擇及訴求之對象須作整體考慮，在媒體選擇方面包括報紙、雜誌、直接信函及電台等。另外公共報導是在公開之媒體上安排與國際觀光旅館業相關之新聞，公共報導測重於國際觀光旅館形象之建立響，爲免費的廣告。

廣告是屬於事前販賣的一種方式，用以促進旅客進入國際觀光旅館意念的決定，廣告包括廣告設計的表現力，及選用媒體的媒體。國際觀光旅館業廣告力是將旅遊資訊服務功能擴

大，讓旅客由旅遊資訊服務系統的螢幕介紹，增加旅客前來住宿的意願，此結合媒體力的方式，是國際觀光旅館業廣告呈現之方式。

了解廣告對消費者產生的影響是相當重要的，消費者行為之AIDA法則（AIDA Formula）說明潛在消費者從接觸商品資訊（如廣告、型錄等）開始，一直到完成商品消費行為（購買）的幾個步驟：1.「認知」（Awareness）：第一個A是「認知」（Awareness，也有人說是Attention），指的是消費者經由廣告的閱聽，逐漸對產品或品牌認識了解，也許是一個聳動的標題，或者是一連串的促銷活動，吸引目標族群中大多數閱聽人的注意；例如「科技始終來自於人性」「體貼入心、更甚於家」等，是強化消費者品牌認知的廣告詞。2.「興趣」（Interest）：第二個I是「興趣」（Interest），閱聽人注意到廣告主所傳達的訊息之後，對產品或品牌產生興趣。通常興趣的產生是由於廣告主提供某種「改善生活的利益」（Benefit）所致，比方說：「漢堡買一送一」等。3.「慾望」（Desire）：第三個D是「慾望」（Desire），消費者對廣告主所提供的「利益」如果有「擋不住的感覺」，就會產生擁有該項產品的「慾望」。4.「行動」（Action）：最後一個A是「行動」（Action），「行動」是整個廣告行銷活動中最重要的一環，如何讓消費者真正行動，才是所有行銷要追求的最終目的。

「九十一年來台旅客消費及動向調查」調查報告亦指出，近五成業務旅客曾利用商務餘暇在台旅遊，旅遊天數以半天至一天者居多：七成六來台參加國際會議或展覽的旅客曾利用餘暇在台旅遊，旅遊天數以半天至二天者居多：旅客來台參加國際性會議或展覽性質以「科技性」（占35.37%）及「學術性」（占28.57%）居多，地點亦以在台北市者（占63.27%）較多，對會議或展覽之安排、設施、交通方便性及會前/會後旅遊行程安排等方面之滿意度皆傾向滿意；旅客在台以投宿國際觀光旅館者較多，住宿房價在$90美元以上者占六成一；八成一受訪旅客來台係投宿旅館，其中以住宿「國際觀光旅館」(52%)者最多對旅館整體評價有六成二表示滿意。

三、旅遊商品通路的選擇

來台旅客消費行爲之研究來台旅客以包辦旅遊、請旅行社代訂機票及安排住宿與自行來台三種旅行方式進行區隔，研究結果顯示在人口社經特性、觀光旅遊決策、旅遊購買情形等都有顯著差異。包括旅遊旅客居住地、來台主要目的與職業是影響其消費金額高低的重要變數（周于萍，2002）。

其中值得旅館業者深思的是通路的選擇，讓國際觀光旅館業者能以節省成本的方式，將旅館商品售出，國際觀光旅館業所涵蓋的市場層面愈廣，企業供給商品及旅客對商品需求距離之調整將愈困難。藉由釐清銷售通路，引導目標市場的顧客以最簡便的方式，獲得所期望的商品，並且讓國際觀光旅館業者盡量減少讓中間商剝削，使企業較高利潤。在整體旅遊市場中，旅遊商品通路型態區分爲以下類型：

(一)四段配銷系統

四段配系統爲國際觀光旅館業與旅客之間涉及三個中間代理商，這些中間代理商可能包括了國外旅行代理機構、國內大型綜合旅行社（Wholesale Travel Agent）、接待代理商（Receiving Agent）或旅程經營商（Tour Operator）等中介者（Intermediaries），這些中介者可以代表買方或賣方並且有權影響國際觀光旅館商品如何、何處及何時配銷，國際觀光旅館業會給予這些中介者不同等級的佣金。四段配銷系統由於涉及

的中們者多，常影響國際觀光旅館業的佣金制度，大型的旅行社由於包辦了許多國際觀光旅館的住宿安排權利，且握有大量國外旅行代理機構轉包的旅行團體，因此會要求國際觀光旅館業者給予較高的佣金比例，對國際觀光旅館商品利潤形成極大的損失。

(二)三段配銷系統

三段配銷系統爲國際觀光旅館業與旅客之間涉及二個中間代理商，這些中間代理商可能包括了國外旅行代理機構、國內接待代理商等中介者，此二中介者對國際觀光旅館業者所要求的中介佣金比例較大型綜合旅行社少。

(三)二段配銷系統

二段配銷系統爲國際觀光旅館業與旅客之間僅涉及一個中介者，此中介者可能是國內接待代理商或是負責接持國外訪客的政府機構或企業等。此中介者可能無涉及佣金支付的問題，而只是扮演消費決策者的角色；例如接待國外訪客的政府機構或企業等，其爲來訪的客人負責安排住宿的工作，僅代客人決定住宿的國際觀光旅館地點，並不涉及與國際觀光旅館業者間訂定佣金之問題。

(四)一段配銷系統

一段配銷系統爲旅客透過電話、傳眞、信函、網路及連鎖訂房系統等方式，直接向國際觀光旅館預訂住宿房間，或者是在無預先訂房的情況下，直接住進旅館（Walk-In)。一段配銷系統通常並無涉及給付中介者佣金的情況，但是如果旅客以連鎖旅館訂位系統取得訂房者，該住宿旅館必須依合作契約的規定，給付連鎖訂房系統一定比例之契約金，此金額比例較國際觀光旅館給予旅行社之佣金爲少。

就國際觀光旅館業而言，選擇理想的通路必須配合企業政策，使得國際觀光旅館業者對市場能有靈敏感應，並同時回饋市場情報，使國際觀光旅館業者能隨時掌握市場的資訊，同時對產值管理提供回饋的資訊。通路的層級愈多，彼此間的利益的衝突愈多，所須花費衝突管理成本也就愈高。國際觀光旅館業透過二段以上配銷系統形成的通路型態，雖然有助於解決帳款、票據上的風險，並且可以爲國際觀光旅館業者在營業淡季期間作推廣活動，但是在佣金給付上，對國際觀光旅館業者形成相當大的負擔，如有利害衝突，中介者可能會以佣金作爲議價籌碼，讓企業形成的損失。

對消費者而言，旅客雖然可以藉由二段式以上的配銷通路，向預訂國際觀光旅館取得較優惠的價格或中介者旅客在旅程上的其它旅遊服務便利，但是消費者亦必須承擔中們者未依約定訂房的風險；因此，降低國際觀光旅館業與旅客之間的通路層級，對企業及旅客均能減少損失的風險、雙方獲益。

國際觀光旅館業對產業競爭情勢作比較，尤其對於各競爭者問客源結構資訊之掌握，尋求本身的區域目標市場，選擇與適當的電腦訂房系統組合簽約，以增加由CRS房的客人；其次藉由提高旅遊資訊服務系統的服務，使得旅客由旅遊資訊服務系統即可直接獲得相關的住宿資訊，並可直接由旅遊資訊服務系統對國際觀光旅館預定所須的商品。就消費者而言，旅客可由更方便的電腦訂房系統（CRS）及旅遊資訊服務系統取的房間時，中介機構的角色則必須由以往的支配性角色轉變爲整體旅遊服務的合作性角色；而國際觀光旅館業者亦可由CRS與旅遊資訊服務系統的資訊回饋，及時調整行銷戰略。國際觀光旅館業者必須瞭解各通路、旅客訂房通路資訊，逐漸降低對中介者依賴的程度，藉由對訂房系統的策略使用，改變國際觀光旅館銷

售通路，國際觀業旅館流通力才能發揮。

早期我國觀光旅館的營業現況，是以客房爲主，餐飲爲輔。其中客房營運的主要客源是外籍旅客，而餐飲之營運則以本國客爲主。通路策略上，國際觀光旅館的主要銷售通路是爲國內外旅行社，其次是與國內外有業務往來的公司行號。而一般觀光旅館其主要銷售是來自旅各直接訂房住宿，其次是國內外旅行社的訂房。推廣策略上，絕大多數業者在電視廣告上的投入相當有限，多以專業旅遊雜誌的廣告爲主。在整個推廣組合中，以人員銷售爲重點，公共報導被利用的機會不多（余聲海，1986）。

第六節　消費資訊對強化商品之重要性

一、國際觀光旅館強化商品的目的

國際觀光旅館強化商品的目的，是對不同的目標市場產生不同的吸引力，例如商務旅客需要方便的通訊設備，電話、傳眞機、秘書服務等商品力，對休閒型旅客則需要多項的休閒設施作爲吸引的項目，對於不同目標市場傳遞不同商品的方式，最重要的是掌握消費者及競爭環境資訊，作爲衡量目標市場的依據，以有效衡量的方式，尋求最佳區隔市場，使得國際觀光旅館在不同的市區隔中，將企業資源合理分配（顧景昇，1995；李方元，2002；張偉宜，2004）。

二、顧客資訊

顧客資訊是國際觀光旅館業者用作界定購買者、使用組群及市場區隔的重要依據。其中個人屬性部分將現有及潛在顧客區格的方法；根據顧客資料變數、產品使用頻率及購買特徵，可將顧客區分爲不同的組群，經過區隔後，即可分析何種顧客群對國際觀光旅館業最有利益，及具開發潛力；此變數分析亦可用作描述同類產品消費者和國際觀光旅館現有消費者特徵之比較，可讓企業瞭解同類產品消費者間不同之處，對發展旅館行銷策略有相當大助益。由國際觀光旅館顧客需求滿意度與再宿意願關係之研究中了解：顧客需求與滿意度呈典型相關；飯店所提供各項服務顧客之需求、滿意度與顧客人口變數有顯著差異。飯店所提供給顧客之需求與滿意度可預測75%的再宿意願傾向。由判別分析得知顧客再宿意願傾向判定率達77.16%(陳秀珠，1995)。國際觀光旅館所必須分析的顧客資料變數包括性別、年齡、所得、職業、居住區域及生活型態等，以確定目標市場之特徵。

(一)性別

性別不同的顧客對國際觀光旅館住宿及餐飲消費習慣有顯著的差異，性別常與其它人口資料用來界定目標市場，性別與其它變數結合分析的資訊，可用於設計不同產品包裝之依據，例如仕女樓房的設計。

(二)年齡

以消費者的年齡作爲區隔市場的指標，不但能細分國際觀光旅館業市場，亦能用來確認國際觀光旅館特定產品或服務之

需求。經過分組後的年齡資料，也有助於對媒體購買之選擇，使商品銷售結合目標市場與消費者作有效的溝通。

(三)收入所得

收入所得可以推知消費者的家庭生活型態，根據收入所得資訊級同時可以修正國際觀光旅館產品之形態，亦可依此變數決定選擇媒體。

(四)職業

消費者職業的不同除會影響其收入所得，同時也會影響其消費型態（黃俊傑，2003）。如商務人士收入可能較教師或公務員多，其往來於世界各地的頻率亦較高；因此，消費者職業對國際觀光旅館業即是重要的資訊。

(五)居住區域

國際觀光旅館旅客分布世界各地，行銷人員必須瞭解潛在消費者分布的地理區域，以及各區域不同的消費能力，例如某些區域旅客非常少，但是消費能力確高於平均水準，可將此區域視爲重要開發重點。

(六)生活型態

生活型態是以消費者態度、興趣與所參與活動和特徵來界定市場區隔，目的是希望更深入地瞭解消費者的心理。如日本旅客占全球旅遊市場極爲重要的部分，國際觀光旅館業者對日本旅客生活型態即格外重視，在客房備品提供上助益甚大。

(七)旅遊目的資訊

觀光客到目標地的旅遊之目的會影響其住宿的決定，如休閒與商務所選擇住宿地點即會不同，旅遊環境資訊即可作爲國際觀光旅館業擬定目標市場作爲參考。國內旅遊路線選擇評估模式之研究中獲得以下的結果：旅行社業者在路線選擇方面最重視的評估層面依序是「安全層面」、「成本層面」、「風景點層面」、「住宿層面」、「交通層面」、「餐飲層面」及「活動層面」。而在路線選擇評估準則方面旅行社業者最重視的準則依序爲「景點服務設施之周全」、「交通路線安全性」、「旅館之服務品質」、「餐飲衛生」及「景觀特色」；而較不受重視的準則依序爲「活動成本」、「風景區門票」、「餐飲成本」、「交通成本」及住宿成本。但就台灣十大旅遊路線進行評估顯示，以「台北都會之旅」最受業者青睞，其次爲「太魯閣峽谷風光」與「東北角海岸之旅」(曾子華，1996)。

(八)旅遊人數資訊

單獨前往或以團體旅遊的方式在考慮住宿地點時亦會有不同；而國際觀光旅館業將會依公司預約訂房政策決定是否接受團體訂房的旅客，以衡量國際觀光旅館整體之營運收入；訂房人數也是國際觀光旅館業區隔市場的一項重要變數，這也是旅館規劃客房型態上重要指標之一。

(九)訂房通路

國際觀光旅館業依據旅客由不同的訂房通路來源亦可作爲其市場區隔的指標；如透過旅行社、連鎖訂房系統及個人單獨訂房等不同方式預訂房間旅客，對國際觀光旅館之需求亦有所不同。

顧客資訊的掌握爲國際觀光旅館行銷最基礎的依據，國際觀光旅館企業運用這些不同區隔資訊變數，作爲其在強化商品之基礎，才能在市場競爭中創造優勢。在遊客住宿型態選擇之

研究模式建構之過程研究發現，「住宿資訊來源」、「職業」等變數對遊客住宿型態的選擇之預測有顯著的影響。另外，因不同之住宿型態之客群特質組成有明顯差異（年齡、職業、選擇住宿資訊來源等），就此住宿業者應能明瞭及因應與差異類型之住宿業者的競合關係（黃俊傑，2003）。

三、傳遞無形的價值

基於此消費者資訊之掌握，國際觀光旅館商品強化必須藉由實體產品的傳遞，讓旅客感受到無形之價值；商品的強化，除了要增強客房原有的舒適、安全功能之外，讓顧客由使用實體產品的過程中，將無形的價值以下列的方式傳遞給顧客：

(一)特別禮遇（Privileges）

特別禮遇原指讓特別顧客在付出相同代價之情況下，享有較一般顧客更獨特之禮遇；禮遇的型式隨顧客及國際觀光旅館之性質而有所差異；延長住房時間（Late Check Out）、快速住房及退房作業、免費使用健身設備或游泳池及免費住房等都可以作爲對特定對象之禮遇方式，例如許多旅館提供旅客至下午4點爲退房時間，讓旅客有更充裕的時間安排行程。

國際觀光旅館業者應將這些特別的禮遇方式擴大成爲商品的一部分，例如國際觀光旅館業者可以因應國際航線班機時刻而調整旅客退房的時間，並且可於事先確認退房的手續，將住房費用結清，如此可以省去讓旅客等待退房的時間，也可以讓旅客感到更爲妥善的服務，這樣的服務，即成爲強化國際觀光旅館商品價值的一部分。

(二)訂房／訂位系統（Reservation）

訂房/訂位系統是讓旅客確定國際觀光旅館住房或用餐方式，旅客由此系統直接預定的客房，可享有免付訂金的禮遇，不僅可以讓旅客省去由旅行社轉定的手續，也可直接瞭解訂房的種類及所享有的優惠；更方便的是，如果預定的國際觀光旅館爲原住宿旅館連鎖經之成員，旅客可以由出發地點的旅館直接向目的地的連鎖會員旅館訂房，確保旅遊住宿品質。

國際觀光旅館業可以利用免費訂房/訂位系統強化其商品力，可將給付給旅行社龐大的佣金，直接回饋給消費者，使得免費的訂房/訂位系統成爲國際觀光旅館業有力的商品。

(三)客房整理（Housekeeping）

房間整理原本僅是國際觀光旅館客房服務的一部分，但由於旅客對住宿客房的重視程度，成爲其考慮住宿的重點，使得客房整理成爲客房服務的重點。加強國際觀光旅館客房清潔、舒適的程度，及對經常住房旅客提供特別的客房布置是國際觀光旅館商品強化的重點，例如旅客對於常住型的旅客提供專屬衣櫃，布品等，讓旅客備感禮遇。

(四)秘書服務（Secretarial Service）

秘書服務可以爲商務型的旅客節省許多處理商務瑣事的時間。其涵蓋的範圍除一般國際觀光旅館商務中心提供的影印、傳眞等服務之外，強調個人專屬的秘書服務、如專屬翻譯、會議聯絡、信件收發等，都將包括在內。如此，可以使得旅客感受到國際觀光旅館人性化的服務，拉近國際觀光旅館與旅客之間的距離，讓旅客直接獲得額外的商品價値。

(五)休閒商品（Recreation）

休閒服務有別於休閒型旅館所提供的戶外休閒設施，專指館內提供健身房、游泳池、三溫暖等設備，讓住宿旅客可以消除旅遊的疲憊。休閒服務可以結合客房設計成爲客房商品的一部分，例如，將客房浴室增加三溫暖的設備，使客房不僅只有住宿的設備，旅客亦可以享受到更佳的商品價值。

(六)娛樂服務（Entertainment）

國際觀光旅館業娛樂商品的提供包括館內的夜總會、名品商店街及館外短程定點旅遊的遊覽服務，娛樂商品的提供可以免除旅客購物的困擾，亦可以擴展旅館周圍的商圈，增加多元化機能；同時，由於國際觀光旅館娛樂服務的設計，可以將原來商務旅客的目標市場，擴大到商務旅客的家庭成員，使這些往來於世界各地的商務旅客，願意攜伴同行，成爲具吸引家庭旅遊市場的商品。

(七)資訊服務（Information）

國際觀光旅館資訊服務包括館內資訊的介紹、旅遊資訊之提供、代訂班機機票、代購戲院及表演場所入場劵等服務。增強國際觀光旅館商品。

(八)備品（Amenity）

備品的提供原僅是爲了減少旅客外出攜帶物品的困惱，讓旅客住進旅館後有如回到家中一般方便。備品強化的方式可由備品的設計及提升備品的品質著手，如提供女性旅客專用的備品，或將備品的商標直接印在備品上，取代國際觀光旅館的名稱，讓旅客感受到備品的價值。

國際觀光旅館商品的呈現，即是要以實體產品結合這些無形的利益傳遞給旅客，擴大旅客在國際觀光旅館內所能獲得實體產品的價值，國際觀光旅館商品才更具吸引力。

問題與討論

1.請說明旅客選擇旅館的考慮因素。
2.請說明旅客資訊對於旅館商品策略的重要性。
3.請比較商務型及休閒型旅館的特點，並舉台灣地區的旅館說明。
4.請說明旅館產品配銷系統中介者角色的功能。
5.請說明旅館產品直接銷售的優點。
6.請選擇一間國際連鎖旅館的網站，分析其客房商品策略。

第二章　旅館經營績效

- 旅館商品與特性
- 連鎖旅館經營
- 經營效率
- 經營績效的研究延伸

徐老闆原本經營土地開發工作，由於國內經濟起飛、國人旅遊行為的轉變，及政府實施周休二日等因素，他看準國人注重休閒時代的來臨，於是在花蓮購買一筆土地，預備開發經營溫泉旅館；徐老闆首先瞭解開發溫泉旅館的相關法令，及參考了交通部觀光局網站（http://taiwan.net.tw/index.jsp）上觀光旅館營運分析報告，了解旅館經營的各項支出成本與收益的層面，計畫投資經營具備花東地區傳統文化特色的溫泉旅館。

但是他本人沒有經營旅館的經驗，在朋友的推薦下，徐老闆猶豫與國內旅館顧問公司共同規劃溫泉旅館，或是加入國際連鎖旅館；徐老闆由網路上蒐集了一些著名旅館的資訊，在蒐集資訊的過程中，徐老闆已經感受到旅館商品資訊呈現的型態，與商品資訊吸引旅客的方式；他特別欣賞以往曾經出差住宿過的香格里拉集團所管理的旅館，總部設於香港的香格里拉酒店集團以亞洲為基地，是亞洲區最大的豪華酒店集團，獲譽為全球極為出色的酒店管理公司。1997年香格里拉慶祝成立26周年，公司的宗旨「殷勤好客亞洲情」以優良服務見稱，並於著名的雜誌、同業伙伴贏得多項國際獎項和極高的讚譽。

香格里拉集團的出現，始自1971年開業的新加坡香格里拉大酒店，酒店占地15英畝，內有園林勝景、舒適優雅的客房，配合亞洲人友好待客之道，給亞洲酒店業訂下新標準。20多年來，香格里拉酒店集團擴展迅速，於亞洲主要城市及廣受歡迎的渡假地點都建有豪華酒店和渡假村。目前，集團有37家酒店遍布亞太區，客房超過17,000間，到公元2000年，預計香格里拉集團將擁有多達五十家酒店。

香格里拉在酒店業的領導地位並非只靠數目多寡。推行不久的中央訂房系統利用嶄新科技把集團各家酒店、渡假村、區域營業辦事處連接起來，使客人可即時知道任何一家酒店房間供應的情況以及客房的價目。集團提供出色卓越服務的宗旨將一直維持下去：員工的培訓是公司考慮的首要事項，公司每年撥出大量經費，用以訓練員工掌握專業知識、技能，使他們各自在崗位取得最傑出的表現，目前香格里拉酒店集團聘用的員工超過24,000人，數目正不斷增多，為世界各地的旅客提供服務。

在台灣的遠東國際大飯店為遠東集團所有、香格里拉酒店集團經營管理的國際級飯店。緊鄰飯店的遠企購物中心擁有130家精品，更提供住客都市休閒生活新風貌。林老闆帶著興奮且好奇的心情，準備親自體驗這些旅館獨到的得產品、設施及服務，並將設施優點應用設計到經營的溫泉旅館中。

除了親身體驗之外，他蒐集了許多旅館的規劃設計，預備拜訪旅館管理公司，準備與管理顧問公司共同擬定休閒旅館設計的初步藍圖，並共同討論旅館經營的方向。在這些初步對旅館的瞭解中，徐老闆謹慎地評估及規劃旅館的未來。在管理顧問公司初步提供的旅館營運標準作業程序中，林老闆瞭解旅館商品的特性及對溫泉旅館的產品需求。

企業經營者首先關心的是旅館經營績效，以作爲投資興建的參考。旅館產業是以人服務人的傳統產業，在我國，旅館事業的發展與經濟成長密切相關，旅館經營的方式也隨國際化的程度而有長足的進步，旅館商品資訊也隨著旅館事業的發展而呈現不同的風貌。研究相關的研究顯示：國際觀光旅館整體產出或個別業務皆具有規模經濟之特性，國際觀光旅館之長期平均成本會隨產出增加而逐漸下降。就個別業務來說，客房與餐飲兩種業務、餐飲與其他服務兩種業務間皆存在弱成本互補性；但就總體業務而言，國際觀光旅館不具有多樣化經濟之特性（李佳蓉，2002）；而在增加客房數來擴充規模經濟時需注意，其業務量增加是否足夠大到，規模經濟平均成本下降的利益抵銷其所增加的成本。在國際觀光旅館中客房收入與餐飲收入及總業務間皆具有成本互補性；即具有範疇經濟的特性（張嘉孟，1986)。

第一節　旅館商品與特性

旅館的基本功能是提供旅行者、商務人士，作爲家外之家，所以其機能應與「家」相同。爲營造一個具有「家」的氣息的旅館，投資者或經營者莫不將旅館內部設備設計，讓旅客進入旅館內，即感受到有回到家中的感覺。

現代化的旅館事業乃是一種綜合性、多角化經營的企業體，其內包含多種附屬設施（如會議室、夜總會等)，在資訊科技不斷創新的今日，旅館業者應用許多資訊科技的優點，除了提供旅客住宿休閒功能外，也同時提供住宿安全的保障；同時更新許多客房內的設備，並結合旅館內各項設施，讓旅客在客房內就可以享受娛樂的設施，或是滿足商務的便利；此外結合異質性產品促銷，以吸引更多客人前來消費。

旅館業是強調以人服務人的傳統產業，透過硬體設備與軟體服務的結合，滿足旅客在旅遊過程中基本住宿需求，隨著競爭情況的轉變，不同經營理念與市場定位將呈現不同的服務文化與競爭策略，相對地在營運績效上亦有所差距。初學者首先應對旅館販售商品之特性初步的瞭解。

一、旅館商品的分類

旅館銷售的商品分爲有形商品與無形服務兩種，分別說明如下（阮仲仁，1991；姚德雄，1997；吳勉勤，1998；李欽明，1998；Chan、 Frank and Pine，1998；Kandampully and Suhartanto，2000）：

(一)無形商品

旅館的無形商品乃指服務（Service）而言，旅館提供的商品除了實體產品使顧客感到滿意、舒適之外，對傳遞商品的服務人員益顯重要，商品服務需靠人的行爲來完成，並達到「賓至如歸」的目標，是經營旅館首重要務。旅館既屬服務業之一種，即自旅客訂房開始，就提供親切的服務，直至旅客離開旅館爲止。

以香港半島酒店（參觀網址爲http://www.peninsula.com）爲例，在半島酒店裡，無論是服務或是設備沒有一項會令旅客失望的。當旅客完成Check-In之後，飯店人員會帶領客人至房間內，並介紹房間所有的設備及使用方法，然後在送上迎賓水果和及熱毛巾。而房內大理石的建材衛浴設備，提供第凡內香皂，澡缸前還有隱藏式電視，所有看得到的金屬設備一律都擦得亮麗如新。

旅館業除了硬體商品的提供住宿滿足之外，也會在許多細微的地方關心顧客；例如，若適逢旅客過生日時，該旅館都將致贈賀卡，或貼心的小禮物，雖然僅僅是一份小小的心意，對旅客而言，卻有一種溫馨與受到重視的感覺。

(二)有形商品

1.外在環境

外在環境是指旅館建築主體之外觀與其周遭環境（如停車方便性、附屬設施多樣性等）及內部設計（如氣氛、實用性、衛生安全等)。例如，半島酒店不論是從內部格局、設備、豪華尊貴的服務、便利的地理位置及傳奇性之歷史淵源來講都是絕佳的，更是今日全球推崇的頂級酒店之一。在台灣，台北圓山飯店雄偉的外觀也被世人尊崇。

2.客房設備

就旅館硬體而言，客房是旅館主要出售商品之一，客房收入約占旅館整體營運收入40至45%左右　；因此客房設備的機能性、便利性、安全性、休閒性等考量非常重要。

旅館客房商品最基本的功能在於提供旅客休息的場所，舒適的住宿環境是消除旅途疲累的良方（吳貞宜，1999)。例如：半島酒店從地下名牌街、羅馬式大理石游泳池、奢華的建石及木材雕刻、擦鞋服務、澡缸前隱藏式電視到TIFFNY香皂，你會發現貴爲英國女皇指定下榻的半島酒店，它爲人推崇的不只是外觀，還有那份細心的人性化服務。

3.餐飲

除了舒適的環境之外，多樣的餐飲服務亦爲滿足旅客食的選擇。旅館內部各餐廳提供各種口味餐點菜餚，如西式、中式、自助餐等。現今旅館經營的趨勢中，旅館餐飲服務不僅提供長途旅客所需，亦需旅館所在城市消費者對餐飲需求，同時亦爲傳遞各國美食文化的絕佳場所。

英國著名飲食雜誌《Restaurant》選出全球50家最佳餐廳，香港半島酒店頂樓的Felix餐廳排名18，英國則有5家餐廳上榜。而一項調查則發現，港人平均花費在出外用餐的支出爲全球最高，達$1,400美元（約100.92港元），堪稱天下第一食客。

4.備品

備品是指提供給客人之住宿之布巾、沐浴用品等，亦會讓客人感受住宿之尊貴程度，有些旅館以旅館名稱包裝備品，有些旅館則是以世界知名品牌（如GUCCI）提供旅客所需的備品，以彰顯旅館款待旅客的尊貴程度。

5.相關之附屬設施

對於居住旅館的商務旅客而言，商務中心是必備的設施，商務中心提供影印、網路設施、傳眞機、翻譯等人員與設備，讓全球旅客能夠處理商務。附屬的會議室可以提供不同商務人士開會的需求，讓這些旅客可以在旅館內，像在辦公室一般與客戶接洽業務或召開會議。

當忙碌工作之餘，娛樂休閒設施就成爲放鬆身心的設備了，如夜總會、健身中心、游泳池等設施，愈益受到重視。無論都市型旅館或休閒型旅館均提供不同形式之休閒設施，如三溫暖、游泳池、健身中心，尤甚至包括SPA、高爾夫練球者、保齡球館或其他戶外遊憩設施，以滿足旅客對休閒、健康的渴望。

不同形式的表演、會議、展覽、典禮與旅館中舉行，讓旅館成爲社交活動的中心。與旅館合併經營的商店街、購物中心、百貨公司提供旅客購物的便利性，亦成爲各名品流通資訊重要的設計。

一項研究影響國際觀光旅館企業形象各要素之重要程度的

研究，結果發現七個影響國際觀光旅館重要程度之因素構面，依次為：1.服務與設備；2.專業形象；3.品牌與行銷形象；4.管理與信賴形象；5.設備與信賴；6.價格；7.環境形象（許惠美，2000）。

各飯店企業形象之滿意程度分析結果，其最滿意的因素前三項依序為：旅館知名度、旅館地點位置、社會名流偏好度。這樣的分析顯示：旅客同時注意設備的旅館設備與服務的齊備程度。因此一個旅館的從業人員而言，除了應掌握工作流程熟悉程度之外，服務的意願、態度與技巧將決定服務品質的好壞及營運績效，企業主應格外注重從業人員之人性管理及在職訓練，以使從業人員時常保有愉快的心情服務客人。

二、旅館商品的特性

旅館商品依其經營有不同之特性，旅館從業人員應了解旅館產品的特性及其受經濟因素影響所可能帶來的影響。

(一)旅館產品強調無休息與無形的服務特色

旅館事業是由人（從業人員）服務人（客人）的事業，每位從業人員的服務品質的好壞直接影響全體旅館的形象；旅館經營客房出租、餐飲供應及提供有關設施之實體產品，最終以旅客的最大滿意為依歸。同時旅館提供全年全天候的服務，無論何時抵達的客人均使顧客體驗到愉悅和滿足。

因此「服務性」的特徵對國際觀光旅館商品設計與提供顯得相當重要，旅館從業人員應瞭解在旅館作業中熱忱為人服務的價值。旅館為客人家外之家（A Home Away from Home）之特點，服務性格性重要。

(二)產品具綜合性的特質並兼負公共責任

旅館除了提供客人住宿與餐飲之產品外，同時象徵社交、資訊文化的活動中心，旅館的功能是綜合性的。舉凡住宿、餐飲外，其他和介紹旅遊、代訂機票等皆可在旅館內由專人處理。旅館同時滿足不同文化背景的客人，在食、衣、住、行、育、樂各方面之需求，同時亦象徵一個城市中社交、資訊、文化活動的中心。有人即稱旅館為都市中的都市（A City within A City）。

相對地，旅館在設施上受相關法令規範，擔負公共法律之責任。例如旅館提供之餐飲服務須受食品衛生相關法令之限制，建築設備標準須符合建築及消防法規的要求。

(三)旅館設施具備豪華性與高額投資的特質

旅館的建築與內部設施豪華，其外觀及室內陳設，除表現地區或國家之文化藝術外，同時亦可彰顯客人之尊貴性，在旅館建築設計上，將同時突顯建築設計風格與客人的使用便利程度。每個著名的城市都有一座著名的旅館，設施豪華的程度亦將彰顯，例如香港的半島酒店（網址：http://www.peninsula.com）與巴黎的麗池飯店（網址：http://www.ritz.com）。

相對地，旅館在籌設初期投資成本高，營運後人事費用、地價稅、房捐稅、利息、折舊、維護等固定費用占全部開支約在60至70%之間，與製造業變動費用之原料支出比重，形成明顯對比。我國在旅館事業的發展過程中，政府曾透過租稅的減免，或是貸款的優惠利率等方式，鼓勵旅館的興建。

(四)市場需求受季節性及外在環境的影響

旅館業的主要任務是提供旅客住宿及餐飲，不同型態的旅

館業將受不同住宿需求而影響；觀光旅館住宿之旅客，其旅遊動機互不相同，而經濟、文化、社會、心理背景亦各有迥異，故旅館業者尤應注重客人需求的變化，以掌握市場的脈動。

此外，旅館經營受經濟景氣影響、外貿活動頻繁、國際性觀光資源開發、航運便捷、特殊事件（如911攻擊事件、嚴重急性呼吸道症候群感染事件）等因素影響，其營運績效亦擔負經濟影響之風險。尤其對休閒性的旅館而言，其季節性的需求有明顯之差異，因此旅館的營運須瞭解旺季住宿之需求。

例如民國91年全球觀光市場受911事件衝擊，至第4季方開始復甦；香港市場在來台開放落地簽證及全新觀光宣傳的帶動下，觀光局91年度在觀光推廣上繳出成長10.82%之亮麗成績。受到「嚴重急性呼吸道症候群」（SARS）影響，民國92年5月來台及出國觀光市場持續遭受重大衝擊。尤以月初爲防範SARS疫情蔓延而採取對港澳等地來台旅客入境之限制措施，使5月台港航班取消725架次（62.45%），港澳地區來台人次爲負成長97.73%；但隨著「SARS」疫情逐漸降溫，各地區皆舉辦各類活動，包括香港、新加坡等國的旅遊業，期望能使國際觀光客旅遊人氣盡速回籠，以復甦觀光旅遊市場。

(五)商品供給無彈性並受地域限制

當旅館商品無法於當日售出，即成爲當天的損失，無法於隔日累計超額售出，形同廢棄，對旅館營運影響甚大。客房商品一旦售出，則空間、面積無法再增加。旅館房租收入額，以全部房間都出租爲最高限度，旅客再多，都無法增加收入，當日若有超額訂房，亦無法提供客房產品給客人。旅館的建築物無法隨著住宿人數之需求而移動至其他位置，所以旅館銷售客房產品，受地理上的限制很大，因此連鎖旅館的發展，或有助於改善地理位置限制所帶來營運上影響。

第二節　連鎖旅館經營

在我國，旅館經營屬於交通部觀光局所管轄的業務，觀光局每年會分析各旅館經營的業績分析，例如各項營業收入、營業成本等，並經此資訊公布於官方網站上，提供研究人員及業者參考，在此部分資料中，以國際觀光旅館經營許多探討經營績效的研究較齊備，每一年度研究資料會說明研究範圍，例如91年台灣地區觀光旅館共計87家，其中國際觀光旅館62家，一般觀光旅館25家。營運分析報告係以國際觀光旅館爲對象，惟涵碧樓大飯店及花蓮遠來大飯店於91年3月及9月間開始營業，年度資料未齊全；日月潭大飯店因921地震毀損，自89年起暫停營業並擬重建；溪頭米堤大飯店自90年7月因桃芝颱風暫停營業迄今；皇統大飯店於92年2月註銷緣故等資料未涵蓋在內，故本次研究對象僅以其餘57家國際觀光旅館爲限。而觀光局根據觀光旅館業依「觀光旅館業管理規則」第二十六條之規定塡送觀光局的營業資料據以分析，製作各月營運統計月報表及年度。例如觀光局依照民國91、90年國際觀光旅館營運統計月報表，包括：營業收入、客房住用率、住宿旅客國籍統計及外匯收入等；民國91、90年國際觀光旅館營運統計年報，包括：損益表、資產負債表、外匯收入實績、年平均住用率、繳納稅捐、僱用職工人數、相關部門損益及餐飲部門坪效等資料。研究者可以依根據研究主題需求運用此部分資料。

近年來，國內對旅館經營型態與經營效率之間關係的研究中發現，如果將國際觀光旅館經營型態區分含獨立經營型、加盟連鎖型、管理契約型與國內連鎖型四種型態時，經營型態的不同並不影響其經營效率；但若將上述四種經營型態歸類爲另

二種經營型態（獨立與非獨立、國內與國外）時，則國際觀光旅館經營型態的不同將會影響其經營效率，其中非獨立經營型態之經營效率比獨立經營型態為高；而國內經營型態之經營效率比國外經營型態較為遜色（邊雲花，2001）。

國內對國際觀光商務旅館異業聯盟之聯盟現況、聯盟型態、競合關係與聯盟績效關係之研究中得到下列結果：異業聯盟動機構面對聯盟對象、行銷與售後服務聯盟及競爭關係的影響最顯著；聯盟對象對聯盟的整體績效有正向影響關係；競爭關係對銷售成長率、市場占有率、聯盟的目標達成度與聯盟的整體績效有正向影響關係；而生產與後勤聯盟對銷售成長率、市場占有率有負向影響關係；聯盟對象、合作年數與人事聯盟對服務態度達顯著差異；競爭關係對專業能力達顯著差異；合作關係對處理能力達顯著差異（陳春宏，2003）。

一、連鎖旅館的定義

連鎖旅館係指兩間以上組成的旅館，以某種方式聯合起來，共同組成一個團體，這個團體即為連鎖旅館（Hotel Chain）。換言之，一個總公司（Headquarters）以固定相同的商標，在不同的國家或地區推展其相同的風格與水準的旅館，即為連鎖旅館。在我國旅館發展的過程中，Hilton國際連鎖引進國內，首開連鎖經營之風。引進的管理Know-How，大大提升了服務品質，相繼的Sheraton、Nikko、Hyatt、Regent等國際連鎖品牌使得國際旅客有更多的選擇，亦使我國旅館形象提升。將各地的連鎖旅館結合起來，成為一綿密式的銷售網路，彼此間可相互推薦、介紹，尤其是品牌的知名度打響後，可統一宣傳、廣告、訓練員工及採購商品等，不僅能節省銷管及廣告宣傳費用，同時也增加了宣傳上的效益，無形中替公司創造了另一筆財富。

二、旅館連鎖經營的好處及目的

旅館的連鎖經營可以降低經營成本、健全管理制度；提高服務水準，以提供完美的服務(陳鴻宜，1999；邊雲花，2001；陳炳欽，2002)；加強宣傳及廣告效果；共同促成強而有力的推銷網，聯合推廣，以確保共同利益；給予顧客信賴感與安全感。至於其經營的主要目的包括：1.以相同的品牌，提高旅館的知名度並樹立良好的形象。2.成立聯合訂房中心，拓展業務。3.合作辦理市場調查，共同開發市場。4.統一訓練員工，訂定作業規範。5.共同採購旅館用品、物料及設備。

三、連鎖旅館的連鎖方式

連鎖旅館的連鎖方式，旅館連鎖因建築物所有權、管理授權等不同而有以下不同連鎖方式。

(一)直營連鎖（Ownership-Chain）

即由總公司自己興建的旅館。如福華大飯店（台北、台中、高雄、墾丁等）、中信大飯店（中壢、新竹、花蓮、日月潭、高雄等）、國賓大飯店（台北、高雄）。

（二）委託管理經營（Management Contract）

指旅館所有人對於旅館經營方面陌生或基於特殊理由，將其旅館交由連鎖旅館公司經營，而旅館經營管理權（包括財務、人事）依合約規定交給連鎖公司負責，再按營業收入的若干百分比給付契約金連鎖公司，如老爺大酒店係委託日航國際

連鎖旅館公司經營管理。旅館連鎖型態及系統相當多樣且複雜， 就連鎖型態來看，不管於客房部門或餐飲部門，管理契約連鎖皆擁有較高平均經營效率且也容易達到有效率境界（陳炳欽，2002）。

(三)特許加盟（Franchise）

即授權連鎖的加盟方式。係各獨立經營的旅館與連鎖旅館公司訂立長期合同，由連鎖旅館公司賦與旅館特權參加組織，使用連鎖組織的旅館名義、招牌、標誌及採用同樣的經營方法。

此種經營方式的旅館，只有懸掛這家連鎖旅館的「商標」，旅館本身的財務、人事完全獨立，亦即連鎖公司不參與或干涉旅館的內部作業；惟爲維持連鎖公司應有的水準與形象，總公司常會派人不定期抽檢某些項目，若符合一定標準則續約；反之則可能中止簽約，取消彼此連鎖的約定。而連鎖公司只有在訂房時享有同等待遇而已。我國此類型的旅館如力霸大飯店（Rebar Holiday Inn Crown Plaza）、喜來登大飯店（Sheraton Hotel Taipei）。授權連鎖的加盟方式，爲加盟者保留經營權與所有權，至於加盟契約的簽訂，則包括加盟授權金、商標使用金、行銷費用及訂房費用等。凡參加franchise chain的旅館負責人，可參加連鎖組織所舉辦的會議及享受一切的待遇，並得運用組織內的一切措施。此種方式爲最近數年來最盛行的企業結合方式之一。

(四)收購（Purchase）

即有旅館，或以投資方式控制及支配其附屬旅館。在美國最典型的方法，是運用控股公司，如Holiday Inns、Regent的方式，由小公司逐步控制大公司，凡擁有某家旅館股權的40

%，即可控制該旅館。總公司以此方式逐步支配或控制各旅館。

(五)以租賃（Lease）方式取得土地興建之旅館

在美國及日本有很多不動產公司或信託公司，其本身對於旅館經營方面完全外行，但鑒於旅館事業甚有前途，於是即與旅館連鎖公司訂立租賃合同，由不動產公司或信託公司建築旅館後，租予連鎖旅館公司經營。

(六)業務聯繫連鎖（Voluntary Chain）

即各自獨立經營的旅館，自動自發的參加而組成的連鎖旅館。其目的爲加強會員旅館間之業務聯繫，並促進全體利益。

(七)會員連鎖（Referral Chain）

屬共同訂房及聯合推廣的連鎖方式。例如國內部分旅館分別成爲Leading Hotels of the World（亞都）、Preferred Hotel（西華）等國際性旅館之會員。

四、參加國際連鎖旅館的優點

國內飯店及旅館愈開愈多，飯店市場價格競爭日益白熱化。面對愈來愈惡劣的競爭環境，國內業者應該放眼全球市場，透過結盟的方式和其他國家飯店業者合作，擴大市場規模。

台灣麗緻旅館系統的總裁嚴長壽表示，國內飯店業者想生存，一定要走向國際化，透過結盟的力量擴大市場利基，許多亞洲地區飯店集團面對國際性連鎖飯店集團的挑戰，在不想花

大錢加入國際體系的情況下，都積極尋求結盟機會。連鎖旅館可以享有以下優勢：

(一)品牌的信賴

會旅館員可以使用已成名的連鎖旅館名義及標誌。有助於提旅館高身價及形象。此外，某些旅館利用品牌優勢，已達到獲得金融界的貸款支持。在美國凡參加連鎖組織者，比較容易獲得銀行界之貸款。因加入了有名氣的連鎖旅館，在經營方面有如獲得無形保障。

(二)訂房中心的優勢

利用連鎖組織，便利旅客預約訂房，除了方便旅客訂房外，亦容易發展作整合行銷模式。

(三)良好的管理作業

連鎖旅館利用分享市場資源，使各會員旅館分享行鎖資訊及同步發展行銷策略，並降低廣告預算。對於旅館建築、設備、布置、規格方面，提供技術指導，並定期督導設備檢查。同時設計標準作業流程（SOP），供會員旅館使用，減少作業摸索的期間，並協助員工訓練或觀摩學習。

此外，會員之間可以統一規定旅館設備、器具、用品、餐飲原料之規格，並向廠商大量訂購後分送各會員旅館，以降低成本，及保持一定之水準。各連鎖旅館的報表及財務報告表可劃一集中統計，改善營運績效。

看好國內休旅市場的前景，業者除了持續投資硬體建設外，負責飯店實際營運的旅館管理業務市場，也成為飯店業者關注的焦點。為節省成本，同業結盟的觀念已逐漸被飯店業主接受，旅館管理顧問公司的市場爭奪戰，正如火如荼地進行。

本土旅館管理顧問公司不勝枚舉，比較知名的有麗緻、福華、凱撒、老爺、國賓、中信及長榮；另外，六福、神旺、晶華及春秋最近也開始加入戰場。旅館管理顧問公司可以提供行銷、業務及人力訓練支援，另外，飯店所需要的耗材如特定食材及紙巾等，也可透過共同採購降低成本。

早年國內有意投資五星級飯店市場的業主，多半會和國外業者結盟，尋求技術和客源支援。不過，隨著國內飯店業者的羽翼漸豐，再加上進軍大陸市場的需求，也開始逐步發展自有的飯店體系。例如宏國集團切斷和國際希爾頓飯店的合作關係，改由自有的凱撒飯店體系進駐，就是最明顯的例子。

目前所有體系中，以麗緻及中信的腳步最快，據點也較多，麗緻走五星級路線，中信則以三、四星級飯店爲主。此外，麗緻集團在總裁嚴長壽領軍下，更進一步成立亞洲旅館聯盟，將事業版圖走向國際市場。長榮集團也積極布局，希望能在全台成立全新的商務飯店聯盟，在集團力量的支援下，成果值得期待。

老爺酒店體系近年也來積極發展這方面的業務。繼劍湖山及六福集團宣布加碼國內休旅市場後，老字號的老爺酒店集團也不甘示弱，除了新增的老爺商務會館外，宜蘭礁溪老爺溫泉酒店及南太平洋的帛琉老爺酒店，都將在陸續興建，此外，老爺酒店也將把發展重點放在旅館管理業務上。

不過，老爺管理公司走的方向是以同業結盟爲主，加盟者可以不必掛老爺的品牌，單純在行銷業務和共同採購方面合作。

五、參加國際連鎖組織的限制

參加連鎖組織其缺點大致上包括：1.每年應向總公司繳納

一定數額的權利金，對於一個新企業而言，可能負擔較重。2.總公司涉入企業內部營運，如經營方式、人事調派等，尤其是高階主管異動。

第三節　經營效率

一、國內觀光旅館經營效率

以單因子變異數檢定觀光旅館經營型態與效率之研究，經營型態與效率之間的關係發現：將國際觀光旅館經營型態區分爲上述四種型態時，經營型態的不同並不影響其經營效率；但若將上述四種經營型態歸類爲另二種經營型態（獨立與非獨立、國內與國外）時，則國際觀光旅館經營型態的不同將會影響其經營效率，其中非獨立經營型態之經營效率比獨立經營型態爲高；而國內經營型態之經營效率比國外經營型態較爲遜色（邊雲花，2001）。

由國際化策略的觀點，提升國際連鎖旅館管理關注的層面從經營策略規劃（Strategy）與建築設計監督（Building）的層面來思考引導各地區旅館的現場作業管理（Operation），以達成快速、精確回應當地需求之效果（S-B-O機制）。研究認爲華人業者應充分利用華人之認同感以及文化與區位之優勢進入亞太地區，尤其是大陸市場。除了採取當地回應的多國型策略外，還要掌握旅遊市場的潮流，提供特殊的產品與服務以提升附加價值，如複合化與分眾化、網際網路與子商務的應用、當地訂房因素等；在亞太地區建立起足夠的品牌知名度與競爭能力後，可以開始考慮進入競爭較激烈的歐、美地區，此時的策略除了以華人品牌之認同感掌握住在外旅遊的華人旅客外，更應將各地轄管之旅館建立為社群中心（Community Center）的機制，推行本土化（Localization）以取得當地人民的好感，利用訂房決定因素在當地的特性，可以引進更多的國外旅客，如此，華人業者創立國際性連鎖旅館之品牌將指日可待（高建文，2002）。

國內對高階經營團隊、組織結構、經營策略、關鍵成功因素與績效之關聯的研究中發現：國際觀光旅館之高階經營團隊、組織結構、經營策略及關鍵成功因素等構面間有明顯互動關係；國際觀光旅館之高階經營團隊對績效有顯著之影響，而組織結構則對其無影響；此外，經營策略及關鍵成功因素對經營績效有顯著影響之假設則只被部份支持；台灣之國際觀光旅館除了達到效率前緣者，效率值多為不同有差異的。而依效率值分群之不同群集在部分研究構面因素上也有顯著差異存在（蔡宜菁，2001）。

二、新加坡、香港、台灣三地國際觀光旅館經營策略

對新加坡、香港、台灣三地國際觀光旅館經營策略之比較研究發現：台灣與新加坡國際觀光旅館業的經營型態有顯著差異，而與香港國際觀光旅館業的經營型態較為類似。台灣國際觀光旅館的國際知名度與經營績效表現較其他兩地國際觀光旅館遜色。而新、港、台三地國際觀光旅館業的關鍵成功因素中，相同的有服務品質、廣告促銷、地點、人員素質、設備裝潢、價格等因素。將新、港、台三地的國際觀光旅館可分為五個類型的策略群組，包括「中型觀光旅館群」、「大型國際旅館群」、「中型國際觀光旅館群」、「中小型個人商務旅館群」及「小型本國觀光旅館群」，其台灣國際觀光旅館以「中型觀光旅

館群」、「大型國際旅館群」，及「中小型個人商務旅館群」爲主；香港以「大型國際旅館群」與「中型國際觀光旅館群」；而新加坡則以「大型國際旅館群」爲主要類型。但是在經營上新加坡、香港、台灣三地共同面臨的主要難題爲：員工流動率高與專業人才難求（陳學先，1993）。在國際觀光旅館業經營策略之研究中，對國際觀光旅館業者提出以下4點建議：1.以特色競爭建立優勢；2.體認加盟連鎖爲未來趨勢；3.國民旅遊與會議市場不容忽視；4.發揮品牌綜效的相關多角化（黃應豪，1994）。

三、經營績效的研究取向

研究經營績效國內有關於國際觀光旅館的研究文獻中，可以由消費者行爲、服務品質、關鍵成功因素、策略分析或財務構面資料衡量旅館經營效率，在本書的安排中，對於服務品質的衡量與服務失誤等議題在後續章節有專章介紹。

由財務面探討經營績效的研究中，除了引用觀光局統計資料，研究者除了一般敘述性統計之外，也常利用Charnes，Cooper and Rhodes（1978）提出的資料包絡分析法（Data Envelopment Analysis，DEA）進行經營效率之分析。

(一)資料包絡分析法

1.資料包絡分析法的概念

資料包絡分析法的理論基礎爲：社會資源有限，如何將有限的社會資源作最佳的配置，一直是大眾關心的課題，而在經濟學中，即是探討如何將有限的資源最有效率的分配。故長久以來，效能（Effectiveness）與效率（Efficiency）一直被經濟學家、管理學者及企業主所重視，效能就是「做對的事」

(Doing Right Things)；效率則是「把事做對」(Doing Things Right)，因此，效能與效率間是有相互牽連的關係。若以投入、產出而言，管理者以固定的投入生產較多的產出；或以較少的投入生產同樣的產出，我們就可稱爲其具有效率，若產出達到管理者預設的目標時，就稱爲具有效能（黃旭男，1993）。

效率的最基本概念即是投入與產出間之比值，以較少投入生產相同產出；或是以同樣投入得出較多產出，皆可謂爲具生產效率。而資料包絡分析法是依Farrell（1957）根據柏雷托最適境界（Pareto Optimality），如所言「無法在不損及某些人的情況下，而有益於另一些人之境界」提出之邊界分析（Frontier Analysis）觀念而來。Farrell首先提出生產邊界（Production Frontier）爲衡量效率的基礎，假設一生產函數Y*＝f（X1，X2），其中Y*爲生產因素X1、X2之組合所能達到的最大產出水準，若實際產出Y等於其潛在最大產出Y*，則言具有技術效率（Technical Efficiency，TE）；反之，實際產出Y小於潛在最大產出水準Y*，則稱爲技術無效率（Technical Inefficiency）。廠商之生產效率可由實際產出與潛在最大產出水準之比（Y/Y*）加以衡量。

資料包絡分析法乃追溯以上所言Farrell的生產邊界概念而逐步成形，Farrell在假設廠商具有固定規模報酬下，以單位等產量曲線（Unit Isoquant）說明如何利用實際觀察點與等產量曲線邊界的關係求得技術效率的大小。之後由Charnes、Cooper and Rhodes（1978）等三人建立一線性規劃（linear program）模式，以處理多產出及多投入的效率衡量問題，至此，始稱爲資料包絡分析法（Data Envelopment Analysis，DEA）。此外，Charnes等三人經衡量Farrell的技術效率-假設固定規模報酬下的相對效率後發現，當規模報酬變動時，導致技

術無效率的原因可能來自於運作規模不當。爲細分技術無效率的原因Banker、Charnes and Cooper（1984）等三人假設變動規模報酬，以求純粹技術效率（Pure Technical Efficiency，PTE），並將其稱爲BCC模式。

資料包絡分析法是一種非參數法（Non-Parametric method）的效率衡量方法，爲衡量多項投入、多項產出之決策單位（Decision Making Unit，DMU）相對效率的一種方法（Jayashree ，1991；Thanassoulis， et al.，1996）。在旅館決策單位(DMU)之選取上，認爲必須符合兩項條件：

（1）同質性（homogeneous）：各DMU須具相同目標或工作，並在相同的市場狀況（Market Condition）下運作，且其投入產出要素必須相同。

（2）DMU的數量至少需爲投入產出變數個數總合的二倍（Golany and Roll，1989）。

利用線性規劃的方式將DMU的多項投入、多項產出轉換成單一的績效衡量，DEA並不須預設函數關係，只須假定多項的投入因素會創造出一個產出集合。將欲評估的決策單位選取觀測值，經由數學線性規劃模式求得效率邊界（Efficiency Frontier）上的點，連接這些點即構成所謂的包絡線，所謂的觀測值是指廠商之投入與產出比例，DEA將其投射（Map）到空間中，以尋求最高產出或最低投入邊界。DMU若落在效率邊界上者，即被稱爲相對有效率單位，其相對效率值爲1；若不落於邊界上者，則是爲相對無效率者，其相對效率值介於0與1之間。其有三點基本假設（陳鴻宜，2000）：(1)生產邊界（Production Frontier）由最有效率的組織組成，無效率組織在此邊界之下。(2)所有被評估單位均假設固定規模報酬（Constant Return to Scale）。(3)生產邊界凸向（convex）原點且每一斜率皆不爲正。

2.應用於衡量連鎖國際觀光旅館投入－產出效率

將具有效率的生產點連接成生產邊界，任一點與邊界的差距即爲該生產點非效率值，而該值可用來衡量每一生產點的相對效率值與改善的空間。爰此，此概念可被應用於衡量連鎖國際觀光旅館投入－產出效率，判別有效率單位及無效率單位，進而求取各旅館連鎖型態之整體效率，比較其優劣，作爲業者選擇連鎖型態之參考。

對於業者而言，可以藉由探討不同連鎖型態之旅館業者欲達最適之營運效率時，所需調整採行之策略。一項分析台灣地區連鎖國際觀光旅館之經營投入：產出效率的研究中，依據交通部觀光局每年度調查統計之台灣地區國際觀光旅館營運分析報告含1998、1999等年度的旅館業經營統計資料，以27家台灣地區連鎖國際觀光旅館爲主，首先依據直營連鎖、租賃連鎖、管理契約連鎖、特許加盟連鎖、業務聯繫連鎖及會員連鎖等六種旅館連鎖型態做一分類，進行經營效率之分析，探討台灣地區連鎖國際觀光旅館其所屬連鎖型態、連鎖系統及其經營效率（陳炳欽、葉源鎰，2000）。研究結果顯示：管理契約連鎖、會員連鎖爲經營效率較佳的兩種國際觀光旅館之連鎖型態。

(二)其他衡量的方法

除了財務面的衡量之外，企業經營亦考量其他資源因素對於競爭績效的影響；研究者亦考慮考慮其他衡量的方法，例如以平衡計分卡、競爭策略或是資源基礎的觀點。例如探討台灣地區國際觀光旅館經營之優劣與影響經營績效之因素（張德儀，2002）。該研究仍首先運用資料包絡分析法，評估1998年台灣地區國際觀光旅館當期之相對經營效率，並進一步以Faumlre，Grosskopf，Lindrgen and Ross（1992）之Malmquist生產力觀念，分析1994年至1998年間，45家觀光旅館

業跨期效率變動狀況。依據績效評估結果，進一步探討與投入、產出資源運用有關之經營特徵變數與績效之關係；其次，依據資源基礎理論，以線性結構模式分析國際觀光旅館之資源能力與經營績效間之因果關係。分別就管理型態、策略要素與經營績效等三個面向的對應關係，探討旅館業如何依其經營特性，形成有效的策略，以提高其競爭力。

研究結果顯示，國際觀光旅館之績效因管理型態與旅館客源之不同而有顯著差異，而卻不因市場類型、客房規模、地理區位不同而有顯著差異。同時驗證資源能力與經營績效之因果關係，顯示實體服務系統、人力資源管理、服務文化等前因變項，透過服務能力影響旅館之經營績效。最後，研究提出管理型態、策略要素與經營績效之對應關係，對於經營者如何掌握公司之競爭優勢與經營策略提供決策方向。

當瞭解旅館的各次特性之後，在旅館各部門營業操作上必須融合各特性間的關係，例如需求的波動程度可應用於市場住房預測上。在考慮超額訂房時需同時考量商品的不可儲存特性，訂價策略上可瞭解季節及需求多重特性之影響，以科學的方法掌握分析各次市場資訊，瞭解顧客需求及商品策略，將有助於提升旅館的營運績效。

第四節　經營績效的研究延伸

除了上述探討企業經營績效的方式之外，交易成本理論也提供了另一項研究的基礎。交易成本理論最早由Coase（1973）提出「利用內部生產以獲得利益的主要原因是因爲從外邊採購會有損失」的觀點，並指出在市場交易中，供需雙方爲了找到均衡價格，所必須付出的代價，就是交易成本。Williamson

(1979) 認為產品的總成本除了製造生產成本外，還包括了交易成本或稱協調成本，交易成本可從事前與事後兩個階段來看 (Dietrich，1994) ；事前是指在實際交易發生之前，包含合同擬約 (Drafing)、協調 (Negotiating) 與安全監督 (Safeguarding) 等成本。而事後是指交易開始進行之後，包括適應不良 (Maladaption)、議價 (Haggling)、安置與執行 (Setup and Running)、有效安全承諾之契約成本 (Bonding Cost) 等成本。此外，Mahoney (1992) 認為交易成本乃是源於購買者與供應商之間搜尋、創造、協商、監督以及履行服務合同所付出的努力、時間與成本等。

在交易成本理論之下，企業主的決策中心乃在於使生產成本與交易成本總合最小化為目標 (Coase，1973；Williamson，1975)。因此，當組織在評估是否與其他企業進行供應鏈整合或策略聯盟時，將從成本的角度考量企業最適決策，交易成本削減供應者在生產成本上的競爭優勢，若企業必須在供應商管理、協調與監督等活動付出大量成本，則可能導致企業對合作取得外來資源卻步。因此，當企業認知到交易成本增加將超過生產成本優勢時，會選擇內製取得資源 (Bakos and Brynjolfsson，1993)。Williamson (1975) 指出從交易成本 (或指協調成本) 與生產成本的多寡，可看出最適之組織形式。在「市場」的交易形式之下，組織從市場上尋求合適的產品來滿足內部的需求，因而其所產生的生產成本將較組織與供應商間的協調成本為低。而在「層級 (Hierarchies)」的交易形式下，組織傾向自製，或以向某特定供應商購買的方式來獲得所需的產品，導致組織未能發揮市場功能，而使生產成本提高，但相對的協調成本較低。

一、組織失靈（Organizational Failure）架構

Williamson（1975）提出組織失靈（Organizational Failure）的架構，認爲無論市場抑或層級的組織形式皆會出現有限理性、投機心理、不確定性／複雜性、少數交易與資訊不對稱性等情況，並將前兩者歸類爲人性因素，後兩者視爲環境因素。由於人性與環境因素的互相影響，因此產生市場及層級等組織形式失靈的現象。在組織失靈架構中，由於環境的不確定性及複雜性造成人類有限理性的現制，並因投機心理加上資訊不對稱而形成少數交易。少數交易有兩種情況，其一爲事前的少數交易：指獨占與寡占的市場結構，經常會面臨獨買或獨賣力的剝削；其二指事後的少數交易：指選擇合作夥伴後，因轉換合作對象不易，且合作夥伴已獲取對方知識而形成有利投機機會的狀況。由於少數交易往造成投機行爲的產生。因此在這些因素的互相影響之下，便產生了所謂的組織失靈現象。

二、有限理性與投機心理

有限理性（Simon，1947）與投機心理（Williamson，1975；1985）是交易成本理論的兩個關鍵假設。有限理性係指在某些實質條件下，人類處理資訊的能力有所限制，亦即決策者雖然企圖追求利益極大化的理性行爲，但卻經常被精神、生理、語言等所限制。這些限制還包括了過度自信、競爭的盲點，以及對收益與損失的不當評價等（Rindfleisch and Heide，1997）。此外，交易成本理論假設投機心理的存在，認爲只要有機會，決策者將不擇手段尋求自己的利益（Barney，1990），因此產生無法事先知道對方可否信任的困難

(Rindfleisch and Heide，1997)。

三、資產特殊性

資產特殊性為Williamson（1979）提出的交易成本理論三個重要特性之一，指針對特定交易的資產專屬程度。具有特殊性的資產對某一特定交易最有價值，但是對於其他交易而言，這些資產的價值就會減少；特殊性資產的投入可以減少生產成本或是增加利潤，但是在同時資產特殊性可能導致交易成本的增加。因此，交易雙方往往會審慎考慮投資在特殊性資產的相抵效果。此外，投資特殊性資產將造成交易雙方的互賴關係，但同時亦會增加合約的風險（Williamson，1996），因為一旦交易的一方投資特殊性資產後，未投資的另一方在交易中有投機行為產生，將造成投資者的損失。當資產特殊性很高時，監督投機行為的交易成本與設置保護盾的成本亦會隨之增加。

(一)資產特殊性的類型

資產特殊性分成六種類型，分別如下：

1.位置的特殊性（Site Specificity）

指合作的雙方因生產流程上的緊密相連，因此將雙方的廠房緊鄰在一起，如此對存貨的控制或原物料運輸上的成本能有效的節省。

2.實體資產的特殊性（Physical Asset Specificity）

指因雙方合作關係而投資下去的實體設備，因其具有特殊性，不易轉換成其他用途。

3.人力資源的特殊性（Human Asset Specificity）

指投資在交易時的人員訓練，使其具有特殊用途的技能，

旅館管理

其中包括特殊技能的訓練、工作內容的學習以及企業工作流程的專業知識等。

4.專屬性資產（Dedicated Asset）

指對一特定夥伴所投資下去的一般性資產或是特殊的生產程序。

5.品牌資產（Brand Name Capital）

因品牌名稱而產生的特殊性投資。

6.時間的特殊性（Temporal Specificity）

指具有時間限制的特殊性投資，例如易腐敗的產品投資或具有季節性的特性等，一旦時間經過則該資產便失去價值。

(二)策略聯盟與資產特殊性

策略聯盟的研究常運用交易成本理論中的資產特殊性（Asset Specificity）、平衡資產特殊性（Balanced Asset Specificity）以及牽制（Hostages）等三概念。具有特殊性的資產對某一特定交易十分有價值，但對於其它交易而言，其價值會減少，因此資產特殊性與供應商的替代程度間有負向關係（Lohtia et al.，1994）。平衡資產特殊性則指策略聯盟中的每位夥伴貢獻程度相等的特殊性資產；牽制是指現行合作聯盟的夥伴間存在其他關係。平衡資產特殊性與牽制在策略聯盟的運作下，將形成一種鎖定的狀態（Katz，1989）而使夥伴彼此間產生「相互抑制（Mutual Forbearance）」的關係（Buckley and Casson，1988），是交易成本經濟中防止夥伴從事投機行爲的一種防護措施（Williamson，1983）。Ybarra and Wiersema（1999）對交易成本中資產特殊性、平衡資產特殊性與牽制等要素對策略聯盟彈性所具有之影響進行調查後發現，資產特殊性、平衡資產特殊性與牽制三者對修正策略聯盟的彈性同樣具有正向相關，而資產特殊性在脫離策略聯盟之彈性則爲反向相關。也就是說，在廠商策略聯盟的合作關係中，投入的資產特殊性愈高，則合作夥伴間的關係愈形密切，對於彼此間合作的協調將更有助益，然而相對的投入資產特殊性愈高的廠商，要放棄或脫離此一結盟關係將愈形困難。

四、不確定性

在交易成本理論的二個假設前提－交易者有限理性（Bounded Rationality）與投機心理（Opportunism）之下，將使不確定性增加而提高交易成本。在不確定的環境之下，由於有限理性行爲的限制，交易的雙方將無法在事前對交易相關的環境加以確認，亦即有環境不確定性的產生，同時亦不易對交易之績效加以查證，亦即會產生行爲不確定性。

環境不確定性將會造成適應的問題，亦即爲因應環境變化必須重新修正合約的困難程度，因此，環境不確定性產生的交易成本包括溝通新資訊、重新協議合約、反應新環境的協調活動等直接成本（Rindfleisch and Heide，1997）與當組織未能完全適應新環境時的機會成本。

行爲不確定性則會引發績效評估的相關成本，Eisenhardt（1985）認爲在交易對象的眞正績效水準並不明顯時，將會產生直接的績效衡量成本，而衡量的方式將以交易結果或交易中的行爲進行。衡量成本的目的在於平均分配報酬，若報酬分配不均時，交易的一方將可能降低個別的努力，而導致生產力損失的機會成本產生。

除此之外，由於事後的績效資訊不對稱，將使交易者無法在交易前先行確認對方眞實的行爲，而帶來可能的機會成本，換句話說，事前的資訊不對稱，將使交易過程因某一方的行爲不確定性而產生某些困境。Rindfleisch and Heide（1997）認

爲資訊不對稱將造成組織因過濾與挑選合適的交易夥伴而產生直接的交易成本。此外，投機行爲的假設將使廠商對於合作夥伴是否值得信任的辨別產生極大的困難。

交易成本理論在本研究對系統整合業廠商合作關係因素探討中，除了藉其生產成本與交易成本權衡（Trade-Off）概念探討企業進行合作之考量外，亦將從資產特殊性、環境不確定性、行爲不確定性等造成交易成本的主要三大要素對廠商合作關係的影響，進行深入的探討。

問題與討論

1.旅館商品可分爲有形的商品及無形的商品，請舉例說明。

2.請說明管理契約式連鎖旅館的優點。

3.請說明旅館產品特性受經濟因素影響所可能帶來的影響。

第三章　旅館價格與策略

客房商品與房價的形式

產值管理

競爭策略分析的研究取向

旅館管理

這是一則網路新聞（中央社記者林琳紐約8日專電）[1]

從春暖花開的季節開始，紐約市的觀光人潮就多得驚人。在全美各大城市中，紐約在吸引海外來的觀光客方面一直高居榜首，而這個城市的旅館及其他旅遊相關的消費價格也比其他城市昂貴許多。

紐約市推廣觀光的單位公布的資料顯示，2002年紐約吸引的觀光客人數有3,520萬人次，國內旅遊的人次就占了3,020萬，而且有45%是做蜻蜓點水式的一日遊。理由無他，實在是旅館費用太高。

紐約的觀光旅館有66,000多房間。在曼哈頓地區有衛浴設備的四星級旅館雙人房一晚的租金大約在250美元上下，在比較邊區的費用也在150到190美元之間。百元美元以下的旅館房間多半只有走廊上共用的浴室和洗手間，而非套房。

由於紐約市是國際金融重鎮和媒體中心，加上多元且豐富的文化及藝術資源和活動，許多國際機構和企業也會選擇在紐約舉行會議，因而助長了商務旅客的市場。雖然紐約有不少大型聚會場所，因為市場看俏，會議廳的租金也相當高。在交通便捷的曼哈頓地區的旅館，使用一間可容300人的會議廳一天的收費是20,000美元，即使到了比較偏遠地區的旅館，可容兩、三百人的會議廳使用一天的收費也在8,000到9,000美元之間。不論是美國國內還是國際旅客，到紐約觀光必須把預算比一般提高一點。2003年紐約吸引的觀光客人數估計有3,590萬人次，而專家們估計，2004年還可能成長到3,660萬人次。觀光客源源不絕，難怪紐約的業者無需考慮降價競爭。

第一節　客房商品與房價的形式

最近幾年來，餐旅業急速成長，旅館相繼林立，彼此的競爭越來越激烈，相對的顧客的選擇也越來越多。一項美國對於旅館業的調查顯示：近年來房價因國際通貨膨脹而調整2至6次。在1975年美國平均房價爲17.29美元，在2000年時平均房價爲89.76美元，成長了6.81%，以相同的成長率計算：在25年後房價變爲465.98美元，這將是極爲驚人結果。分析其中原因包括通貨膨脹、較高的運作成本、勞資提高以及對於飯店住宿需求提高，所以對於房價建立需更加注意。

一、經濟繁榮與旅館房價

使旅館產業的房價攀升的因素之一是國家經濟本身。在1990年代晚期，世界經濟呈現出非戰時期經濟繁榮的景象；經濟繁榮的結果是一個即造成通貨膨脹的發生，意即相同的商品，卻必須支付更多的金錢去購買或獲得；或是相同面額的金錢，卻只能購買到較少的商品。這樣的結果造成在消費價格提升的困窘，而整個旅遊產業已經在過去幾年經歷了價格方面的通貨膨脹，旅館房間訂價就可表現出全面經濟的微觀世界。

經濟繁榮代表著商業活動的盛行，不論是國內各縣市間的商業交易，抑或是國際貿易的展開，都在每一個地方運作著。爲了商業活動而產生的單純商務行程或是利用工作閒暇之餘多停留幾日的商業旅遊者日益增加，相對的也提升了對旅館客房的需求。除此之外，在經濟繁榮的非戰環境下，人們有更多可自行支配的金錢，並且隨著生活水準的提高，人們對於休閒生

活更加重視，大量的家庭旅行者或單獨旅行者便隨之產生，於是對於旅館房間的需求相對提高。

爲了回應此項需求，旅館產業已經開始在一個狂熱的速度下建造許多的新興旅館。雖然，現今旅館產業有更多的房間可供顧客使用，但相對於房間的需求，也比以前高的更得很多；房間的需求增加，當然就表示有較高的平均價格。在競爭如此激烈的旅館產業中，每家旅館不論大小，都要求以最小化的經營成本，能得到最大化的競爭優勢。在面對競爭者時，唯有提高旅館本身從硬體到軟體各項設施，以及在人事訓練上的加強，提升服務的品質，才能有最基本的競爭優勢。然而在做出這些提升要件時，成本的支出是不可少的，除此之外，爲了提供更好的服務，旅館業需要提供許多額外的服務，例如：接送顧客、代訂服務等來爭取顧客的認同，而這些考量都會造成在營運成本的增加。

二、顧客的選擇與房價

相對地，顧客要前往某一區域的旅館時，勢必會考慮許多的因素，像是旅館的地點、房間的型態和提供的服務等等。但是當鄰近地區的兩個旅館，房間的型態相類似，所提供的服務也一致時，顧客會如何選擇呢？「價格」勢必成爲旅客最在意的因素（Canina，Walsh and Enz，2000；Hanks，Cross and Noland，2002；Quan，2002）。當各方面條件相類似的旅館，能夠讓顧客有所選擇時，都會選擇價格較低的旅館。而當不同旅館，所提供給顧客的服務不同時，顧客又會如何去選擇呢？這種情形就顯的複雜了許多，也是也者必須謹愼思考的。

由於旅館等級與價位的不同，配備用品的種類多寡，質與量均有顯著差別。高級旅館的客房配備顯示其華麗名貴的配套，價位較低的旅館配備則較簡單，設備部分只求衛生與方便的整理。

旅館在訂定房價時，所要考量的因素相當的多，像是經營的成本、顧客的滿意度等，旅館在以服務客人為主要任務之餘，公司營利目標也是一個相當重要的指標，因此，所有的旅館都希望能用最少的資本，提供給顧客最滿意的服務，又能賺取最大的利潤；而該如何制定適當的房價，則是不可或缺的重要環節。而當我們站在顧客的角度來看時，該訂定怎樣的價格，才是顧客最滿意的呢？當房價過高時，會先讓顧客產生怯步的心理，倘若所提供的服務又達不到顧客原本的期待時，顧客失落的程度就會更高，也會對飯店產生相當不良的印象；當房價過低時，固然滿足了消費者的經濟訴求，但顧客也會思考房價為何會如此低的原因，可能是旅館的品質不好或是所提供的服務不夠周到等。所以飯店要吸引消費者的第一步，就是先擬定合適的房價。

一個正確適當的房間訂價，是經濟手段、也是行銷手法以及工具之一。正確適當的房間訂價，必須要能低到容易去吸引和招攬客人，有意願來預訂房間或消費。在此同時，也必須要考量到經濟因素和效益。房間的訂價即使低廉但也要能夠獲得一定的利潤。

一個正常的飯店通常也會有正常的房價結構，每位經理人都要面對這個問題。這是很複雜的，因為房價反映出市場和成本、投資和回收、提供和需求、便利性和競爭，還有管理的素質。房價須能涵蓋成本和能有利潤，以及能吸引顧客上門。可是實際上要達到卻是非常的困難的。計算和決定房間訂價不能只是單單用電腦程式設計的公式去計算，還是要加入現今顧客的消費模式來大膽推測，以管理人的直覺和經驗，猜測顧客們所想要的是什麼樣的商品。其中，也包含無法數據化和實質

旅館管理

化，量化的顧客心理因素所造成的選擇效應，才能夠定訂出一個眞正適當又迎合顧客需求的房間訂價。

適當的房價不僅僅是能吸引顧客，也是顧客接受並願意付的價碼。或許，對於這位顧客來說，會覺得房價太高而不願意訂房，可是對其他的客人而言，也許會覺得價錢太低而不願意消費（O'Connor，2003；O'Neill，2003）。房間的訂價會讓人有許多的想像空間，如同之前所提的，房價太高的房間，會使顧客在心中先有個幻想或是憧憬，顧客會因此有更高或更大的期待和盼望，也許會想，是不是這個房間裡頭有一些特別好的或是有其他功用效能的設備，所以，當期望不如所想像的那樣好，顧客們便會覺得失望，或許，更進一步的覺得，飯店或是旅館有誇大不實以及太過自負的嫌疑；而房價太低的房間，則會使客人聯想到，是否是比較不好的房間，或是粗劣簡陋的設備，或是服務品質不良等等這方面的想法。所以，在房間訂價的方面，飯店或是旅館，都必須要仔細的考慮到任何一項相關的因素，才能定出符合顧客心理以及經濟需求的最適當房價，同時兼顧到營運收入，和利潤的獲得（Smith and Lesure，2003）。

三、訂定房價

訂定房價是件複雜、困難又耗時的工作，因此飯店業者發展許多不同的公式，訂定房價，節省時間與其他成本的支出。在制定房價的過程中，有哈伯特公式（the Hubbart Room Formula）、面積計算法（Square Foot Calculation）及建築成本公式（the Building Cost Rate Formula）等法則。當平均房價底於理想房價時，表示高與低價位的房價，缺乏差異性，會使櫃檯員工無法推銷高價位房間，所以飯店每隔一段時間，要對顧客作調查，才能了解顧客的需求，及目前市場的趨勢。

(一)以成本的觀點而言

1.面積計算法（Square Foot Calculation）

是將全部房間的總成本除以飯店的總面積，能得知一個標準面積的成本，在以房間的面積，乘以標準面積成本，即可得知房價，如此以來就能依房間的大小來制定房價（Vallen and Vallen，1996）。

2.建築成本公式（the Building Cost Rate Formula）

在1947年被提出計算出，至今仍被普遍使用。平均房價是建築成本的千分之一。例如：一棟250間房間數的旅館，總成本是$14,000,000，經過計算後，平均房價是$56。（計算公式：總成本÷房間數×1,000）。除此之外，整修費用及新建娛樂場所費用亦遵守1:1000的原則。所以當建築成本增加時，房價也會跟著漲價。一般來說，土地和建築成本高的話，可以朝減少人力成本或是改善設計來抵銷；如果是財務成本高的話，那就要朝低成本路線走。唯有降低總成本，房價才能壓低，也才具有競爭力。這二種計算法則較為簡單，同時缺乏考慮消費者市場的特性。

3.哈伯特公式（the Hubbart Room Formula）

是將基本費用、成本如：土地成本、建築成本店租、勞工、保險、稅金、維修保養費等的總和，加以計算並評估，即可得到平均房價。但此方程式只能算出大概的平均房價，不能得知不同等級房間的房價差異，因此發展出另一個更準確的計算程式。

(二)理想房價（the Ideal Average Room Rate）

例如在住房率80%的情況下，每一種類型房間的住房率也是80%，那麼這就是一個Ideal Room。這個計價方式可以幫助管理者調整價格，如果眞實的平均房價都高於Ideal Rate，就表示旅館可以將房間類型和價格可以往上調整。如果平均房價都低於Ideal Rate，表示低價和高價的房間沒有明顯的區別，所以房客不願意付較多的錢去住較貴的房間，因爲也沒有比較特別。所以說對較好的房間，布置、陳設都要有別於普通的房間。不過有時候，這種情形也許是跟櫃檯的推銷技巧不好有關。櫃檯是向房客推銷較貴房間的最後機會，不同的產品搭配好的推銷術，可以增加賣出中高級房間的機會。

當顧客在挑選同樣爲高價位且沒有其他附加價值的房間時，他們會選擇較低價位的。事實上，如其中較好的房間有某些附加價值，例如較好的採光或是較新的家具，則相同房間種類中缺乏如此對照條件的房間，則在櫃檯容易成爲比較賣不好的房間。

在櫃檯時的住房登記意味著這是最後向顧客賣出較昂貴房間的機會。好的銷售模式會結合差異化的產品而帶給飯店一個增加中及高價位房間銷售量的好機會。像是這樣的促銷（Up-Selling）意見：「您已預定了我們的標準客房；您知道只要再多10美元，我將可以幫您升等至全新裝潢的豪華客房並免費優待您一份歐式早餐。」用較關心即站在客人的方式使客人滿意。

關於價格、品質與價值鏈之實證研究中發現：旅客認爲旅館的住宿知覺價格傾向愈高，將產生較高的知覺品質。知覺價格對知覺價值及對再宿意願不存在直接的影響效果，惟旅客的知覺價格對知覺價值，以及再宿意願存在正向間接的影響。當旅客認爲在旅館住宿所獲得整體品質高低會影響其價值認同，且品質感受水準愈高其認知價值愈高。而旅客體驗到高服務品質時，相對會獲得高的價值感受，此時也提升了重複造訪的意願（楊淑涓，2001；甘敦凱，2004）。

四、客房的訂價政策

客房的訂價政策（Pricing Strategy）將決定旅館每日的平均房價及旅館整體營收的高低，由行銷策略的觀點而言，客房價格的訂定應考慮整體市場需求及供給的程度、營運所需的成本、及季節性波動對旅館營運影響等因素（Jesitus，1998.，Jan；1999）。

(一)客房價格

訂價策略包含產品定價、不同市場的優惠價格及季節性的折扣價格等，以下僅就各類價格逐一說明（Vallen and Vallen，1996；顧景昇，2002）：

1.定價（Rack Rate）

一般而言，旅館均會區分爲各式不同等級的客房，並收取不同的價格，並藉由房價表（Tariff）標示讓客人瞭解，此價格稱爲定價。房價表除了說明不同等級客房、及其定價之外，同時會說明客房內加床（Extra Bed）、應收的服務費（Service Charge）、稅（Tax）及相關的住房訊息等。

2.簽約公司價格（Cooperation Rate）

商務型態的旅館爲吸引商務人士經常往返出差之需，通常與各公司簽訂不同等級的優惠房價，此優惠房價將是該公司每年平均住房數量及預估住房成長比例訂定，而每年將檢討修訂契約之優惠價格，一般而言，此類型價估會以淨額（Net Rate）

方式表示。

3.旅行社優惠價格（Travel Agent Rate）

許多大型的旅館及住宿波動性明顯的旅館，為提高住房率，與各旅行社簽訂優惠的旅行社優惠價格，以吸引團體旅遊的市場；此價格因遷涉到旅行社佣金的計算及團體旅遊市場套裝行程（Tour Package）的安排，在折扣上均給予相當大的彈性，同時亦會給予住宿旺季與淡季不同的優惠條件。有些旅館會提供司領房（司機和領隊），給予優惠價或免費住宿。

4.季節性折扣（Seasonal Rate）

在住宿明顯波動的旅遊地區，通常會制定二種不同的優惠房價，以吸引客人在住宿淡季時前往，例如在台灣墾丁地區，因氣候的限制，影響住宿的明顯起伏，各旅館會給予不同的季節性折扣；在台北都會區到了聖誕節前後，因國際性商務旅客返家過聖誕節，旅館住房率因而下降，在此季節即會針對另一目標市場：本國旅客提供優惠的住房折扣。

5.限時折扣（Time-Limited Rate）優惠

基於網際網路的發展，同時旅館客房產品為不可儲存的特性，某些旅館於各旅遊網站上提供各種不同程度的限量搶購客房的訂房訊息，此類提供預訂的房間，通常僅限訂購當晚住宿的客房，優惠的程度多低於定價的五折，以吸引臨時出差洽公的商務旅客，或是時常留連網路中瞭解網路競爭型態的客人。

6.員工價格（Employee's Rate）

連鎖性的旅館通常會提供所屬工作人員特別優惠的住房價格，例如凱悅集團（Hyatt）提供所屬員工每年一次至連鎖旅館一次免費的住宿優待，麗緻旅館系統提供員工至連鎖旅館不限次數2.5折的優惠房價。

7.免費住宿（Complimentary Rate）

旅館總經理或高階主管會對重要客人給予完全免費的住房

禮遇，有些重要客人甚至連餐飲消費均給予完全免費招待。免費住房可視爲對潛在客人行銷工具之一，旅館中僅總經理或副總經理等才擁有此權限。

(二)依照住宿客房及餐點供應決定房價

另一類旅館的計價區分方式，是依照住宿客房及包含餐點與否決定，在台灣，由於各區域旅館業競爭情況不同，同時受到住宿淡旺季的影響，並非所有旅館都使用相同的計價方式。一般歸納爲以下形式：

1.歐式計價方式（European Plan，EP）

此類型計價方式只有房租費用，客人可以在旅館內或旅館外自由選擇任何餐廳進食，必須另外付費，如在旅館用餐則餐費可記在客人的帳上。

2.美式計價方式（American plan，AP）

此類型亦即著名的Full Board，包括早餐、午餐和晚餐三餐。在美式計價方式之下所供給的餐食通常是套餐，它的菜單是固定的，無須另外加錢。

3.修正的美式計價方式（Modified American Plan，MAP）

包含早餐和晚餐，可以讓客人整天在外遊覽或繼續其他活動，毋需趕回旅館吃午餐（含二餐），有些旅館提供午餐或晚餐提供客人選擇而與斗餐結合而成爲二餐。

4.歐陸式計價方式（Continental Plan）

包括早餐和房間價格。在台灣，中南部地區的旅館喜歡使用此種的訂價方式。

5.百慕達計價方式（Bermuda Plan）

住宿包括全部美國式的早餐。

6.半寄宿（Semi-Pension or Half Pension）

此類型與MAP類似。

第二節　產值管理

一、旅館訂價與經營績效

旅館的計價方式在近年來已成為行銷策略之一部分，例如針對不同的目標市場所規劃的特惠專案，餐點部分即成為包裝的一部分。

在學習擬定適當的價格策略時，我們常藉由以下指標了解旅館經營優劣：

1. 住房率（Occupancy）：是指每日全旅館中出租使用占房間總數之比例[2]。
2. 平均房價（Average Rate）：是指平均銷售（出租）每個房間的價位[3]。
3. 平均住房停留天數：是指平均每位客人連續住宿之日數。
4. 客人再次抵達飯店之比例：指願意再次選擇回到曾住過飯店的比例。

住房率及平均房價通常是衡量一間旅館經營績效的指標，高住房率代表旅館出租房間之比例高，平均房價代表客人願意支付價格的程度，愈高的平均房價表示客人願意以高價格肯定該旅館的經營方式。相對地也同時顯示該旅館愈獲市場的肯定。而平均住客停留的天數，及再度回到曾住過旅館的比例象徵著肯定該旅館的服務模式，才願意再度選擇該旅館。由旅館經營的角度而言，一間成功的旅館不僅關心住房率及平均房價的高低、同時也應瞭解客人對旅館實際體驗服務之後的態度、亦即是右會再次選擇旅館的指標，作為行銷目標及策略擬定的基礎，旅館事業始能永續經營。

一般國際觀光旅館業所考慮的訂價方式包括1.成本加成訂價；2.參考同業收價標準；3.根據營業方針或行銷目標三種方式作爲訂價之依據（顧景昇，1993）。在這種價格政策之下，國際觀光旅館業對於不同目標市場區隔採取彈性的分級價格，如旅行社業者可以得到優惠的團體價格；另一方面，國際觀光旅館業再根據住宿需求波動之影響，對淡旺季採取不同的彈性優惠價格，降價成爲淡季促銷時常使用的手段。在此情況下，商品的價格在促銷的壓力下成爲行銷的犧牲者。然而在國際觀光旅館住宿旺季時也由於已給特別的目標市場，如旅行社、航空公司等優惠的房價，亦無法爲國際觀光旅館業者帶來更好的利潤，訂價政策無法爲國際觀光旅館行銷發揮效益。

二、產值管理與服務業

今日飯店業的廣大競爭之下，各業者無不想盡辦法來降低成本與增加收益。依據飯店對過去的歷史資料和現在的訂房率，以及No-Show的人數利用Overbooking來控制。服務提供者面臨了許多問題，主要有時效性（Perish-Ability）和生產力限制（Capacity-Constraint）。產值管理（Yield Management Systems，YMS）出現在1980年航空業中，漸漸地也在旅館業、運輸業、租賃業、醫療院所和衛星傳達等行業中出現；以美國航空所定義的爲例，它控制平均收益與承載率使得收益最大，在適當的時間將適當的座位賣給適合的旅客，以達到收益最大化爲目的。

(一)產值管理研究領域的特性

現在產值管理系統出現在許多服務業中，包含了住宿、運

輸、租借公司、醫院等產業。在產值管理的研究領域，大多都包含了幾個特性：1.存貨都具有不可儲存性；2.有固定容量的限制；3.較清楚的市場區隔能力；4.產品可以透過訂位系統預先出售；5.需求的波動較大等特性，這些產品在固定時間內尚未賣出的存貨即會失去它的價值，因此業者可以在這「存貨」賣不出去之時，以不同價位折扣的方式來增加存貨的使用率，才能使其平均收益與承載率增加。

(二)產值管理系統的概念

1.產值管理的意義

產值管理系統是一種可以協助公司針對特定的顧客做適當的銷售，包括如何於正確時間點與正確的價格下銷售產品。對旅館產業而言，產值管理的目的是為了使每個房間獲得最大的收益。依據顧客對房間的需求和飯店所供給的房間數來訂定房價。當服務業的生產力有限時，管理者運用產能的能力成為企業成功的要素之一。在生產力集中的服務產業中，產能管理系統可幫助業者得到最大的利益，因其邊際成本遠低於其邊際收入。對於餐旅業也是如此，像是房務員多清掃一個房間的成本遠低於賣出一個有折扣的顧客所得到的利潤，所以優秀的飯店管理人會接受一定程度的折扣房價。

2.產值管理系統的相關概念

產值管理系統依靠著多時期的價格和市場區隔的基本概念。產能管理系統的定價，依據這兩個概念來運作（曹勝雄和曾國雄，2000）；舉例來說，產值管理將產品銷售切割成若干購買時期，票價依照時期而有不同。同時找出這些價格是困難的而且需要複雜的產值管理系統來分割時間、定價和在各價格的銷售限制，由另一個角度來說，我們可以將分割成若干個銷售的旺季與淡季。另一方面，在市場區隔上，可以將消費客人分成兩個區間：非價格敏感客人（Price-Insensitive）和價格敏感客人（Price-Sensitive）。因爲兩個不同區間的差別，產生了對於產業最大容量服務不同的評價，評價較高的區間，願意爲了服務付較多的錢，屬於非價格敏感客人；價格敏感的客人，對於產業最大容量服務的評價較低，願意付的錢也較少。從這兩個不同的區間裡，又劃分出三種服務其特性爲：第一類爲對價格敏感的客人，這類的客人會計劃性地提早預約，相對於非價格敏感客人，他們希望付較少的費用，因爲他們對於產品和預約價格的價值認定較低。當客人來自於個人或是家庭，他們會預先計劃假期和旅程，提早預約，以達到支付較低價格的目的。第二類爲二非價格敏感的客人，這類的客人願意提早到達，而且願意付較多的費用，因爲他們對於預約價格的價值認定較高，例如：麵包店麵包剛出爐時，第一位客人對於麵包的種類，擁有最多的選擇權，所以他們願意提早到達，並付較多的錢，但是相對於晚到的客人，他們對於產品的價值認定降低，願意付的費用也相對減少。第三類客人並不會因爲提前預約，或是到達時間的早、晚，而改變其花費的客人，例如：在餐廳的服務裡，晚到客人會得到和早到的客人一樣好的服務；對於提前預約的客人，是因爲有特別的需求。所以，應該避免用客人到達時間，衡量其消費意願。而產能管理系統的定價策略，分別爲：(1)早期定價低，隨著時間慢慢升高。(2)早期定價高，隨著時間慢慢降低。(3)一開始就必須定好價錢，並達到客人的需求，每個時期經過觀察之後，再決定調升或降低價格。

三、團體客與旅館營收

在實務工作中，許多旅館倚賴團體客源，團體住宿對飯店

獲利扮演著重要的角色。包括觀光團、重大會議、有重要展覽的舉辦或是知名的表演團體來台等，都是飯店團體住宿的商機。對旅館業來說，團體的生意代表很多不同的立場，包括大型的會議、博覽會、展售會，中型的公司會議，以至小型的旅行團、獎勵旅遊等，都占有很大的地位。有些旅館住房比率中，團體客人就占90%以上，但有少部分旅館卻排斥接團體客人。大體上團體生意已成爲很多旅館的主要依靠，且團體的訂房方式跟一般的不太相同，團體訂房需注意很多問題、小細節、優惠折扣方式等。團體生意對旅館的貢獻依型態而有所不同，有些旅館本身以接收團體客人爲主，有些則在淡季時才收，接收團體生意會替旅館帶來一定的收益，所以業者大多願意接收。飯店接收團體客的原因包括：因爲團體生意占有相當大的市場、團體客人帶來某些經濟效益，及團體代表有更多的花費。

旅館的住房統計資料中，顯示團體訂房的比例很高，代表團體生意占有極大的市場。團體客人在住房期間，不單是房價還有其他的消費，例如餐飲費，而在團體客人住房後和退房前的空檔期間，飯店可節省很多人力資源，例如前檯人員、行李員、房務部的人員等，團體客人中有很多是因公務而來，並不是自費的，所以他們比一般客人有更多額外的消費機會。在這些喜歡接收團體客人的旅館中，有一種較特別的旅館型態，就是賭博型的旅館，這種旅館雖然喜歡團體客人，但卻會從中選擇，其依據是客人對賭場涉及性之高低而定，因其主要的收益有一半是來自於賭場中。

雖然團體生意會替旅館帶來很多好處，但有些旅館卻不喜歡，特別是商務型的旅館，業者怕團體客人會影響其他散客的權益，例如團體客人的吵鬧聲使散客有疏遠孤立的感覺或占據設施等，抱怨因此而生，且旅館也會招致不好的聲譽。在旅館業營運中必須要面對的問題是處理團體客要求折扣，接受團體生意需花費更多準備，且還要給予折扣。所以團體生意對旅館的影響在於自我考量和定位，能否帶來更高的收益，都要先做正確的評估再決定是否接受或其比重等決策。

四、YMS系統最主要的目的

除了倚賴團體客源的訂房之外，複雜的產值管理系統會根據Early Booking的數量來調整房價，也會在Overbooking時停止接受客人訂房。YMS系統最主要的目的是隨著每天時間的變化，調整每段時間的價錢（例如：在稍早的時間收取具有折扣的價錢；在晚一點的時間收取不具折扣的價錢），有利潤性的塡滿容量，以達到策略性價格增加產業利潤的目標。例如：飯店平時的一間房價爲100美元，當這天的時間愈來愈晚，且飯店大部分的房間也已經賣出差不多（但仍有保留一些空房），此時，YMS系統就會自動調高每間房間的價格，來增加今天的利潤。

藉由績效管理的概念，在旅館業中，可以藉由預測房間的可用性（Forecasting Availability）盡量達到館內房數與接受訂房的房數一致程度，太過保守的估計，則飯店就有未售出的房間；接受太多的訂房，則飯店就無法讓Walk-In的客人順利進住，如此飯店利益的收取將會有所影響。國際觀光旅館商品的價格影響商品定位與旅客選擇住宿相互關係。價格的決定亦影整體營運收益；如果國際觀光旅館商品訂價太高，無法將國際觀光旅館商品力傳遞給消費者，國際觀光旅館商品行銷力將嚴重的減弱；反之，若國際觀光旅館商品訂價足以反應商品力，則其價格力即能在行銷力中顯現出來。由利潤的觀點而言，價格策略爲國際觀光旅館業在住宿旺季時獲得極大的利潤，而在住宿淡季時，以低的商品價格吸引旅客前來住宿以增

加國際觀光旅館住房率，並相對減少國際觀光旅館業成本的支出，在淡季時發揮功能。要讓價格力依住宿的情況發揮不同的行銷力，即必須依賴不同的住宿資訊作不同的調整，當國際觀光住房率高時，接受願意支付高價的商旅客（Business Traveler）訂房，比接受支付較低價格的團體客（Group）訂房，更能爲國際觀光旅館帶來更高的利潤，而在住房率低的情況，即可以優惠的房價吸引旅客數量較大的團體客訂房，產值管理能將價格策略與住房率間的應用，將使旅館利潤提升。

第三節　競爭策略分析的研究取向

一般進行產業分析之研究，大體上都從Porter所提出的競爭策略著手。Porter（1985）在“Competitive Advantage”一書中提出他對環境和競爭策略的論點，認爲公司競爭的第一個問題在於分析產業結構與了解產業吸引力（Attractiveness of Industries），其次就是以策略行爲尋找、建立並維持公司在產業中的相對競爭地位（Relative Competitive Position within an Industry）。藉由分析產業結構與了解產業吸引力，以決定是否投身此一產業競爭之行列；進而運用競爭策略的行使，來維持競爭優勢，使公司的利潤達到高於平均獲利水準的利潤基礎。

Porter對產業經營環境的分析方法，他描述決定產業結構與產業吸引力的五種競爭力量，包括潛在競爭者的威脅，顧客的議價力量、供應商的議價力量、代替產品的威脅以及產業內現有業者之間的競爭。不論何種產業，其經營環境可用產業結構分析的方式來表示，但是此五種競爭力量的大小與組合，是會隨者時間的改變而有不同的。

一、產業競爭分析

透過五種競爭力量的分析，有助於釐清企業所處的競爭環境，並有系統的了解產業中競爭的關鍵因素（Peter，2001）。五種競爭力能夠決定產業的獲利能力，它們影響了產品的價格、成本與必要的投資，每一種競爭力的強弱，決定於產業的結構或經濟與技術等特質。以下將說明這五種力量並列舉出構成的重要元素。

(一)新進入者的威脅

新進入產業的廠商會帶來一些新產能，不僅攫取既有市場，壓縮市場的價格，導致產業整體獲利下降，進入障礙主要來源如下：(1)規模經濟；(2)專利的保護；(3)產品差異化；(4)品牌之知名度；(5)轉換成本；(6)資金需求；(7)獨特的配銷通路；(8)政府的政策。

(二)供應者的議價力量

供應者可調高售價或降低品質對產業成員施展議價力量，造成供應商力量強大的條件，與購買者的力量互成消長，其特性如下：(1)由少數供應者主宰市場；(2)對購買者而言，無適當替代品；(3)對供應商而言，購買者並不是重要客戶；(4)供應商的產品對購買者的成敗具關鍵地位；(5)供應商的產品對購買者而言，轉換成本極高；(6)供應商易向前整合。

(三)來自替代品的壓力

產業內所有的公司都在競爭，他們也同時和生產替代品的其他產業相互競爭，替代品的存在限制了一個產業的可能獲利，當替代品在性能／價格上所提供的替代方案愈有利時，對

產業利潤的威脅就愈大，替代品威脅的來自於：(1)替代品有較低相對價格；(2)替代品有較強的功能；(3)購買者面臨低轉換成本。

(四)購買者的議價力量

購買者對抗產業競爭的方式，是設法壓低價格，爭取更高的品質與更多的服務，購買者若能有下列特性，則相對於賣方而言有較強的議價能力：(1)購買者群體集中，採購數量很大；(2)所採購的是標準化的產品；(3)轉換成本極少；(4)購買者易向後整合；(5)購買者的資訊充足。

(五)同業的對抗強度

產業中現有競爭的模式是運用價格戰、促銷戰與提升服務品等方式，競爭行動開始對競爭對手產生顯著影響時，就可能招致還擊，若是這些競爭行爲愈趨激烈甚至採取若干極端措施，產業會現陷入長期的低迷，同業競爭強度受到下列因素的影響：(1)產業內存在眾多或勢均力敵的競爭對手；(2)產業成長的速度很慢；(3)高固定或庫存成本；(4)轉換成本高或缺乏差異化；(5)產能利用率的邊際貢獻高；(6)多變的競爭者；(7)高度的策略性風險；(8)高退出障礙。

除了以上的五股競爭動力之外，Porter也提到了在許多產業裡，政府不是買主就是供應商，甚至可以透過法規，補貼或其他手段等政策來影響產業競爭，也直接或間接影響了產業結構的許多層面。外部環境面的分析，80年代之後眾多學者的研究，在解釋公司績效於環境面的關係上已獲得了相當的成就，反之，對於企業資源與績效間的研究顯得不足。

二、策略的層級

當前的企業，有單一企業（Single Business）；有多元企業。因此，針對不同的事業，有不同的策略；而在不同的事業單位裡，又有各式的功能部門。

(一)總公司策略（Corporate Strategy）

總公司策略決定全公司應在何種事業中營運，並決定各事業單位在組織中應扮演的角色。Andrews（1977）認爲總公司策略應包括：確定企業未來發展方向及該跨入的市場、決定事業單位間之財務及其他資源的運用、決定公司與重要環境因素之關係以及決定如何增加公司的投資報酬率。

(二)事業部策略（Business Strategy）

事業策略決定公司在各種事業部中應如何與人競爭。對僅有單一事業的小型組織，或未來多角化的大型組織而言，事業部策略與總公司策略基本上是一樣的。對於多元事業組織而言，每一個事業部各擁有自己的策略，用以定義期將提供的產品或服務爲何、其將服務的顧客爲何等。Hofer（1975）認爲企業策略長期的成功，必須基於其在事業策略上的成功。

(三)功能策略（Functional Strategy）

功能策略乃是功能部門決定如何支援事業部策略。所謂「功能性策略」指的是行銷策略、生產策略、財務策略、人事策略及研發策略等，此一層級較偏重於日常操作性的營運，其重點在於使資源之生產力獲得極大化，進而產生獨特的能力在各產業內競爭。

三、策略管理目標

在策略管理的目標上，開發及建立企業機構在其經營的事業領域中的競爭優勢，或在於避開或沖淡競爭對手不敗的競爭優勢（Aaker，1984）。企業競爭優勢通常建立於三類基本的策略之上，亦即是Porter所提出的全面成本領導（Overall Cost Leadership）、差異化（Differentiation）與集中化（Focus）三種策略。

(一)Porter的一般性競爭策略（Generic Strategies）

Porter提出產業競爭性的分析模式，將競爭優勢結合了與企業爲達到這兩種優勢所採取的行動範疇（區段範疇、垂直範疇、地理範疇、產業範疇）就可導出三種「一般性策略」；一般性策略的基本概念是，競爭優勢是任何策略的核心，企業要獲得競爭優勢就必須有所取捨。換言之，企業必須選擇它所追求競爭優勢的類型，以及希望在何種範疇都能取得優勢的策略，將會使企業毫無競爭優勢可言。

Porter認爲，爲了有效克服企業所面臨的競爭力量，企業可採用以下三種一般性的競爭策略：

1.全面成本領導策略

以控制各項成本方式，盡量壓低生產成本，以取得成本優勢的策略，成本領導策略廠商因其產業之結構性因素－經濟規模、特殊技術或原料取得等優勢，而使得其成本最低，且又有能力服務多樣的區隔，則該廠商在成本上居該產業之領導地位，若其售價接近或低於同業的平均價格，便可掠奪市場獲得更高的報酬。成本領導廠商在差異化的程度上必須與同業相等或近似。若與同業相等，則較低的成本將帶來較高的利潤；若近似則須以低價來擴大市場占有率來維持自己生存的利基點。

2.差異化策略

提供與其他競爭者有差別之產品或服務，以取得競爭優勢。廠商能爲購買者帶來一些較獨特的價値，即在某些購買者重視的產品屬性上滿足之，廠商將可擬訂較高的價格。若能持續其差異化，且差異化所產生的價格高於差異化的成本，則廠商始可獲得較佳利潤。

3.集中化策略

專注於某特定消費群、產品線或地域市場的區隔，以針對特定目標做好服務，意即於產業中選擇較窄的競爭範圍，使其策略配合其所選擇的區隔，且對競爭者具有排他性，意即能滿足購買者的特殊需求，且此需求是其他產業內外的競爭者所無法滿足的。當然集中化並不是高績效的保證，尙必須配合差異化或成本優勢才行。

Porter認爲一般性競爭策略的觀念，在於把產品放置在產業終別人忽略的地位上以及將優勢加諸在競爭對手不曾踏過的利基點上，如此一來就不須隨波逐流。因此在此架構之下，管理當局應該選擇可以面對競爭態勢之最好策略。

要成功選擇一種事業層級策略必須要認眞注意競爭性計畫的所有要素。許多公司並沒有在所選定的策略上做出成功的規劃，在資源有限且各基本策略再做法上不相容，造成所謂的卡在中間，故必須避免卡在中間，使自己處於尷尬的地位。

(二)Glueck的策略四類型

1.穩定策略（Stablilty stategy）

企業在原有之企業範圍內爲社會大眾提供服務，而做重大的改變。

2.成長策略（Growth strategy）

企業將其目標大幅提高，使之遠超於過去之成就水準。成長策略最明顯的指標是對市場占有率及銷貨目標大幅提高。

3.減縮策略（Withdrawal strategy）

暫時由市場退縮以待未來適當時機能夠捲土重來，通常這種策略最少用到。

4.組合策略（Combination strategy）

把以上不同策略方向（穩定、成長、減縮）之策略，同時運用於企業的各個事業部。

(三)Miles and Snow的適應性策略（Adaptive Stratetegies）

Miles and Snow（1978）認爲，企業組織之各種活動需視外在環境之各種因素不同而有所調適，因此提出了下列四種策略型態：

1.防禦性策略（Defender strategy）

針對全部潛在市場中一個狹窄區隔，產製有限組合的產品，其主要目的在於穩住目前的顧客而維持目前之市場占有率。

2.前瞻性策略（Prospector Strategy）

藉由發掘、開發新產品及新市場機會，來追求創新及擴充成長。

3.分析性策略（Analyzer Strategy）

模仿成功者的創新，以使風險極小化，並注重維持穩定以伺機在有利的地方加以創新。

4.反射性策略（Reactor Strategy）

並無策略可言，乃企業在遭遇環境威脅及機會之後，才採取臨時的應變措施。

前三種策略中任何一種都可能成功，而反射性策略通常會

導致失敗。

(四)成長策略

企業之經營，在諸多的學說中，最為一般企業所採取的是成長策略（Growth Strategy），企業選擇成長策略的原因，主要是在一個變動性很大的產業裡，穩定策略可能帶來短期的成功；但是就長期而言，卻會導致失敗。因此，企業界普遍認為成長為生存所必須。許多經營者認為，有成長就表示企業經營的效能較高；有些經營者認為，成長策略能為社會帶來較大利益，經營者對權力的需求以及被賞識的需求漸漸被重視。

由於以上的原因，使得企業界普遍採用成長策略，成長策略所劃分的型態包括：

1.Igor Ansoff之研究

Ansoff（1957）以產品與市場之新／舊為構面，描述企業成長方向，將企業成長策略劃分為市場滲透策略、市場開發策略、產品開發策略以及多角化策略。

2.Philip Kotler之研究

Philip Kotler（1984）擴充Ansoff之見解，將企業成長策略重新分為以下三種形式：

(1)密集成長策略（Intensive Growth Strtegy）

A.市場滲透（Market Penetration）：運用更積極、更主動的行銷努力於現有市場和現有產品上，希望藉此能增加銷售。

B.市場發展（Market Development）：把現有產品在新市場上推出，以增加銷售量。

C.產品發展（Product Development）：在現有市場上發展新產品或改良舊產品。

(2)整合成長策略（Integrative Growth Strategy）

A.向後整合（Backward Integration）：企業的經營沿產品流程方向的上游推進，即增加對供應系統的控制權或所有權。

B.向前整合（Forward Integration）：企業的經營沿產品流程方向的下游推進，即增加對配銷系統的控制權或所有權。

C.水平整合（Horizontal Integration）：企業增加在同業間的控制權或所有權。

(3)多角化成長策略（Diversification Growth Strategy）

A.集中多角化（Concentric Diversificetion）：在現有產品線上，增加具有共通技術或市場的新產品。

B.水平多角化（Horizontal Diversification）：採用與原有產品不相關的技術來生產新產品。

C.綜合多角化（Conglomerate Diversification）：增加與現有技術、產品或市場毫無關聯的新產品。藉由分析產業結構與了解產業吸引力，以決定是否投身此一產業競爭之行列；進而運用競爭策略的行使，來維持競爭優勢，使公司的利潤達到高於平均獲利水準的利潤基礎，但是在資訊科技與全球化的帶動下，公司競爭環境的變遷已較過去更爲快速且激烈，因此公司對於外在之動態環境的分析與掌握將比過去更爲困難，相較之下，公司內部之資源與能力(Capability)反而較能夠爲公司所管理與掌控的，因此也適合做爲企業策略方向之擬定時的參考依據。

(五)平衡計分卡

1.目的與起原因

另一項可以參考的研究爲1992年由哈佛教授Robert

Kaplan與諾朗諾頓研究所最高執行長David Norton歷經長達一年、數家公司共襄盛舉的研究計畫，所共同發展的「平衡計分卡」(Balanced Scorecard)，主要目的係將企業之「策略」轉化為具體的行動，以創造企業之競爭優勢。主要是一種績效評量的新觀念，此概念不但突破以往單一向度評量之想法，更能反映成功企業的眞正關鍵之因素，與公司的營運策略密切結合。

平衡計分卡興起的原因為，傳統的財務會計模式只能衡量過去發生的事（落後的結果因素），不能評估企業前瞻性的投資（領先的驅動因素），亦無法表達無形資產和智慧資產的價值，更無法從中得知企業的成長，及經理人未來會將企業帶往那一個方向。然而，這些無形資產與知識能力是未來競爭環境中制勝的關鍵，缺少這樣的資訊與這方面的管理，將使企業的未來經營更顯茫然與困難。但完全摒除財務績效的衡量，亦是不合實際。因此，擴大財務會計模式，把公司的無形資產和智慧資產的價值包含在內，以向員工、股東、顧客等說明企業的成長與未來，是一個理想且有效的做法。

2.期望達到的效益

平衡計分卡強調將策略轉換成實際之行動，並期望可以達到(1)澄清並轉化遠景及策略之目的；(2)溝通與聯結之目的－亦即將報酬與績效衡量相聯結；(3)規劃與設定目標之目的－促進里程碑之設立；(4)策略性回饋與學習之目的：促進策略覆核與學習之效果。1992年由哈佛教授Robert Kaplan與諾朗諾頓研究所最高執行長David Norton歷經長達一年、數家公司共襄盛舉的研究計畫，所共同發展的「平衡計分卡（Balanced Scorecard)」，該研究的結論「平衡計分卡－驅動績效的量度」發表在1992年《哈佛企管評論》一月與二月號，主要目的係將

企業之「策略」轉化為具體的行動，以創造企業之競爭優勢。基本上，平衡計分卡強調，傳統的財務會計模式只能衡量過去發生的事項（落後的結果因素），但無法評估企業前瞻性的投資（領先的驅動因素），這也是一種績效評量的新觀念，此概念不但突破以往單一向度評量之想法，更能反映成功企業的眞正關鍵之因素，與公司的營運策略密切結合。

3.衡量構面

平衡計分卡係以各衡量構面的平衡為主，尋求財務與非財務的衡量之間、短期與長期的目標之間、落後與領先的指標之間，及外部和內部的績效之間的平衡狀態。平衡（Balance）可從三個角度觀之：(1)外部衡量（External Measures）及內部衡量（Internal Measures）間之平衡，其中外部衡量強調財務面（就股東立場而言），及顧客面（就顧客立場而言），而內部衡量則強調內部企業程序面及學習與成長面。(2)結果面衡量（過去行動之結果）及未來面衡量之平衡。(3)主觀面衡量及客觀面衡量之平衡。林書漢（2001）曾以此工具分析及評估台中地區國際觀光旅館業的績效表現，並建立關鍵的評估指標，並提供國際觀光旅館業者，在改善績效時的參考依據。

平衡計分卡是一個由策略衍生出來的績效衡量新架構，蕭淑藝、郭春敏（2003）也以此工具了解商務旅館的經營策略與績效。其目標（Objectives）和量度（Measures），亦是從組織的願景與策略把使命及策略轉化成目標及衡量指標，並將之組織成四個不同的構面：透過財務構面（Financial）、顧客構面（Customer）、企業內部流程構面（Internal Business Process）、與學習與成長（Learning and Growth）等四大構面，來考核一個組織的績效。將這些圍繞著顧客、企業內部流程、學習與成長構面的驅動因素，以明確和嚴謹的手法來詮釋組織策略，並形成特定的目標和量度。讓員工瞭解怎麼做才能配合公司的使命和策略。透過連結「組織欲達到的結果」及「欲達到結果所必須做的驅策動因」，企業的高階主管希望能夠整合組織中的人力，讓每人各司其職、各展所長，一同爲達到公司長期目標而努力。

平衡計分卡藉著這四項指標的衡量，組織得以明確和嚴謹的手法來詮釋其策略，它一方面保留傳統上衡量過去績效的財務指標，並且兼顧了促成財務目標的績效因素之衡量；在支持組織追求業績之餘，也監督組織的行爲應兼顧學習與成長的面向，並且透過一連串的互動因果關係，組織得以把產出（Outcome）和績效驅動因素（Performance Driver）串連起來，以衡量指標與其量度做爲語言，把組織的使命和策略轉變爲一套連貫的系統績效評核量度，把複雜的概念轉化爲精確的目標，藉以尋求財務與非財務的衡量之間、短期與長期的目標之間、落後的與領先的指標之間，以及外部與內部績效之間的平衡。

組織之績效評估系統會影響內部及外部人員的行爲。在此競爭激烈的環境下，企業爲求生存及成長，必須從策略導向中來衡量績效。但不幸的是，許多企業強調顧客導向之策略，但在績效衡量上僅重財務性之衡量。此種無法將策略與績效結合的制度，便無法促進策略方向之達成。而平衡計分卡係將財務衡量視爲重點，同時強調其與顧客、企業內部程序、員工及長期性成功面衡量之相結合，如此才易促進策略及遠景的達成。所以企業非常需要平衡計分卡的制度。

平衡計分卡保留了衡量過去績效的財務量度，並兼顧直接或間接促成這些財務目標的績效驅動因素的量度；允許公司在追求業績之際，並爲了未來的成長，隨時監督組織的行爲，兼顧實力與無形資產的培養。並透過一組目標與量度，及其一連串的互動因果關係，把成果量度和績效驅動因素串連起來，以

清晰的闡述策略，推斷出企業的策略發展。平衡計分卡反映的是企業所重視的成功關鍵，與管理者的思維息息相關。如果管理者只管業績和控制成本，犧牲員工與顧客，或是爲了滿足顧客犧牲員工，都不能讓企業永續經營。

平衡計分卡強調財務與非財務性的量度必須是資訊系統的一部分，這部分也是管理者投資資訊系統時所應注意的，其影響範圍應遍及組織上下所有的員工。藉由平衡計分卡，高階主管需澄清並詮釋願景與策略，溝通並連結策略目標與量度，規畫與設定指標，調整策略行動方案，及加強回饋與學習。將策略落實，願景貫穿員工內心，以衡量標準作爲語言，把複雜而籠統的概念變成精確的目標，把組織的使命和策略化爲一套績效量度。

平衡計分卡是策略管理制度之一環，並非績效評估制度，不能取代組織日常使用的衡量系統；它所選擇的量度是用來指引策略方向，促使管理階層和員工專注那些導致組織競爭勝利的因素。唯有「平衡計分卡」從一個衡量系統變成一個管理體系時，它的眞正力量才會展現。

問題與討論

1.請說明旅館客房價格可以分為哪些形式。
2.請說明產值管理的意義。
3.請比較團體客源與個別客源（散客）之間的特點。
4.請由成本的觀點，說明旅館客房商品定價的方式。
5.請說明產業競爭分析的方法。
6.請說明企業成長策略。
7.請說明價格在競爭策略中所扮演的角色

註釋

1 取材自大紀元6月8日報導
(http://dajiyuan.com/b5/4/6/9/n563374.htm)。
2 Occupancy＝出租之房間數÷可供出租之總房間數×100%。
3 Average Rate＝客房出租收入÷出租之房間數×100%。

第四章 旅館組織、管理與人力資源

組織與管理

旅館組織

旅館人力資源

研究延伸想法

許多社會新鮮人畢業之後才發現學校教育與現實社會有所落差，是很多新鮮人進入職場後的挫折即必須學習的課題之一。許多年輕人在求學時，都是依照書上所說的，加上老師畫好重點，依循著一個清楚的脈絡；但是面對新的工作時卻不是這樣，在工作中很多東西必須要自己去看、去問、去觀察，沒有指引可循，而且就算新鮮人很努力做，也不一定有成果，包括工作思考、人際關係、工作技能等。

職場複雜的人際關係，也同時考驗著新鮮人。在學校，只要顧好自己的功課就可以，人際互動、Team Work的觀念都很欠缺，甚至連基本的應對進退都不會，過去的社會型態比較複雜，在大家庭長大的孩子，很早就學會和其他家庭成員相處，對於複雜的人際處理較有能力。許多相關科系的學校所安排的實習，也是要讓這群在單純環境長大的世代，提前感受對環境的知覺。

在一間頗具規模的旅館，有一次有位顧客向服務人員提出要求，說他的女兒養的蠶寶寶想吃桑葉，不知到哪裡可以採集到桑葉？而這位服務人員告訴他：會幫他想想辦法。30分鐘之後，服務人員由館內電話告知客人將送桑葉到他住宿的客房，當時讓這位客人大吃一驚，卻也十分滿意。兩周後，旅館的經理收到一封信，那名顧客在信中說明整件事情的過程，並請求旅館經理要嘉獎這位服務人員；最重要的是，他在信後註明：「他這輩子再也不會上其他旅館了」。

大家若是第一次聽到這個故事，可能會感到有點吃驚，因為這好像跟我們以往的既有印象完全不同。我想強調的是，公司對於這些顧客的第一線員工所給予的待遇是什麼？事實上，公司對待這些員工的方式是微薄的待遇，且幾乎談不上什麼自主權。但是這些員工所面對的卻是公司真正的老闆，公司的收入來源，公司所必須注意的重點；但是這些員工所得的報酬卻是全公司最低的，地位最低的。而以顧客關係為導向的企業會如何對待這些員工呢？首先，公司會充分授權給員工，它們相信員工的判斷力，給予他們充分的權限來面對處理顧客的相關事務，這些事務可能與旅館業務一點都沒有關聯。

學校所學習的理論和實務界的應用畢竟存在著若干的有落差，很多學生在學校功課屬於一流，應用在工作上卻全然完全不同，也許對服務管理、抱怨處理等問題在學校都有上過，可是真的客人的抱怨或是發脾氣的客人，許多新鮮人很少有有經驗去處理，錯誤也會隨之增加；雖然許多旅館的新鮮人有過實習的機會與經驗，正式要適應職場文化，至少需要六個月以上的時間，雖然一開始在適應上會有點困難，但這段時間是每個人必經的路程，沒有人可以幫助你，只能由自已去找答案，也才能從挫折中，體驗學校沒教的事。

第一節 組織與管理

一、組織

(一)組織結構論

組織（Organization）是一個穩定、正式的社會性結構，組織可以從環境申取得資源，加以處理後產生結果。組織是正式的法人組成，須受法律約束，並擁有內部規則與程序；面對因爲技術性的改變需要時，必須先改變誰擁有或控制資訊、誰有權存取與更新資訊，以及誰決定那些人在何時要如何來取得資訊。

德國學者韋伯（Weber）科層體制論（Bureaucratic Organizations），也被視爲是組織結構的古典理論，他認爲理想的科層體制（Ideal Bureaucracy）應該是組織體系能有一個權威階層，並有規則體系與一定程序，如果能遵守這些體系，就能使組織發揮最大的效果，同時也能維持組織的穩定、控制與對結果的掌握。費堯的組織功能14個原則也同時被視爲組織結構論的一種，他們的理論都對組織的經營管理具有參考意義。

李科特（Rensis Likert）則從不同角度探討組織結構，他認爲費堯的古典原則忽略了人的因素，因此，他提出「人的組織」(Human Organization）的理論。李科特認爲組織結構首重「支持的關係」(Supportive Relationships)，在所有的組織活動中，每個組織成員必須能夠感受到獲得支持、有自我價值與具重要性。其次組織成員能夠有參與感，能參與團體的決定。再次是「具重疊的工作團體」（Overlapping Work Group），亦即組織中心工作團體能與管理者有所關連，也與其他團體有所往來，而管理者也要以溝通與協調方法在問題解決、作決定、訊息獲得等方面能同舟共濟。基本上，「人的組織」的理念即在於具有高度團體凝聚力的人群較能達成團體目標（Likert, 1961）。李科特將組織體系的特質區分爲四個體系，分別是：1.剝奪型權威（Exploitive Authority）；2.慈善型權威（Benevolent Authority）；3.協商型（Consultative）；4.參與團體型（Participative）。此四種體系各有八個組織變項，分別是領導、動機因素、溝通、決策（或作決定）、目標設定、控制歷程與績效。

韋伯最著名的科層組織論，認爲組織必需建立在非個人（Impersonal）與理性（Rational）的基礎上，擁有理性的權威（Rational authority）才能適應組織的需求與改變，也才能發揮效率，組織要有理性才不會濫情與濫權，並能重視人的能力的發揮。在科層體利中，被管理者的責任與權利應明確的界定，每個職位都依照權威加以科層化地組織，在組織中也重視文字紀錄，管理者與所有權者區分管理者也需要遵守類別與程序，而組織中的規則一體適用，並無例外。每個組織成員都知道規則，也獲得均等的對待。

根據Weber的研究，所有近代官僚體制都有清楚劃分的專業與分工，聘僱或訓練擁有專業能力或技巧的人員，並分別安排於各階層中，每個人都向某一人負責，且其職權限於專業活動。而各職權與活動都在組織規定的標準作業規則或程序（Standard Operating Procedure，SOPs）的限制中。根據Weber的研究，官僚體制如此盛行的主要原因，是因爲其爲最有效率的組織形式，同時所有組織皆發展標準作業程序、政治與文化。對國際觀光旅館工作標準化與員工工作滿意度關係之研

究中指出，工作標準化確實與員工工作滿意度成正相關；個人背景資料並不會對工作標準化與員工工作滿意度之關係產生影響（趙惠玉，1998）。

所有組織都根據標準的步驟產出產品與服務，經過一段時間後，能存活的組織都變得非常有效率，並遵循標準例行作業，生產限量的產品與服務。這過程中，員工發展出合理而清楚的規則、程序和常規，以應付所有可預期的情況。有些標準規則和程序是以白紙黑字寫成正式程序，但實務中有多數的常規都是依情況而運用的。

所有人員在組織中各司其職，由於這些個體有不同的專長、關注點與職責，他們自然對資源、報酬、懲罰等如何分配抱持不同的觀點、遠景，和意見。也由於這些不同，政治性的抗爭、競爭和衝突都會在每個組織中發生（甘唐沖，1992）。有時政治性的抗爭是發生在個體或利益群體爲刺激領導者或獲得優勢得時候，也有時是因爲整個群體的抗爭導致大規模的衝突，除此之外，政治其實是組織生存中正常的一部分。

組織之所以很難改變，尤其是當新資訊系統發展相關的變革時，政治上的阻力是重要的一環。任何推使組織向前的重要改變，幾乎都會遭遇到政治性的抗爭。「重要的」改變是指直接影響到誰對誰做什麼，及何地、何時及如何做等。實際上，所有資訊系統對組織目標、程序、生產力及人事所帶來的重大改變都是充滿了政治性的。

而組織之所以要有不同結構的原因很多，組織的最終目標與用來達成目標的力量各有不同。有些組織有壓制性的目標，例如監獄；也有些有實用性的目標，如企業；還有些有規範性的目標，如大學與宗教團體。這些不同的力量與動機形成了各種組織結構，例如壓制性的組織會非常具有階層性，但規範性的組織就會較無階層性。

(二)組織文化

1.組織文化的定義

組織文化（Organizational Culture）係指組織或體系中心成員所共享的意義（Shared Meaning），或共享的價值、規範、思考方式或行爲模式。組織文化亦是成員所共通的知覺（Common Perception）（Robbins, 1991）。組織文化對組織功能的發揮與目標的達成影響深遠，因此，組織文化向來是經營管理上重要的課題，不過組織文化就少有一家之言。

2.組織文化具的特徵

組織文化具有下列的特徵：

(1)行爲規律（Observed Behavioral Regularities）：組織成員間在語言、用語、儀式上有一些明顯、可觀察的規則。

(2)規範（Norms）：組織成員間有共同的行爲標準。

(3)主流價值（Aominant Values）：組織中有主流價值爲成員所共知。

(4)哲學觀（Philosophy）：組織中有一定的信念。

(5)規則（Rules）：組織通常有一定的準則。

(6)組織氣氛（Organizational Climate）：成員間對組織有主觀的感受或感情，成員間依照習慣與他人互動（Luthnns, 1995）。

3.主流文化與次級文化

組織文化又可區分爲「主流文化」（Dominant Culture）與「次級文化」（Subculture）兩類，主流文化是多數人所共享的核心價值，它使組織具有明顯的特質或個性。次數文化則是組織中少數人所形成的獨特行爲模式或價值規範。次級文化通常是在主流文化之外，加上獨特地域、部門或團體所共享的獨

特價值，次級文化亦即是少數人的文化。次級文化如果與主流文化有所衝突，將會減弱主流文化的組織功能。不過次級文化常常是在應付小團體成員日常所遭遇的問題，具有安定小團體成員情緒與紓解日常生活壓力的功能。不論主流文化或次級文化並非固定不變的，會因人員、關係、角色與結構等的改變而改變。但急速的要改變文化常會帶來抗拒與衝突，因勢利導是文化改變的最佳策略。

4.組織文化的影響力

有些組織文化非常強烈、鮮明，有些組織則相對較弱，有較強組織文化的團體或組織其成員對核心價值的認同度高，對組織的承諾也較強烈。組織文化的形成與組織領導人或上層領導，以及成員間的互動有密切關聯。組織文化會進而影響被管理者的績效與滿足感（蔡亞芬，2004）。

Robbins（1991）認爲組織文化就是組織價值的反映，共有十項特質形成組織文化的圖像，這些圖像又變成成員共享的情感。此十項特性分別是：(1)個人的主動性（Individual Initiative）；(2)冒險忍受度（Risk Tolerance）；(3)導向（Direction）；(4)統合（Integration）；(5)管理上的支持（Management Support）；(6)控制（Control）；(7)認同（Identity）；(8)酬賞系統（Reward System）；(9)衝突忍受力（Conflict Tolerance）；(10)溝通類型（Communication Patterns）。這些特質形成不同的組織文化，是被團體成員所知覺的，並再因高低強度的不同，而影響了績效與滿意度。其次，組織文化同時也是抗拒改變的強大力量，特別是技術上的改變，任何威脅到文化假設的技術改變都會遭遇到很大的抗拒。例如美國汽車製造業者之所以很難轉換成精簡生產（Lean Production）方法的另一個理由，即是因爲其長久以來的組織文化。

二、管理

(一)各學者的管理理論

1.泰勒(Frederick W. Taylor)

泰勒(Frederick W.Taylor,1856-1917)被譽爲是「科學管理之父」,他早先受過機械工程的訓練,他認爲提高工廠生產效率、改善經營管理方法,才能發揮企業的產能。

2.費堯(Henri Fayol)

費堯(Henri Fayol,1841-1825)係一位法國礦場工程師,對於企業經營與管理有獨特的見解。他認爲管理共有五大要素:1.計畫(Planning):即訂立目標、制訂行動計畫。2.組織(Organizing):係將能夠達成目標的資源加以有效的協調與統整。3.指揮或命令(Commanding):即領導成員,使整個企業有效率的進行活動。4.協調(Coordinating):即在於作組織成員團結一致、和諧同心,完備的努力達成目標。5.控制(Controlling):即在於檢驗成控管組織中任何可能發生的事與計畫及目標的切合程度。費堯此種論點,至今仍在經營管理學上具經典性地位。

3.梅耀(Elton Mayo)

梅耀(Elton Mayo,1880-1949)是澳洲人,曾教授哲學與邏輯,並至蘇格蘭艾丁堡大學習醫,1926年至哈佛大學擔任工業關係副教授。他最爲人稱道的是領導追行「霍桑效應」(Hawthorne Studies),此一研究被公認是行爲管理研究上的經典。「霍桑研究」開始於1924年,早先是要進行工廠燈光照明與生產量的研究,由美國國家科學院資助選擇在西方電氣公司的霍桑工廠進行研究,原先實驗設計是增加燈照明度產量就會提高,但未料到後來控制組照明不變,但產量也提高了,經由

反覆試驗，後來得出結論，乃是接受實驗工人，在實驗時期感受到特別受注意，因而影響了他們的情緒與動機，同時也感覺受重視與同情。在實驗社交進行中，工人之間或與管理階層之間形成一種新的人際情境，因而提升了士氣，增加了產能。「霍桑研究」也因而被稱之為「霍桑效應」(Hawthorne Effect)。

4.麥格瑞哥 (Douglas McGregor)

麥格瑞哥 (Douglas McGregor) 所創立的X、Y理論 (Theory X and Theory Y) 是廣為世人所熟知的人群關係理論，對於經營管理者也具一定參考作用。X理論與Y理論本質上就是常見的兩個管理類型體系。麥格瑞哥認為在組織之中，人性各不相同，不同人性假定的管理者可能採取不同取向的管理策略。

X理論就假定工人天生不喜歡工作，欠缺組織目標，為了達成組織目標，管理者必須對工人嚴格的控制、控制的方法主要有運用正式與科層權威、外在酬賞與懲罰的方法去激勵工作績效。整體而言，X理論重視強制、控制、厲教嚴管，甚至懲罰的方法，才能促使被管理者為組織目標效力。X理論由於相信員工在強迫與控制的情況下才會努力工作，因此，集權化的管理有其必要，組織的要求應重於個人需要。相反地，Y理論則將組織成員個人的目標與組織目標加以融合，相信人並非天生厭惡工作，強制與懲罰並非良好管理方法，人可以學習承擔責任，也會爭取責任，員工可以主動地參與，發揮潛能、想像力與天賦才華，自我完成工作目標，所以Y理論相信參與、融合、自我負責、目標承諾的管理原則才能發揮效果，也因此，Y理論相信管理效果不彰的原因在於管理者，而非被管理者。

(二)領導風格

不同組織的領導風格差異更大，即使是有相同目標的相似組織（蔡雪紅，1998）。主要的領導風格有民主式、授權式、無政府式、技術式、階層式，這些領導風格可能發生在各類的組織中；以國內國際觀光旅館業爲例，探討高階主管之領導型態與經營績效的研究中顯示，國際觀光旅館的高階管理者應積極培養優質的企業文化，藉以提升主管與部屬、員工與員工之間良性的互信、互動之關係，凝聚企業體的團隊精神。同時加強員工的在職訓練，更應結合學術界，邀請學術界的專業人才，舉辦各種研討與講習，提升各級主管的專業知識，以提高領導的績效（劉彩月，2003）。

第二節　旅館組織

有些組織需要不同的科技執行不同的任務，有些組織需要事先規劃例行性的工作，依照標準程序作業（如自動化生產）；有些則需要高度的判斷力，執行非例行性的工作（如顧問公司）。旅館的組織因其經營特性、規模大小、各部門分工作業互有不同，但整體來說大都相似。不論旅館各部門如何分工，其基本職掌大致相同。一般而言，旅館作業可分爲兩大系統，一爲「外場部門」（Front of the House）或營業單位，另一爲「後勤部門」（Back of the House）或稱爲行政單位。

外場部門又稱「營業單位」，主要以直接接待客人的單位，其任務係以提供客人滿意的住宿設施及其他相關的服務爲主，包括客務（Front Office）、房務（Housekeeping）及餐飲（Food and Beverage）等三大部門與相關附屬營業單位。後勤

部門係指「行政支援」，主要功能爲支援營業單位作業，在各部門相互分工、支援的原則下，妥善提供接待旅客的各項服務工作，讓客人感到有賓至如歸的感覺。包括人事、訓練、財務、採購及工程等安全。

旅館各部門員工都有其職掌，各司其職。爲達到旅館營運績效（如住宿率提高），互相協調聯繫、合作支援，共同爭取業績、提升服務品質爲目標（Peter，1996；Pernsteiner and Gart，000；Petersen and Singh，2003）。旅館的組織結構各依其規模大小、經營客源對象、業務性質之不同，各有不同的組織型態。茲就旅館內各部門之工作內容概述於下（李欽明，1998；吳勉勤，1998；Renner，1994; Vallen and Vallen，1996；Soriano，1999；Stutts，2001）：

一、客務部

客務部又可稱爲前櫃或櫃檯（Front Desk），係屬於直接服務與面對旅客的部門，與房務部（Housekeeping）共同組成客房部（Room Division）。

客務部被視爲旅館的門面，是旅館的關懷客人的最前線，亦是客人與旅館的聯繫的重要管道，負責訂房、賓客接待、分配房間、處理郵件、電報及傳遞消息、總機服務等工作，提供有關館內一切最新資料與消息給客人，並處理旅客的帳目，保管及投遞旅客之信件、鎖匙、傳眞、電報、留言、電話，及爲旅客提供服務之連絡中心，並與館內各有關單位協調，以維持旅館之一流水準，並提供最滿意之服務。

(一)客務部的業務功能

客務部係負責處理旅館一切旅客接待的作業，爲旅館的門面。所有服務人員均站在接待旅客的第一線，呈現給旅客的不只是親切的服務，也包括了全館企業文化特色，所以客務部門扮演的角色可見一斑。客務部負責的業務如下：

1.訂房功能

接受旅客訂房工作、客房銷售之記錄及營運資料分析預測、旅客資料建檔；有些飯店將訂房的功能與業務部合併，以整合訂房及銷售業務的功能，有些大型的旅館設訂房中心，獨立於客務部之外。

客務部需隨時與業務部與房務部門溝通訂房資訊，以在訂房預估中反應卻的產品銷售資訊；同時爲接待顧客做好準備。

2.櫃檯接待功能

接待業務綜合旅客住宿登記一切事務，客房的分配及安排、引導客人至客房介紹，並提供旅客住宿期間秘書事務性服務，旅客諮詢、旅館內相關設施介紹等。接待服務中應隨時與房務部溝通房間狀態的訊息，以保證住房的正確資訊以便隨時接待住宿旅客，提升業績效。

3.服務中心

其服務範圍包括門衛、行李員、機場代表、駕駛及詢問服務員（Concierge）等，負責行李運送、書信物品傳遞、代客停車等業務，工作係協助櫃檯處理旅客在旅館內訊息傳遞工作。

4.總機功能

總機爲旅客未抵達旅館前首先接受旅客服務的單位，其服務優劣會直接影響到旅客對該旅館的第一印象。其職務亦包括留言服務、晨喚服務（Morning Call）、付費電視（Pay TV）控制，及緊急廣播之控制。如果飯店提供客戶內直接收發傳眞或使用網路服務亦可由總機撥接使用專線。

客務的工作主要爲提供客人由遷入（Check-In）至遷出（Check-Out）之間各項服務工作，並協調各相關單位能順暢提

供客人服務工作，服務品質之優劣，主要會影響客人對該飯店住宿印象的好壞，因此提供給客人迅速滿意的服務工作，是客務之首要工作。

(二)客務部主要員工的職責及工作內容

客務部職員依其所屬單位、層級及工作性質，而有不同之職掌與任務；同時，各飯店可能因其規模之不同，而規劃不同的組織結構，同時對職稱的設計亦有不同。一般而言，客務部設有職位及職掌分述如下：

1.客務主管主要職責

(1)客務部經理（Front Office Manager）

負責旅館內客務的一切業務，除了對客房銷售業務能充分掌握之外，同時應對旅館內各部門主要負責業務瞭解，並能與各部溝通協調事務，以便提供旅客各項住宿服務。

(2)大廳副理（Assistant Manager or Lobby Assistant Manager）

負責在大廳處理一切顧客之問題。一般是由櫃檯的資深人員升任，此一職務責任吃重，必須對旅館的運作均瞭解，而且能處理突發事件及旅客抱怨，並隨時將各種情況反映給經理瞭解。大廳副理的工作位置通常設於旅館大廳明顯的位置，扮演一個非常重要的角色，主要的任務是溝通飯店職員與客人之間之問題。

(3)夜間經理／值班經理（Duty Manager）

負責之業務與日間值班經理相同，並代表經理處理一切夜間之業務，是夜間經營之最高負責人，必須經驗豐富，反應敏捷，並具判斷力者，在夜間值班者，必須迅速處理旅客所須的服務。

2. 櫃檯接待服務

櫃檯接待服務職責包括問候前來住宿的客人，爲旅客提供住宿登記的服務客房之分配，解答旅客之詢問，並促銷旅館內的各項服務[1]，例如：餐廳、酒廊、洗衣等服務等，若旅客在住宿期間有任何抱怨，則須處理旅客的抱怨。除此之外，日常作業上對房間鎖匙之保管及編製各種統計報表提供營運決策之報告。

3. 服務中心

服務中心的主要職責包括：運送客人的行李、傳遞客人的留言，及提供客人在住宿期間各項服務[2]，例如：協助客人確認機位、代客訂車、購買車票等。

4. 訂房功能

訂房（Reservation）的業務，相關作業細節將於另章專篇討論。訂房人員需充分瞭解客房各類型態的產品內容、價格及數量及特定期間內促銷方案的特點，

訂房人員必須隨時與業務部門及客務主管溝通住房的情形，並在規定時間內與已訂房之客人確認（Confirm）訂房。任務分派上包括訂房主管及訂房人員，主管須負掌握訂房情況之責。

5. 總機功能

總機單位設主管及作業人員數名，負責電信總機業務之操作。

上述各項功能涵蓋客人住宿期間之服務內容，因輪流值班之需，旅館於夜間設夜間值班主管一名爲夜間營運之最高主管，另設夜間櫃檯服務人員，兼負接待、服務中心、訂房等功能外，另需製作客房銷售報表、提供營運成果之分析。

二、房務部

房務工作的品質呈現旅館服務的水準，服務工作的目標，是讓旅客在住宿期間，滿足客人住宿基本的清潔、舒適及安全等需求，每個房務工作的同仁，均需了解房務工作的精神，並且通力合作，始能完成此繁複的工作。

房務部之主要職責為維護清潔工作，包括注意各房間、套房、走廊、公共區域，及其他各項設備保持清潔，並提供旅館住客衣物之乾溼洗熨等服務。此部門並提供餐飲部每日所需清潔的桌布、床單、衣物及照顧嬰兒的服務。

(一)房務部的功能

房務部的組織模式，因各旅館規模、管理方式和企業文化的不同而有不同之組織編制，其主要工作包括旅館硬體清潔、維護及布品管理工作，一般而言，房務部之工作區分為如下的功能：

1.房務部辦公室（Housekeeping Office）

房務部辦公室是房部的作業的訊息中心，房務部辦公室是房部的作業的訊息中心，房務部辦公室除了是主管辦理行政管理工作的位置，同時設有辦事員一職，負責溝通聯繫的工作，包括：

(1)客人的服務中心：當旅客需要補充或增加客房內部的備品使用時，房務部辦公室負責協調房務人員迅速處理，滿足客人的需求。

(2)對客務作業服務統一傳遞工作分派：當客務部提出對客房作業的要求時，辦公室必須將訊息完整地傳遞並溝通作業的進度，例如當客務部期望能先行整理某一間客房，房務部辦公室必須立即通知該樓層領班，並將處理結果通知客務部。

(3)控制客房清潔工作狀況：辦公室應清楚掌握每日即將遷出旅客的客房情節狀況，才能提供客務部可以銷售的客房給客人。

(4)負責旅館內部的失物招領：旅客若向旅館詢問其遺失物品，各單位可經房務部辦公室聯繫遺失物品處理中心（Lost and Found）查詢。

(5)管理樓層鑰匙：房務部辦公室負責管制各客房清潔使用的通用鑰匙（Master Key）。

2.客房樓層（Floor Cleaning）清潔工作

房務部設若干樓層清潔服務人員（Room Maid），主要職責爲負責全部客房內部、化妝室及樓層走廊的清潔衛生工作，同時還負責房間內備品的替換、設備簡易維修保養等必要的服務；有些旅館規定二個服務人員共同清潔客房，有些則由一個樓層服務人員獨立完成清潔客房的工作。

一般而言，樓層服務員每天負責清潔保養12至16間客房[3]，每間客房整理的時間大約爲40分鐘，若遇到較髒亂或面積較大的客房時，處理的時間相對增加。

依建築及設備標準規定：旅館的每一樓層若超過20間客房時，必須設置一間備品工作間，便於樓層清潔服務員工作。另外，房務部設立樓層領班(或稱組長)，負責分派及檢查客房清潔工作的進度，同時檢查並補充客房迷你冰箱內（Mini Bar）中的飲料與食品，檢查及防範客房內物品是否被旅客攜帶離開。

3.公共區域清潔（Public Area Cleaning）工作

公共區域的人員負責旅館各區域、部門辦公室、餐廳（不包括廚房）、公共化妝室、衣帽間、大廳、電梯前廳、各樓梯走道、外圍環境等的清潔衛生工作，服務人員每日定期依照作業時成及規範持續地維護各公共區域間之清潔工作。某些旅館將

餐廳廚房清潔與夜間整體環境清潔的工作外包給專業的清潔公司，以區隔開旅館提供服務與清潔工作的時間及工作的負荷。

4.制服與布巾室（Uniform and Linen Room）工作

旅館內設立制服與布巾室，主要負責旅館內所有工作人員的制服，及餐廳和客房所有布巾的收發、分類和保管等工作。對有損壞的制服和布巾及時進行修補，並儲備足夠的制服和布巾供營運周轉使用；一般而言。布品類送洗分發流程包括：(1)F&B方面；(2)樓層客房內各項布品；(3)員工制服；(4)主管私服洗衣等。

布品收送清洗首應分類，不同顏色，尤其紅色、深色的布巾不可與白色、淺色布巾混在一起，分類時應順便檢查，如發現染有血漬、污穢、雜漬或不易清洗之污點，挑出特別註明之。其次應檢查，若發現布巾口布等有破洞、污點等須另外打結，並於送往洗衣房時，床單、枕套或毛巾等有破損、鬚邊等情況，須另外挑出，口頭告知洗衣人員。並將所有須要清洗之檯布、口布等布巾分別打包。清洗完畢後應予核對填列「洗衣房布品類日報表」。洗、燙好之布品由洗衣房人員負責分類處理於各個櫃子上，以利隔日單位領取。

布品的控制及補充應予定期盤點，每月底布品間領班會同有關單位主管盤點布品存量。填寫布品存貨月報表，布品間領班依據各單位之存貨報表歸類統計每類布品現存量。

房務部經理審閱布品報廢比率之後，如超過容許範圍，應召開部門會議，找出原因，提出改進之方案，並在會議記錄內記錄，由辦公室人員整理影出來後，分發給有關人員遵守之。

本月盤存量如低於規定之安全使用時，需至倉庫領出，盡量補足應有之標準存量。布品間領班應將布品庫存數量修正。庫存之布品數量如少於安全庫存量時，則由布品間領班開列

「採購單」請購。採購新布品時要注意是否有任何新的改變，以及布品質料的保證及各項注意事項。

5.洗衣（Laundry Room）服務

洗衣房負責收洗客衣，員工制服和各餐廳布巾類物品。洗衣房的歸屬，有些有的旅館不設洗衣房，洗衣業務則委託其它的洗衣公司負責，這類外包的工作，是許多旅館營運的方式之一。

6.遺失物品處理（Lost and Found）

此單位負責處理旅館內部時或遺失物品的保管、領取等工作。當旅客物品遺留再旅館內時，旅館會先將此物品送至此單位保管處理，待旅客向旅館尋問或請求協助尋找時，客務部會向此單位查詢是否有尋獲此物品，而向客人回覆。一般而言，爲了避免引起不必要的誤會，旅館並不主動將尋獲的物品直接寄送至客人登記的地址。

(二)房務部主要員工的職責及工作內容

在大型旅館中設房務管理主管一人，專門督導負責維持客房之清潔衛生及保養客房之設備，隨時供給客人使用，常見的職稱如下：

1.房務部經理（Executive Housekeeper）

主要職責包括制訂部門工作目標，製作年度預算及工作計畫，並傳達上級指示。負責房務部的作和管理，督導管理所屬人員的日常作業，其次建立客房日用品之預算及消耗標準，並建立標準之房間清潔作業程序，及房間之檢查辦法。同時與前檯保持極密切連繫，極力配合客務部之作業，使每一個房間均能適時地讓客人住入。

2.房務部副理（Assistant Executive Housekeeper）

在房務經理的授權下，具體負責業務領域的工作，對房務

經理負責，爲經理不在時之職務代理人。

3.值班領班（Duty Supervisor）

主管各樓層的清潔保養和對客服務工作，保障各樓層的安全，使各樓層服務的每一步驟和細節順利進行，其直接主管爲房部部副理。

4.房務員（Room Maids）

房務員亦稱客房服務員，主要職責爲依照清潔房間的標準及標準作業流程，整理客房及樓層之區。

三、餐飲部

(一)型態

餐飲服務業的經營型態根據其經營的目的可爲兩種型態：「營利」和「非營利」餐飲組織。營利餐飲組織包括以「賺取利潤爲目的」的各式餐廳，如：各種高級餐廳、咖啡廳、速食店、酒吧、飯店、賭場、俱樂部或民宿等附設的餐廳、牛排館、自助餐廳等，都算是營利性質的餐飲服務業；旅館內餐飲設施及外燴服務屬於此類形式。

非營利的餐飲機構，傾向於「不以賺取利潤爲目的」，而是以提供適當餐飲來服務客人爲主，營業只要達到損益平衡即可。這類的組織如：學校自營的學生餐廳（提供如營養午餐等餐飲）、工廠、公司或政府單位自營的員工餐廳、醫院或醫療機構中自營由營養師調配提供給病患的餐飲服務，監獄、軍隊中的餐廳，或是宗教團體提供的餐飲服務等，均屬此類。

(二)組織

旅館內餐飲部設餐飲部經理負責各式餐廳、酒吧、宴會廳、客房餐飲等服務，及廳內（包含宴會廳）的場地布置管理、清潔及衛生，下設有各式餐廳及廚房；各餐廳設有經理，各廚房設有主廚。各餐廳再依權責不同，設有飲務、餐務、宴會、調理及器皿等內外場單位。

餐飲部提供的客房餐飲服務（Room Service），此部分需與客務部作業流程緊密配合。同時對於各項餐券（Coupon）飲料、自助餐（Buffet）招待券（Complimentary）之使用數量控制。並協助重要貴賓（VIP）住宿客房之餐點服務及擺設。餐廳中器皿的清潔由餐務部（Steward）負責，餐務部同時管理各餐廳器皿的保養及調度。

(三)經營特性

不論任何形式的餐飲服務業，其經營特性分述如下：

1.餐飲服務業是注重服務的勞力性密集的產業

餐飲服務業是汴重服務的地方，餐飲服務人員是餐飲服務過程中了靈魂，尤其講求精緻服務的高級餐廳更是如此；餐飲服務業對於基層的工作人員需求量很高。爲了使整個餐飲作業程序順暢，服務人員提供服務的技能非常重要，以呈現高品質專業的服務水準。

2.餐飲產品呈現異質性

餐飲服務業是與客人高密度接觸的行業。不同顧客所需求的與期待的服務也因個人特質而會有所不同，同樣的服務員在不同時間與場合所提供給客人的服務不盡相同，不同服務員所表現出來的服務品質可能也不一樣。如何克服此特性，達到餐廳服務標準化與一致性，是餐飲服務業需要面對的挑戰。

3.生產與消費須同時出現與進行

與服務的特質相同，餐飲產品無法預先製作展售，餐廳所提供的服務，始於客人進入餐廳後、點菜到廚房依其所點的菜餚製成成品；同時也別於大量生產商品的製造業。餐飲服務業

較不容易做好銷售量的預估以達到控制生產量的結果，因爲兩者幾乎是同時進行的。

4.餐飲商品訂製無法事先預知

顧客用餐的行爲中，對於預先訂位的習慣不同於旅館住宿；一般顧客在餐廳所接受的服務品質，很難在消費之前獲知或察覺，不像購買其他商品，先行感受品質要求標準後再行購買。所以餐飲服務業更需要提升的服務品質，並建立商品預定的機制，引導顧客在消費前能產生消費前預定的行爲，這對成本控制有相當大的幫助。

5.產品需求的波動性

客人用在餐飲消費的支出受到經濟因素的影響；同時飲食習慣所牽涉的因素也很廣，對於客人的數量，以及所消費的餐食，一般很難預估。在某些區域的餐飲服務業，如果客人用餐受到交通、天候、情緒等的影響，淡旺季將非常明顯，在人力支援方面也會增加成本，在菜餚的準備與生產上，同樣不容易控制。

6.產品無法儲存

餐飲商品包括餐點及用餐的空間，餐點成品是很難事先製備儲存的，餐廳的用餐空間，如果當天沒有顧客使用，不可能保留到隔天增額售出，所以如何控制或引導顧客於不同的時間區段用餐，達到最高的翻桌率與最大的銷售額，乃是經營者最主要的行銷策略。

7.產品較兼具標準化及客製化

餐飲業所提供的產品服務，必須兼顧標準化與客製化的特性，產品標準化有助於成本控制，而客製化的過程有助於提升服務品質。然而，餐飲服務流程，是以人爲主的服務業，不同於製造業可以大量而標準化生產，服務人員外在表現與內在個性都會影響顧客對服務品質的認定。

(四)旅館餐飲服務的趨勢

餐飲服務業的經營管理，在環保意識的抬頭、員工流動率偏高，與忠誠顧客的關係不易建立等潛在因素影響下，都會導致其經營管理的困難與複雜性提高，管理與業者必須重視之，並尋求解決之道。旅館餐飲服務的演變發展中，可歸納下列幾個趨勢：

1.餐飲設施的雙極化

對於講求精緻服務的餐廳及營業坪數較大的平價家庭式餐廳在未來將有更多發展空間。另外，一般較大型的低價位餐廳，如自助火鍋店、中西式自助餐，發展潛力尚有極大的空間，業者爲求整體效率提升，採薄利多銷，以強化競爭力並滿足日益增加且精明的外食人口，對消費者來說，如果用餐環境寬敞，輔以停車方便，在忙碌的今日，自然而然受大家喜愛。

其次，起於飲食習慣的差異，老中青三代人口的飲食習慣與風格截然不同，現代的青少年飲食習慣傾向家庭式或大眾化的餐廳，老一輩的人口則選擇傳統式或家常口味，同時，消費者不善餐桌禮儀，較高級的法式西餐日漸式微。可是其他消費稍微低且服務不錯、有品味的主題餐廳，漸漸流行，如義大利餐廳、墨西哥餐廳等，這類型的餐廳，大部分講求裝潢華麗典雅，或強調特殊異國風情的布置，使客人有如身歷其境的感受，以滿足多層次客人的需求。

2.開放式廚房的自助式餐廳蔚為風潮

此類型的餐廳，最主要是提供用餐場所氣派、座位舒服、服務講究、菜色質佳而且富變化。再者，與高級西餐廳或套餐的價格相較，卻較便宜，可享受到一樣的美食。受到飲食習慣的改變，許多開放式廚房的供餐型態餐廳興起，這類型的開放式廚房餐廳，提供多種口感的選擇，一次滿足不同消費者的需

求。所以消費者樂此不疲，至於飯店業者順著消費者的需求，以及人手不足的因素，在經營管理策略上須做此改變，以應付外面競爭非常激烈的餐飲市場。此外，藉著吸引大量的人潮與評價不俗的口碑，期能同時對飯店內其他部門的餐飲單位帶動一些生意。

3.策略聯盟創造競爭力

不管是國內或國外，跟同行或其他產業的結合，是一種策略聯盟的運作方式，已是一股風潮，銳不可當，可發揮相乘的效果，如果結合同行或不同營業性質的產業，共同努力開發更大的消費市場與市場占有率，其競爭能力自然而然也相對提升。例如與協力廠商的配合，聯合舉辦促銷活動，或與休閒業的合作發展等。未來餐飲業的發展，彼此結合在一起，互相配合，資源共享，共同爲創造美好的餐飲市場努力。

4.環保意識盛行

美國速食業早已開始把有環保之害的塑膠餐盒或塑膠袋，改用紙餐盒或紙帶來代替；隨著消費者意識抬頭，民眾漸漸地注意到自己周遭所面臨影響生活品質的種種問題，如環境污染、噪音等。餐飲業者應該開始改進不符合環保的措施，如污水處理，廚房的油煙處理，以及噪音的防治等，來餐飲業所用的設備應事先考慮到是否會對環保產生污染，如利用瓷盤代替紙盤或塑膠盤，玻璃杯代替紙杯或塑膠杯等。環保產品的餐飲業者才會受到消費信賴。

5.結合資訊系統

傳統餐飲服務包括迎賓、帶位、點菜、服務、收拾、結帳、歡送等流程；現代化餐飲服務結合資訊系統的精神，將點菜服務視爲及時銷售的架構。餐飲服務員爲客人點菜完畢之後，開立三聯式點菜單（Captain Order），其中一聯點菜單送到廚房，提供廚師出菜的資訊；另一聯送到櫃檯出納，方便客人結帳確認帳單，並將餐飲服務、出菜與結帳的功能合而爲一，節省人工作業的成本，加速出菜與結帳的效率。這種基本的架構對於許多獨立式的餐廳、飲料服務業者已經提供相當方便的功能。隨著資訊科技的發達，餐飲資訊系統在功能上與設備上逐漸擴充，因應餐飲服務的需求。

除了各式餐點服務之外，宴會服務是旅館內餐飲設施的另一個重要產品；宴會訂席在餐飲服務特性上，需要考慮場地日期的預定、座位的安排布置、菜單的預先規劃、訂金收受與財務功能、宴會設備的安排等；宴會場地的控制提供管理者極大的協助。目前許多旅館已經將旅館內宴會廳提供的場地功能、收費、器材設備等透過網路介紹，提供使用者查詢。

6.宅配服務

由於冷凍技術的發展，與餐飲服務相關的低溫宅配市場，宅配服務將是協助餐飲發展一向相當重要的發展，例如統一速達鎖定台灣各地農特產、名產、年菜爲目標，進行低溫宅配，目前宅配項目涵蓋屏東黑鮪魚、台中甜柿、彰化葡萄、花東的山蘇及鳳梨釋迦、澎湖的海產等。在工研院釋出冷藏技術之後，統一速達已面臨台灣宅配通、大榮貨運等企業的挑戰；例如，大榮投資了十餘億元，在全省廣設低溫物流中心、增設冷藏貨櫃車，推出「低溫一日配」行銷策略，以各地農特產品、名產、生機飲食等爲目標，搶攻低溫宅配B2C領域。

爲了搶攻低溫宅配市場，許多企業（例如台灣宅配通）除了投資上千萬元，在全省各據點設置冷藏設施，近期並取得工研院合作技術，切入冷凍冷藏宅配領域，購置冷藏車，並採用冷藏棒續冷技術作業模式，以節省低溫配送空間、降低冷藏冷凍成本，增加和統一速達的競爭實力。低溫宅配潛力無限，但市場切入所面臨的生產技術、包裝、保鮮技術門檻高，宅配物流業以「輔導交流、共榮共生」和供應商進行品質的精進來爭

取客戶的認同。許多旅館透過異業結盟，將原本受限於旅館內才可以享受到的餐點服務，延伸到每個家庭中，這對於旅館餐飲市場的開拓，有極大的幫助。

四、行銷業務部

此部門處理海內外各大公司行號訂房及餐飲等業務之行銷推廣，拓展業績，開發、拜訪、接洽及客戶的安排，並負責旅館對外之公共關係等相關事宜。負責公關業務的人員則與各媒體保持良好互動，促進業務、廣告包裝等工作。

簽約業務的管理是業務部相當重要的工作，業務人員必須規劃適當的住房價格已吸引簽約公司，同時需隨時了解住房客人的需求；同時必須制訂每季的行銷方案，或促銷價格，提升績效。

與媒體互動是行銷業務部另一項重要的工作，此工作由公關經理負責；公關經理除了每月提出廣告預算，同時與媒體保持良好互動，適時呈現旅館訊息，適當的曝光會影響旅館在消者心中的地位。

美工設計部門會配合旅館內部促銷活動布置場地，事公關部非常好的幫手，每當季節性促銷或美食節活動，美工設計即必須規劃適當的布置，讓消費者感到溫馨、新鮮的設計布置。

五、財務部

財務部處理飯店財政事務及控制所有營業用收入及支出，一般區分爲應收帳款、應付帳款、成本控制與倉庫管理四部分。

夜間稽核（Night Audit）是財務部一項重要的職務，負責每日對檢查客房帳目的正確性，同時製作各營業單位的營業報表送交相關部門，提供經營分析之用，這部分會在第五章詳細說明。

六、人力資源部

負責聘僱員工、薪酬、訓練等方面工作，招募及聘請新僱員及飯店與員工間之關係，頒訂相關規章與各項福利措施；同時負責訓練及發展員工各項技能，這部分會在下一節說明。

七、採購部

採購部負責旅館內部所需用之物品採購，對旅館內部商品及食材均須具備專業知識，隨時提供市場行情讓各部門主及主廚了解，以利主廚規劃成本及購買所須物品。

八、工程部

負責維持旅館內部各項硬體設備之保養與維修工作，使之正常運轉，包括空調、給排水、電梯、抽油煙機、音響聲光、消防安全系統、冷凍、冷藏庫等設備。

工程部需與各部門，特別是客、房務部及餐飲部等營業事單位合作，確保設備的可用程度。

九、安全室

負責維護全飯店客人與員工之安全，安全系統（如閉路監視器）之設置。同時肩付緊急意外事故之處理，與可疑人、事、物之通報與預防；並執行公司紀律、財務安全事宜。

十、執行辦公室

執行辦公室爲總經理及副總經理工作的地方，負責訂定並處理旅館管理的決策。

第三節　旅館人力資源

人力資源管理（Human Resource Management），負責全館各部門主管、幹部及基層員工的僱用。各旅館人事部門的名稱甚多，如人力資源部、人事訓練部、人事部（室、組）等，均視旅館規模大小、經營特性來決定部門編制。由於人力資源包含範圍甚廣，無法逐一詳述，本章僅就旅館之人力規劃召募、薪酬及福利規劃、訓練規劃及概念，說明如後。

旅館組織因應營業需求，編制不同部門與職位，各有其職掌，對於任何職務人選之任用，事前均應考量甄選工作之性質、職責、內務，再依此訂定出職務候選人的條件，進行招募、甄選及任用人員。

旅館是以「人」服務「人」的行業，適當的人力規劃將使企業運作正常而有朝氣，同時，將員工視爲旅館事業發展中共同打拼的伙伴，讓員工與事業共同成長，是人力資源首重的課題，旅館業員工工作滿足程度愈高，即會降低離職的傾向（曾倩玉，1994）；一項了解旅館業員工工作滿足與離職傾向之現況與相關程度，並探究個人背景變項在其間之差異的研究中說明（洪啓方，2003）：員工對工作中具備中等滿足程度的感受，且大都珍惜目前的工作，並無顯著之離職傾向；就性別而言，男性之平均工作滿足程度普遍高於女性之平均滿足程度，且男性員工之離職傾向普遍低於女性員工；就年齡而言，較年長之員工，對於工作滿足程度之平均值普遍高於年輕員工之平均值，且離職傾向平均值亦較年輕員工平均值低；就服務年資而言，服務10年以上之員工，在工作滿足平均值上大都高於其他年資員工；而服務年資1年以下與年資10年以上的員工，離職傾向之平均值亦較其他年資員工之平均值低。旅館業員工之工作滿足與離職傾向之間具有負向相關。

一、 人員規劃與召募

(一)人員規劃

人力資源管理強調的不僅是人力資源的利用，更強調人力資源的開發，甚至包括人與人及人與組織間關係之維繫，與組織生產力均息息相關。人力資源應規劃一套合適且必要的職務分類，經由分析各職務性質，訂出適合的人選條件，依此職務條件，尋覓合適的人才，以求人盡其才，達到人與事的相互配合，進而達成組織目標；同時，國際觀光旅館人力資源管理實務與服務行爲確實有顯著的正向關係，服務行爲與服務品質有顯著的正向關係（林怡君，2001）。

適當的人力規劃及瞭解旅館的營運目標，人力成本結構，勞基法之規範，並參考同競爭因素等，審慎制定人力編制，此外對於正職及兼職員工也須因工作職務之特性妥善規劃。一般而言，旅館人力資源部門會編訂人力配置總表（Manning Guide）詳述各部門、各職務因聘用之職稱、級職、人數、薪資範圍、限制條件等，以作爲晉用人力之依據。

人力資源部門依據人力編置總表發展職務說明書（Job Description）及任職條件表（Job Specification）等，以作爲召募員工之輔助評估標準，在召募新人時依任職條件訂定聘用人力之依循，同時對新進人員說明職務之規範範圍。

(二)人員召募

召募員工時應瞭解旅館所需員工或職務的特性，及聘任最適當的人力，任職條件包括了聘用性別、學歷、經歷、年齡、專業訓練等可衡量性的條件在內，但旅館業注重服務的態度，選擇員工時，樂於服務客人、常保微笑的人將是旅館業最受歡迎的員工。

1.召募管道

人力資源部將依各召募員工之特性，選擇適當的召募管道進行人員召募之工作，一般而言，旅館常運用之召募管道包括：(1)報紙徵才廣告。(2)《就業情報》等相關雜誌。(3)校園徵才。(4)建教合作（國內、外相關科系學生）。(5)殘障協會、青輔會、職訓局、救總等專業訓練機構。(6)員工推薦等不同方式。

甄選經由各召募管道而來之應徵者，是另一項重要的召募工作，負責甄選工作之人力資源部門及各需求人員部門之主管均應詳閱應徵者信函，若有需要與推薦人查對應徵者之資料，以瞭解應徵者是否具有與工作相關之技能、個人特質以及經驗或知識，而後安排進行面談。

2.面談考量

面談時應該確認應徵者具備必備的經驗或訓練，是否與所述相同；公司是否可提供應徵者訓練；應徵者過去之經歷對現職之幫助；應徵者之興趣及未來生涯規劃等，同時對前來應徵者說明希望待遇。

申請之職位的工作特性，該職位的發展，薪資福利制度等，協助應徵者瞭解未來工作之特性等，面談結束後，將上述面談內容作適當的記錄並評估，以決定是否錄取。

二、薪酬與福利規劃

(一)薪酬的規劃

薪酬包括工作薪資、加班費、各項津貼獎金及各福利服務等，人力資源部門應定期與同業間交換薪資資料，以作爲薪酬規劃之特性，各間飯店營運狀況及人力編制互異，在薪資結構上亦會呈現不同的規劃方向。雙因素理論管理心理學家赫茲伯格認爲，工作動機涉及兩個因素：一是保健因素，主要涉及工作背景，諸如薪水、工作條件及工作安全等；二是激勵因素，主要涉及的是工作的內容或工作本身，諸如工作成就、社會認可和責任等。激勵因素滿足了，員工只能是沒有不滿意，如果沒有滿足，員工則會特別不滿意；保健因素即使沒有滿足，員工也不會產生不滿意，但如果滿足了，員工則會產生強烈的滿意感。

人力資源部門在規劃薪資結構亦應注意本回法令（勞動基準法及其施行細則），對各項薪資規劃之參考，例如最低工資標準、三節獎金之說明、退休金之提撥，由勞基法對觀光旅館業影響之研究分析：退休相關費用和加班費增加對勞動成本的影響最大,認爲加班需經員工或工會同意的限制影響較大，國定假日休假規定的影響較小。設立年限越短的廠商認爲勞基法規定國定假日應休假的影響越大(葉靜輝，1997)。

同時各福利服務之支出亦爲不同型式之報酬，例如免費用餐、免費停車位、生日假、宿舍優惠等，對員工而言亦是另一種薪資收入。管理者也應注意實行法力之後所產生的影響，勞基法的影響情況言，退休相關費用和加班費增加對勞動成本的影響最大；資本額較小的廠商較諸資本額較大的廠商更認爲退休費用會因勞基法而提高。人事規章亦會影響整體薪酬設計的

結果，例如全勤獎金的給予獎勵及處份條款的設立，遲到扣薪之比例等，亦會影響一個員工的收入，同時亦會影響人事成本的比率。

另一項值得注意的是保險問題，目前全民健康保險及勞工保險，已大致涵蓋工作人員之工作保險，對於特別工作的人，或者福利健全的旅館企業內。亦會爲全體員工辦理團體保險，以彌補保險制度不足之處，團保所需之費用，亦成爲人事成本之一。

(二)薪酬與工作滿意度

公平理論（Equity Theory）是與社會比較理論密切相關，社會比較理論認爲個體天生有與他人作比較的傾向，尤其當客觀或物理條件缺乏時，社會比較是獲知個人與他人能力及成就的主要方法。公平理論則認爲個體經由與他人比較而評估自己的成就與態度，個體也希望獲得公平對待，當個體發現不公平之時，會引發減少不公平現象的動機，個體會期盼獲得輸入與輸出之間的公平，以及與他人一樣獲得同等報酬的公平。不過永遠的公平似乎可遇不可求，因此，當不公平產生之時，個體會有不同的反應，包括：1.減少努力、不再勤奮工作；2.要求較多報酬或增加假期；3.改變個人知覺；4.重新評估自己與他人的努力程度、經驗與教育；5.停止工作。

另一方面，公平理論指出，員工的工作動機，不僅受其所得的絕對報酬的影響，而且受其相對報酬的影響。每個人會不自覺地把自己付出的勞動所得的報酬與他人付出的勞動和報酬相比較，也會把自己現在付出的勞動和所得的報酬與自己過去的勞動和報酬進行個人歷史的比較。如當他發現自己的收支比例大於或等於他人的收支比例時，或現在的收支比大於或等於過去的收支比時，便認爲是應該的、正常的，因而心情舒暢，努力工作。反之，就會產生不公平感，就會有滿腔怨氣。消除員工怨氣，助長滿意度，便是企業管理者的主要任務之一。

完善的薪酬設計可使旅館員工獲得適當的報酬及保障，員工樂於爲企業努力工作，離職率可降低並穩定（張振豪，2004）。一項對於國內國際觀光旅館餐廳主管工作滿足之研究發現餐廳主管對薪資報酬構面的滿意度最低，偏向不滿意，餐廳主管不滿薪資報酬無法使生活過得舒適、付出與收入不成正比等，以對紅利獎金的分配最爲不滿（潘亮如，2002）；旅館工作時間長、薪資普遍較低和假日不得排休等因素，常造成旅館業招募時的障礙，且工作負荷不均（蔡宛雁，2004）福利制度、升遷有限等管理問題，產生員工高離職率的現象，而影響旅館的服務品質和經營績效（丁一倫，2001），是值得旅館經營者注意的問題。

由員工工作生活品質滿意度與個人工作績效關係之探討的研究結果發現，員工工作生活品質滿意度對員工個人績效有正面影響，工作生活品質總滿意度越高者，其工作績效越好；在所有各別的工作生活品質變項中，又以工作性質、對公司的認同、訓練與學習三項滿意度對工作績效有顯著的正向影響。個人對工作生活品質滿意度是否有差異影響的驗證結果中，以教育程度、職務職級和工作時數之差異對工作品質滿意程度的影響差異關係最爲密切；整體而言，以台北凱悅大飯店（現改爲台北君悅大飯店）的員工爲例，其教育程度的愈高者、職級愈高者、工作時數愈長者對工作生活品質的滿意度程度會愈低（楊麗華，2001；詹玉英，2004）。

一項針對國際觀光旅館餐廳主管工作滿足之研究中發現，餐廳主管對薪資報酬構面的滿意度最低，偏向不滿意。滿意度由高至低分別爲同單位工作伙伴構面、主管構面、工作構面及升遷狀況構面，均偏向滿意。餐廳主管不滿薪資報酬無法使生

活過得舒適、付出與收入不成正比等，以對紅利獎金的分配最為不滿。餐廳主管有工作壓力，但由於有成就感，尤其滿意工作的創造性，故對工作還是屬於滿意的。在離職傾向方面，餐廳主管近期內及三年內不考慮離開目前的職務和服務的旅館，但未來則有往其它產業發展的打算（潘亮如，2003）。

三、教育訓練

(一)教育訓練的重要性

飯店注重同仁教育訓練，對各級員工提供不同的訓練管道，教育訓練實施需注重其完整性，整體教育訓練實施對員工教育訓練成效有顯著影響，相對地，整體員工教育訓練成效對組織績效有顯著影響（莊鴻德，2002）。由國際觀光旅館從業人員訓練需求之研究中建議，觀光旅館業如何依據其從業人員之訓練需求，制訂年度訓練計劃，更見其重要性。惟有重視員工之訓練需求，才能使員工本身之自我發展與前程發展得到滿足，進而促使觀光旅館業服務品質全面提升（朱彥華，1992）。一項對台北市五星級國際觀光旅館從業人員訓練需求的研究中瞭解，就員工而言，對於對工作有直接幫助的專業知識需求最大，員工因個人背景不同而對訓練的需求有差別，員工因個人背景不同而對訓練的看法與評價互異，員工對訓練的滿意度低於對訓練的喜歡程度，給與未來職務所需的訓練是七項訓練中員工最希望也最需要的一種方法，房務部員工是旅館部門生態中最特殊的一個部門（岑淑筱，1996）。

(二)教育訓練項目

一般而言，飯店對員工會安排以下訓練（顧景昇，2002）：

1.始業訓練

對於每位新進同仁，均施以始業訓練，目的在於讓每位同仁瞭解飯店的企業文化、服務理念、安全衛生規定及人事行政規定。

2.語文訓練

飯店針對不同部門業務需要，施以英、日文分級訓練，以培養同仁語文能力。

3.專業訓練

依據各部門職掌及職務內容，施以專業服務訓練，包括服務技能、操作流程、產品內容等。

4.外派訓練

對於業務上有特殊需求，將選派同仁至飯店以外的訓練機構參加訓練課程。

5.交換訓練

對有工作需要或培養人才時，可利用正常工作之時間，施予跨部門之交換訓練。國際觀光旅館員工對工作輪調與生涯發展關係之認知研究中建議：協助旅館業瞭解工作輪調對生涯發展同意度認知的相關程度，瞭解如何運用工作輪調這一項工具（楊主行，1999）。

6.管理課程

此部分爲對於管理幹部實施相關管理課程，以充實並提升管理能大。

7.訓練員訓練

訓練員爲飯店實施訓練種子，本課程之目的即在培養這些種子如何實施訓練。觀光局亦曾委託台北君悅大飯店共同合作開設此類型課程。

8.管理儲備人員訓練

一些旅館會於特定時間召募管理儲備人才施予跨部門之訓

練，其意義在於在一時間內，讓儲備之管理人才瞭解各部門之運作狀況、與流程後，再派遣至某一部門擔任基層管理工作。

教育訓練制度與人事規章應互相配合，例如進修經費之補助、公假之訂定等均應考慮在內；良好的教育訓練不僅培養員工的專業技能、服務態度，同時亦讓員工在工作中學習成長，對員工之工作生涯做好準備，對員工及公司均會獲利。

人力資源是一個循環，召募適當的員工給予必要之訓練，必能努力完成服務客人的工作，同時在生活上亦不虞短少，因爲良好的工作表現後，必有晉升的機會，同時再度提供應有之訓練，並且能調整適當的薪資收入，員工必定樂於在工作崗位上努力。負責人力資源工作的人員應體會發展人力資源之樂趣，善於反應、規劃並提供每位在職員工適切的工作環境，以達成爲公司培養人才、保留人才之重任。對國際觀光旅館員工訓練與離職傾向關係之研究發現：國際觀光旅館的員工有較少的訓練次數、較短的訓練時間長度、較少的訓練內容項目及較高的離職傾向，而員工是女性，較低的薪資及較低年齡層會有較高的離職傾向（林英顏，1998）。

(三)建教合作或校外實習

我國餐飲教育的提升，旅館業者愈來愈重視與相關科系建教合作或校外實習的交流，透過建教合作或校外實習的方式，讓學生可以提早了解實務工作，同時可以與理論結合。一項我國國際觀光旅館教育訓練實施之研究中建議，要建立健全的教育訓練體制，加強與餐飲學校相關科系建教合作，使教育訓練的成效發揮,學習同業的評估制度，同時加強員工「顧客至上」與「最佳服務品質」的概念，並注重員工的獎勵（王惠霞，1997）。在我國餐旅教育與校外實習制度對工作表現影響之研究也分析，餐旅業者對校外實習制度之重視度認知方面，對於銜接就業式、舊三明治式及新三明治式等三種校外實習制度重視度與滿意度較高。以餐旅教育學制而言，大學實習生在工作表現上表現最好；就六種校外實習制度而言，接受三明治教學之實習生（舊三明治式、新三明治式），表現較佳，尤以新三明治式之實習生表現最好（黃怡君，2000）。對餐飲管理科及非餐飲管理科畢業生工作表現之比較研究中發現，根據餐廳主管對餐飲及非餐飲管理科工作表現滿意度之研究結果，餐廳主管認爲工作態度爲工作表現最重要的部分（陳麗文，1997）。

四、考核

目前觀光旅館員工考核制度大多由人事主管擬定，每年以考核兩次居多，考核等第分四等，考核表有分主管與一般員工兩類，但沒有部門別的區分（談心怡，2000）。考核項目的方面，受測者認爲「工作態度」最重要，其次才是「工作績效」。在考核目的方面以「薪資調整」爲最主要，其次是「職務調整」。

員工對於考核項目以「服務態度列入考核項目」的同意程度最高，對於將「年資列入考核項目」最低。對於考核執行過程以「考核者瞭解我的工作職責」的同意程度最高，以「我有參與考核制度之設計」最低。對考核結果方面以「考核結果有受訓機會」同意程度最高，但少數會因「考核結果有被資遣的危機。

研究結果發現台灣觀光旅館業員工考核制度目前存在的現象爲：以單一格式考核表或只區分主管與一般員工兩類來進行考核，考核者常受主觀意識與人情壓力影響考核結果，考核作業則傾向黑箱作業。考核常未符合員工期望，員工認爲有不公平的現象。此外，觀光旅館對考核結果到人事單位即予歸檔，

未利用電腦化加以統計分析相當可惜。

美國心理學家弗魯姆在《工作與激勵》一書中，提出了一個有名的激勵公式：激勵力＝效價×期望值。效價是指某項工作或一個目標對於滿足個人需要的價值。顯然，這個公式的含義是，當一個人對某個目標的效價很高，而且他判斷出達到這個目標的可能性也很大時，那麼，這個目標對他的激勵作用就大。期望理論給激勵提供了有益的啓示：1.企業管理者不要泛泛地抓一般的激勵措施，而應當抓多數組織成員認爲效價最大的激勵措施。2.設置某一激勵目標時應盡可能加大其效價的綜合值。3.適當加大不同人實際效價的差值，加大組織希望行爲與非希望行爲之間的效價差值。4.適當控制期望概率和實際概率。期望值不是越大越好，也不是越小越好，關鍵要適當。當實際概率大於期望概率時，會使人感到喜出望外；反之，則會令人大失所望。

第四節　研究的延伸想法

1950年代開始，社會交換理論（Social Exchange Theory；SET）蓬勃發展。促成這派發展的最主要人物是哈佛大學的交換行爲主義Homans（1958），交換結構主義Blau（1964）、交換結果矩陣Thibaut and Kelley（1959）、及交換網絡理論Emerson陸續對社會交換理論的發展有貢獻。

現代社會交換理論緣自於許多學域，如人類學；經濟學；行爲心理學；衝突社會學等領域。在經濟學主要是古典經濟學家主張，在自由和競爭的市場中，人類與他人交易或交換時，會理性地追求最大的物質利益或效用。

而人類學中的交換理論，首推Frazer研究澳大利亞土著婚姻習俗，提出經濟動機法則（Law of Economic Motive），亦即某種特定文化的社會結構模式是人們經濟動機的一種反映，他們在交換商品時，力圖滿足自身的基本經濟需求。Malinowski研究超布連（Trobriand）島民的一種交換系統命名爲庫拉圈（Kula Ring），Malinowski發現庫拉圖並不只是經濟或物質的交換網絡，同樣亦是一種符號的交換，二者構成社會關係網絡，而引起並維持交換關係的力量並不是經濟需求而是心理需求。Mauss（1954）重新解釋Malinowski爲庫拉圈所做的分析，而提出了集體的（collective）或結構（structural）交換的觀點，Mauss認爲迫使互惠的力量（force）是社會或群體，個體間的交換活動實際上是按著群體規則進行，同時也在強化這些規則及準則。而Levi-Strauss（1969）在其經典著作「親屬關係的基本結構」（The Elementary Structure of Kinship），發表了複雜的結構交換觀點，認爲交換必須由整合較大社會結構的功能來認識，強調人類擁有規範和價值的文化，分析交換關係的關鍵變項是社會結構的各種形式，而不是個人的動機。

行爲主義與古典經濟學功利主義有些方面相似，因爲基於下列的原則：人類是追求報酬的有機體，他們追求那些產生最大報酬卻最少懲罰的選擇方案。「報酬」是增強或滿足有機體需求的行爲，反之，「懲罰」迫使支出能量以避免痛苦（因而付出成本）。現代交換理論從心理學行爲主義借用了報酬、懲罰的觀念，使得交換理論學者能夠把行爲當作是心理需求驅使的結果。

衝突社會學對現代交換理論的最大貢獻在於交換中的權力分化和衝突（Turner, 1986），其認爲系統中資源的分配是不平等的。社會交換理論即探討交換的動力，而交換大多根植於資源的不平等分配。Simmel（1978）發表「貨幣的哲學」（The Philosophy of Money）提出了權力原則強調權力是交換過程的

一部分，某一方擁有資源的愈有價值、流動性愈大，則其擁有的權力就愈大，Simmel（1987）亦提出緊張原則，當某方企圖操縱情境以隱瞞資源的可獲性，緊張會產生其結果會導致衝突。上述各學門的理論構成了交換理論的早期型式，對於現代的社會交換理論學者有莫大的影響。

一、 社會交換理論與社會學三大典範

依Ritzer的觀點來看，社會學係由三個主要典範所組成：社會事實（Social Facts）、社會釋義（Social Definition）、及社會行爲（Social Behavior）等典範。社會事實所主張的社會學研究題材，乃是大規模的社會結構與制度（Structure），以及其對行動者和他的思想與行動之強制影響。結構功能論、衝突理論，以及許多新馬克思主義理論，皆是連結於社會事實典範之內。社會釋義典範所接納的社會學之主要關切題材，則是行動者，行動者建構社會的方式，以及此種建構所導致的行動等。所以，對於社會釋義者而言，行動者乃是相當自由和具有創造力；反之，社會事實者則認爲行動者幾乎完全爲大規模結構與制度所決定。符號互動理論學者、現象學者、民俗方法學者和至少部分的新馬克思主義者，即在此一典範之下而運作。最後，尙有所謂的社會行爲典範－其社會學研究題材乃是個人行爲，以及影響個人行爲的增強作用與懲罰，社會交換理論就是涵蓋於此一典範之內。

二、 社會交換理論的發展及其相關構念

(一)社會交換行爲主義（Exchange Behaviorism）

Homans在1958年發表「交換的社會行爲」(Social Behavior as Exchange)一文,1961年更完整地出書闡釋其理論內涵,書名爲《社會行爲:其基本型式》(Social Behavior: Its Elementary Forms)。這些著述的問世,代表社會學中的重要的理論觀點-交換行爲的誕生,從此以後,交換理論吸引了廣泛的注意。

Hamans的許多觀念係得自Skinner的心理學行爲主義。而Skinner的心理學行爲主義,也成爲Homans的社會交換理論主要淵源。Homans的基本觀點,是強調社會學的重心應置於個體行爲與互動之探討。他對大多數社會學家所關心的主題(意識或各種類型的大規模結構與制度),並無太大的興趣。相反地,他的主要興趣是在那些引導人們行爲的增強模式,以及報酬與代價的過程。基本上,Homans認爲人類願意持續某些行爲,這些行爲是在過去經驗中發現將得到報酬的行爲。反之,若是以前的經驗證明這些行爲將犧牲代價,那麼他就會停止這些行爲。換言之,若要理解行爲,首先必須瞭解個體的報酬代價史,由此可知,社會學的焦點重心,並不是意識或社會結構與制度,而是在於增強模式(Patterns of Reinforcement)(Turner, 1986)。

Homans(1958)認爲人際間的互動行爲是一種過程,在這過程中雙方參與者執行與對方有關的活動,且交換有價值的資源。人們只有覺得這個交換關係具有吸引(Attraction),才會繼續與對方互動。因此當二個互動的雙方面臨各種情境(Contingencics),他們必須調整彼此的資源來符合對方的需要(Hallen et al., 1991)。Homans亦指出溝通會使得交換雙方的關係更爲順利。若以資訊系統委外爲例,委外雙方的互動行爲過程,十分吻合Homans主張的社會交換行爲,亦即委外的雙方只有覺得這個交換關係具有吸引力,才會繼續與對方合作,而

且雙方亦會配合對方要求來調整資源，而且雙方的溝通如果良好，則彼此的交換雙方的關係應可更爲順利。

(二)社會交換結構主義（Exchange Structuralism）

社會交換理論的另一位大師是Peter Blau在1964年所發表《社會生活中的交換與權力》（Exchange and Power in Social Life）一書。Blau基本上採取Homans的觀點，不過他們仍有很大差異。大體上，Homans的目的只是想處理社會生活的基本形式，Blau卻想在結構與文化層次將這些基本形式與交換問題整合。Blau的整合工作，在開始時是由行動者的交換行爲出發，後來很快地轉移到由這些交換所衍生的大結構之上。所以，最後他所處理的題材，是大規模結構之間的交換問題，亦即將這兩種方向的交換（即小規模和大規模）整合，因此Blau對理論建構貢獻不淺。Blau進一步努力結合社會行爲主義與社會事實主義成爲另一理論。

在個人的層次上，Blau和Homans皆是關注於相似的過程。人們基於種種理由而彼此相互吸引，這些理由將他們涵蓋一起以建立社會結合。一旦初步的連繫形成，他們各自彼此提供的報酬，就能夠維持和強化彼此的連帶。至於其中所交換的報酬，可以是內含的或是外加的；前者，例如：愛、情感、敬仰等；後者則可以是金錢、體力勞動等。不過，當事者兩方並不總是對等相互報酬；當交換之中存在不對等之時，一項權力的差異即源生於結合之內。

在個人與團體的層次上，Blau進一步將其理論延伸進入社會事實的層次上。Blau認爲社會互動，首先存在於社會團體之內。人們之所以爲某一團體所吸引，乃是因爲他發覺，這個關係將較之從其他團體來源獲得更多報酬。由於他們被這個團體所吸引，也希望被它所接納，爲了能夠被接納，必須提供團體成員某些報酬。這包括造成團體的成員一種印象，認爲結合新的人會的到報酬，一旦他能夠給予團體這種印象，亦即當團體成員獲得他們所期待的報酬時，他與團體成員之間的關係將會強化鞏固。新加入者努力試圖留予團體成員某些印象，因而得以使團體凝聚；但是，如果太多人彼此積極地以自己能夠報酬的能力而感動對方，那麼，將造成競爭或社會分化。

在團體與團體的層次上，Blau更進一步將交換理論調適至整體社會層次。然而，在大社會或整個社會的大部分成員間，卻無直接的社會互動，所以，必須出現某些其他的機能以調節中介的社會關係結構。對Blau而言，中介於複雜的社會結構之間的機能，乃是存在於社會之內的規範與價值共識，共同的價值與規範，可以提供成爲社會生活的媒介，以及作爲社會交易的中介連結，也促使間接的社會交換得以可能，亦也支配複雜的社會結構內之社會整合與分化的過程，以及其內的社會組織化與重組的發展。Blau的學說體系中的規範概念，使得他得以進入個人與集體之間的交換層次，並藉由共同價值的概念，能夠進入大規模的整體社會層次，和分析「集體之間」的關係。

基本上，Blau乃是將Homans的學說由個人間的交換層次，提升到組織與組織的交換層次，而由於此理論的發展，使得資訊系統委外的社會面議題得以適用社會交換理論。若以資訊系統委外爲例，委外雙方如果存在共同價值的概念，亦即存在共同的規範與價值，如：相似的公司文化、規章制度、共享風險及利益的意願等，則雙方較容易互相吸引，且進行的交換行爲更爲可行，而當雙方若存在不對等的相互報酬時，權力的差異即產生，潛在的衝突即可能發生。

Blau提出在社會交換理論中，兩個很重要的構念：信任（Trust）與承諾（Commitment）。依據Blau的看法，社會交換的

過程由於互惠的結果，彼此間會產生感激、責任感，以及信任。商業行爲的社會交換關係雖然依據合約行事，但也需要彼此間的信任，才能使貨品、服務或財務，依照合約的規定按時履行，建立信任是社會交換程序中一個關鍵的因素。同樣的以資訊系統委外的「交換行爲」爲例，如果雙方在交換過程中得到互惠，彼此間會建立起信任，這樣的良性循環會使得委外合約的執行更爲順利。

Blau認爲人們會去尋找能得到最大利益的各種可能方案，當人們找到一個認爲是最佳方案時，他們對於彼此交換夥伴關係（Exchange Partnership）就會產生承諾，且停止繼續搜尋其他的方案。若由經濟觀點來解釋承諾，可由關係停止成本來看，亦即放棄目前令人滿意的利益交換關係，再去重新建立其他新的交換關係，意味著需要付出更高的成本。若由非經濟面來解釋承諾，已建立交換關係的人們，隨著時間投入更多的人力、彼此間分享共同目標及利益，漸漸建立起密切的互動關係，並且形成一個封閉的社區（Closed Community），雙方的承諾會更加強。交換的程序隨著時間的發展，雙方會互相以承諾方式，連續的表示出他們在此一交換關係的可信賴性。例如以資訊委外爲例，如果委外企業找到認爲是最佳的承包商時，他們對此一交換關係會產生承諾，亦即表現出想要長期維持此一關係的誠意，而這又會導致雙方的交換關係更爲穩固，雙方的承諾更加強。

(三)社會交換結果矩陣（Exchange Outcome Matrix）

分析兩方參與者的交換關係（Exchange Relationship），是以其雙方的互動或互相影響爲基礎，Thibaut and Kelly

(1959) 以產出矩陣 (Outcome Matrix) 作爲分析雙方互動的概念性工具。結果矩陣中指出雙方參與者所扮演的行爲，以及一方參與者的行爲伴隨著對方參與者所採取的相對行爲所產生的結果。雙方互動的結果 (Outcome) 是以雙方所採取的行爲獲得的報酬 (Reward) 扣除因採取行爲而必須付出的成本 (Costs)。

研究藉由知識分享的方式，使其運用前人的知識，做最好的處理，以幫助提升國際觀光旅館業的經濟效益的研究中說明(劉清華，2002)。並從員工知識分享的動機、團員關係及組織文化等三方面進行探討個人知識分享意願。在平日已有知識分享的習慣，每月所得較高的受訪者受分享動機的「利他專業」影響較大；非單位主管的員工受團員關係的「團員情誼」影響較大；受組織文化的「公平信任」影響較大者爲年齡較高、已婚、單位主管，受「關切認同」影響較大者爲未婚、每月所得較低。此外，分享動機的「互助合作」與「利他專業」；團員關係的「團員互賴」及組織文化的「公平信任」與「關切認同」等因素各對不同的知識分享習慣有正向的影響。當員工者願意交換知識時，其特性爲工作年資較短；平日交換的情形也較多；且不受地點所局限；會主動告知同事，亦認同對工作有幫助與經常教導同事；比起不願意交換者，願意交換者對交換內容較著重於工作技巧與解決方法。且員工知識分享的分享動機、團員關係、組織文化與知識分享意願均相關，其中又以分享動機的「利他專業」與「利益導向」、團員關係的「團員互賴」與「位階關係」、組織文化的「公平信任」，與知識分享意願有顯著關聯性。

在跨組織之知識移轉與建構機制之研究中，以台灣地區觀光及大型旅館爲例在知識可移轉性與旅館經營績效相關性方

面，知識移轉之成文化程度與旅館經營績效呈現相關、知識移轉之可教授程度與旅館經營績效呈現相關、知識移轉之標準化程度與旅館經營績效呈現相關。知識移轉之系統化程度與複雜化程度對旅館經營績效並無顯著相關。在旅館組織型態對知識移轉及旅館經營績效影響干擾方面，獨立經營的情況下，知識的標準化和旅館經營績效成顯著正相關。直營連鎖和管理契約的情況下，知識的標準化和旅館經營績效成顯著正相關。特許加盟的情況下，知識的標準化和旅館經營績效成顯著正相關，知識的系統化和旅館經營績效成顯著負相關。自願連鎖和共同推廣的情況下，知識的可移轉性和旅館經營績效並無顯著相關。在品牌權益對知識移轉及旅館經營績效影響干擾方面，高品牌權益指數的情況下，知識可移轉性之系統化程度與旅館經營績效達顯著負相關，知識可移轉性之標準化程度與旅館經營績效達顯著正相關。低品牌權益指數的情況下，知識的可移轉性和旅館經營績效並無顯著相關（林建宏，2003）。

問題與討論

1.請說明旅館內部的組織部門名稱及主要功能。

2.請說明客務部的主要功能。

3.請討論旅館的前場是指哪些部門？

4.請由公平理論說明薪資設計的重要性。

5.請比較X理論與Y理論的差異。

6.請說明薪資、考核與激勵之間的關係。

註譯

1 相關人員包括(1)櫃檯主任（Front Office Supervisor）：負責處理櫃檯業務及訓練、監督櫃檯人員工作。(2)櫃檯組長：負責率領各櫃檯人員，負責接待服務等事宜。(3)櫃檯接待員（Room Clerk或Receptionist）：負責接待旅客的登記及銷售客房並分配房間。(4)櫃檯出納員（Front Cashier）：負責向住客收款、兌換外幣等工作，如係簽帳必須呈請信用部門或財務部門核准。由於上述業務係屬財務部之權責，因此櫃檯處理業務時，應特別留意作業程序。

2 相關人員包括(1)服務中心主任（Concierge or Front Service）：Concierge本意爲服務，是提供旅館內客人服務的靈魂人物，(2)服務中心領班（Bell Captain）：爲Uniform Service的主管，監督Bell Captain、Bell Man、Door Man等人員之工作。(3)行李員（Bell Man）：負責搬運行李並引導住客至房間。(4)門衛（Door Man）：負責代客泊車、叫車、搬卸行李以及解答顧客有關觀光路線等問題。(5)司機（Driver）：負責機場、車站與旅館間之駕駛。(6)機場接待（Flight Greeter）：負責代表旅館歡迎旅客的到來與出境的服務。

3 此數據爲參考值。

第五章　客務作業

訂房作業

訂房作業與控制

客房遷入作業服務

住宿登記作業

旅客住宿期間的服務

旅客退房遷出的處理程序

帳務的產生與處理

Mr.Smith是花旗銀行財務顧問，常常需要到台北、香港及上海出差，每次出差時都選定Sheraton為旅途中重要的住宿旅館，Mr.Smith下個月必須在去上海與香港共20天，他請秘書幫他代訂這二個地方的旅館。

王秘書如同往常一般，向這兩個地區的旅館訂了房間，旅館也為Mr. Smith安排好適當的房間。同時，旅館告知王秘書，未來可以利用網路直接訂房，只要將陳秘書輸入公司的簽約代號和王秘書的密碼，也可以獲得相同的服務，王秘書感覺相當方便。

方經理擔任Sheraton旅館客務部經理，每天參加完公司的晨會工作報告（Morning Briefing）之前，將截至今日預計的本月訂房預估表瀏覽一次。方經理注意到本月訂房預估已經達到86%，預期住房績效已經不錯，但是他發現本月20日的住房率已經高達98%，同時有一旅行團預定40間客房，方經理請訂房主任確認此項訂房資料，並要求收取訂金，以確保雙方權益。

同時，方經理請訂房主任瞭解該旅行團的住客名單資料，以瞭解客人習性或有特殊要求的部分，便於未來一確認每一位預排房客需求的房間是否正確，同時可以提早準備對方提出特別需求。

方經理參加完公司的晨會工作報告之後，即將今日預計到達旅館的客人名單瀏覽一遍，指示接待主任Angela瞭解特殊要求的客人習性，並逐一確認每位預排房客需求的房間是否正確。他發現：Mr.Smith已經住房超過100晚，本次將為Mr. Smith升等客房。

另一方面，Mr.Smith 因為班機延誤，由香港撥了一通電話到台北預定的旅館，請旅館務必保留房間。等到

班機到達後，旅館接待的貴賓車已經準備好接待的工作了；當住進旅館（Check In）時，旅館早已為Mr.Smith安排好適當的房間，櫃檯接待服務人員從容地取出客房門鎖，引領Mr.Smith到房內，讓Mr.Smith每次都感覺到回到家一樣的溫馨。

Mr.Smith 剛抵達旅館，發現離開航站大廈時，少取了一樣行李，立即請Concierge協助，旅館服務中心的王主任，憑藉其多年的工作經驗，請客人敘述行李的特徵，並立即聯絡航警局服務人員協助尋找。5分鐘之後，林主任接到航警局電話通知以尋獲行李，王主任請Mr.Smith 影印護照證明文件，並草擬帶領行李委託書，交待機場接待將行李領回。

小劉是旅館得夜間稽核，在晚班查帳時，發現電腦紀錄中Mr.Smith至西餐廳消費的金額與餐廳帳單金額不符，於是立即更正電腦中的資料，並留下交接紀錄，請值班經理隔日與西餐廳經理確認該筆消費的內容及金額。

隔日，Mr.Smith臨時接到公司電話，需到香港二天，因此他請旅館將它的房帳保留至下次回來一起結算，因此請櫃檯列印帳單內容；並請旅館在他下次回來時，能安排同一樓層及同一型態的房間。

Angela是旅館櫃檯的接待主任，她發現剛離開旅館的Mr. Smith有一筆早餐費用並未即時登錄進入房帳，於是將此紀錄在電腦中，待下一次Mr.Smith回到旅館時，再向Mr.Smith說明並補上收取此筆費用。

旅客遷入作業是旅館與客人面對面服務的開始，自掌握旅客的資料、機場接待、櫃檯接待、安排適當的客房、提供資訊詢問服務等，是旅館櫃檯提供旅客遷入服務程序中相當重要的環節。本章由訂房作業開始介紹各項作業的流程，及彼此的關聯性，學習者應清楚地了解各項作業的意義，及培養作業的正確性。

第一節　訂房作業

訂房業務是聯繫旅館作業及旅客之間一項重要的功能，負責訂房業務的人員必須清楚地瞭解旅館客房設備特色、種類數量、訂價、折扣政策、優惠住房方案及相關之服務設施內容，同時必須溝通客人對住宿需求上的認知等，以圓滿地爲旅館爲客人在旅程中提供安心的住房資訊（顧景昇，2002）。

一、訂房作業中的專業訊息

訂房作業是旅館服務住宿旅客的起始，訂房人員需瞭解訂房作業中的專業訊息包括（Vallen and Vallen，1997；顧景昇，2002）：

(一)客人抵達日期（Arrival Date）

負責訂房人員應清楚明瞭客人抵達飯店的日期。若是全球訂房中心的服務人員更應知道旅客，會至哪一個城市及住宿旅館的正確名稱。

(二)客人離開日期（Departure Date）

旅客離開飯店的日期需清楚地確實，使訂房作業不致有過度超額訂房的情形。抵達日期及離開日期清楚紀錄。訂房人員應並避免紀錄像「住三天」這樣模糊的住宿日期。

(三)房間的型態（Type of Room Required）

針對客人的需要或房間銷售的情況，提供客人該飯店適當的住房型態。如果旅客並不清楚旅館所擁有的客房型態，訂房人員可以了解旅客的人數，及所需的床的型態，提供適當的住宿客房給予客人；一般而言，客人容易在雙人房中文及英文敘述部分與旅館服務人員介紹的房間類型發生落差，服務人員應耐心介紹。此外在對家庭旅客上，可以主動提供連通房（Connecting Room）的客房類型給所需要的旅客。

(四)住房的數量（Numbers of Room Required）

訂房人員應清楚地瞭解客人對房間數量的需求。說明並記錄客人希望預定的客房數量。

(五)價格（Price）

依據被預訂住房的期間，讓客人瞭解該預訂客房的原訂價，折扣或優惠的額度及實際享有的價格。

(六)客人的訊息（Identification）

包括客人的姓名、聯絡的地址、電話，若代他人訂房則可同時留下代訂房聯絡人的姓名及電話；同一位客人若預訂二間以上房間，可詢問客人訂房名字是否可用不同人名或統一由一人名字訂房。此外，應同時詢問客人是否須安排接機，或班機

抵達時間，更進一步瞭解客人可抵達旅館之時間，周延訂房的資料。

(七)客人住宿歷史資料（History Data）

若客人表示曾住宿該旅館，可由旅館歷史資料中瞭解住房紀錄，曾有習性或特別的需求，以使客人抵達前提供更好的安排。

清楚各項訂房資訊之意義後，完整的訂房程序中包含三個重要的因素：(1)旅館訂房的來源。(2)旅館接受訂房的方式。(3)團體訂房等應如何溝通完成訂房的程序。

二、旅館訂房的來源

(一)旅客個人

指旅客直接向旅館訂房，因不涉及旅行社或其它第三者，此種訂房不會涉及佣金問題。旅館會依公司的政策而給予不同的折扣，或仍收取原價。

(二)公司或機關團體

公司或機關團體訂房，會為某些活動而作團體訂房，例如為舉辦員工自強活動、獎勵旅遊（Incentive Tour），社團組織召開年會、各公司行號或機關團體辦理之講習、說明會或研討會等。由於人數較多，可與旅館商談較佳的優待禮遇。

(三)旅行社

代訂客房為旅行社業務之一，個人亦可請旅行社代為訂房，而持得住宿費後至旅館辦理住房登記，旅行團之團體住房則由領隊或導遊辦理遷入及遷出之程序，並由飯店統一向旅行社請領款項。旅館對旅行社團體訂房可視情況要求給付定金，或做保證訂房，以確保客房銷售之情況。

(四)網站服務訂房

網際網路發達，許多虛擬網路旅行社，旅遊網站興起，提供給客人網路訂房的便利性，此類型的訂房會要求客人以信用卡作保證訂房後，始接受旅客的訂房要求。

三、旅館接受訂房的方式

(一)電話

這是一般客人最常使用的方式，除了網路服務之外，多以此方式訂房。

(二)信函

以信函方式訂房者，大多以旅行社居多。通常旅行社在簽訂房單之前，會先用電話與旅館聯繫後，再開立訂房單，旅館在回覆時須註明是接受訂房(Confirm)或是(On Waiting)，再蓋上旅館訂房組印章，由訂房部門主管簽字認可。現今網路及傳真功能發展，此方式已極少出現。

(三)國際網際網路

利用國際網路訂房為目前潮流趨勢，國外甚多旅館已將本身相關特色及基本資料，製作專屬網站，旅客只需藉由電腦網路系統，即可依個人需求選擇適當的旅館，甚為方便。

(四)傳真

若訂房是以傳真方式，訂房旅館是否接受訂房係以旅館確

認信函（Letter of Confirmation）回覆。

(五)口頭

此種方式，通常由當地的友人，或其本人（以現住客預訂下次宿期者爲最常見）到旅館訂房較多。

四、團體訂房（Accommodating the Group Reservation）

除了一般訂房的客人之外，團體旅客的市場亦爲旅館經營的重點，團體訂房的形式很多，例如公司內團體旅遊、會議、展覽或者是獎勵性旅遊住房等，均受旅館經營者的重視。國外有許多賭場型旅館（Casino Hotel）亦逐漸重視團體旅客的開發，國內許多渡假區旅館亦重視團體訂房的比例。處理團體訂房通常由旅館內業務部門負責，業務部門會跟據團體訂房公司之目的需要及期待合理的優惠房價，而與該團體簽約合約，並議定付款者付款方式、期限及相關取消訂房之限制等，以保障雙方的效益。

第二節　訂房作業與控制

一、訂房作業

當旅館訂房部門接到訂房訊息後，應立即查閱訂房資料，由訂房控制表或電腦中可決定目前是否仍有空房，以便作適當的處理。假如旅客擬於旅館內開會或舉辦研討會、展示會（Exhibition）、服裝秀等活動，此時提供之會議或展示場地（Function Room），必須先調查房間的使用狀況，再與餐飲、宴會及相關部門聯繫有關租用等事宜。

旅館接受旅客訂房時所需瞭解住房旅客的基本資料，包括訂房人姓名、連絡電話、公司名稱、抵達日期(時間)、班機號碼、接機需求、遷出日期、要求的房間型式、數量等。接受訂房的服務人員可立即依當季（時）客房所能提供的客房房價回覆客人，並註明於訂房單上，若為旅館的簽約公司，則可查詢簽訂的合約價格回覆客人。完成訂房程序之後訂房人員應由客人歷史資料中查詢出住房記錄是否需提供特定客房服務準備如升等安排，歡迎信函、鮮花、酒或其它應注意之事項。

若接受團體訂房，基本上仍依一般訂房的程序辦理之外，訂房單上另應註明團體名稱，訂房主要聯繫人、付款方式及住宿期間其它相關設施之準備，如會議室、用餐等。

一般旅館在接受旅館訂房之後，會立即將訂房資料輸入電腦系統中，在協助訂房人員瞭解及記錄客房之型式、類別、價格、折扣、貴賓優待及房間經常變化狀況，輸入資料必須正確，才能有效控制訂房。

二、客房銷售預測及訂房控制的準則

一般而言，客房銷售預測及訂房控制需要注意以下準則：

(一)最適當的客房銷售方式比例

旅館設計各式的客房，每日訂房須衡量客人對客房型式的需求、房價政策及淡旺季因素之考慮，而決定最適當預訂訂房比例，以產生最佳的客房銷售，能持續維持高住房率，是旅館營業應努力的重點。

(二)超額訂房政策

旅館應住宿高峰接受訂房時超收訂房是必要的，跟據歷史資料中「未出現客人」(No Show)及「續住」(Stayover)比例及當日客房故障間數等，可訂定超額訂房百分比例。

(三)保證訂房制度

在住房旺季或旅客特別需求，（如指定某一時間內之某一種型態的客房），旅館可要求客人做保證訂房；服務人員應向旅客說明保證訂房的內容，例如向旅客說明保留客房的情況，及如果在保證訂房後但未抵達旅館住宿，會向旅客收取費用的額度，及取消保證訂房的程序與應收取的費用等。程序上，旅館可要求客人直接匯入保證訂房之金額，或以信用卡授權書爲客人辦理保證訂房。當保證訂房一經確認，旅館即須滿足旅客住房的需求，在房間不足時，旅館必須安排旅客轉住同級之旅館並代付差額。

(四)預付訂金制度

當團體訂房或旅行社代訂房時，旅行社或制定預付定金的制度。以確保訂房的權益。旅館並且應該如同保證訂房一般，向旅客或旅行社說明雙方的權利。

(五)訂房的追蹤及超額訂房之處理

旅館根據市場供需情況及住客客源之分析，制定不同的房價政策，對於不同的目標市場給予不同的優惠，因此訂房的資料即成爲上述房價政策的參考，相對地，可由市場的變化，擬出不同的接受訂房策略。產能管理(Yield Management)理論常應用於訂房策略之制定，即旅館營運高峰時，旅館制定較高的房價政策，使旅館平均房價及總收益增高，淡季時，可考慮以較低的房價提供給住客，以期增加住房率。在訂房預測上，可應用此產能管理理論，提高營運績效。

三、訂房程序之查核

(一)訂房確認

旅館依據政策或客人請求，於接受訂房後，旅客到達前，傳眞或寄送訂房確認函予客人，以確認該訂房。

(二)等候訂房

當旅館營業高峰時，未能及時給予確認訂房之客人安排客人至等補狀況，俟有客人更改或取消訂房時，即依需求而予以確認。

(三)取消訂房

當訂房確認之後，取消原訂房稱爲取消訂房（Cancellation），客人若有行程變更應主動向旅館取消，以保持良好之訂房記錄，及避免旅館之損失。

(四)更改訂房

旅客因班機、行程變更，而改變住房日期，可由旅館作更改訂房，以保障訂房權益。

(五)未出現客人

當確認訂房後，未於住宿當日住宿，旅館會將該訂房資料以爽約客（No Show）方式呈現，若爲保證訂房，旅館小可收取一日之房租。

訂房單位靠客房銷售預測報表對客房銷售的掌握，同時對於每位客人因行程致使客房銷售預測報表變更而產生訂房狀態的改變，如變更訂房、取消訂房能隨時將變更資訊輸入電腦以維持訂房資訊之完整，同時能正確地產生客房銷售報表。在客人住房前數日視訂房狀況將等候訂房者納入確認訂房中，以讓客人能在行前即安全規劃行程前來住宿。

第三節 客房遷入作業服務

旅客到達旅館之後的第一件事即爲登記住宿，若旅客爲第二次之後再度住宿同一旅館，多數的旅館會保留旅客的住宿資料，作爲提供服務的重要資訊，旅客再次住進旅館時僅需簽名即可。

旅客住宿登記的目的有三：其一爲確定客人的住宿日數，亦即旅館藉由確認客人的離開旅館日期，以掌控住房情況態（Vallen and Vallen，1997；Stutts，2001；顧景昇，2002）。所以客人抵達旅館前的訂房資料和抵達旅館後塡寫的住宿登記單是旅館掌握住房資訊的關鍵，不僅可使館方知悉客人的特殊要求，以提升客人的滿意程度，做好接待服務工作，同時也使旅館掌握客人的付款方式，縮短退房程序及結帳時間，並提高旅館的住房業務預測。其次利用客人資料的累積可做爲旅館的市場行銷分析，調整經營策略以加強競爭力。第三：累積客人正確的住宿資料，俟客人再次前來住宿時，能掌握最正確的住房習性的資訊，提升服務品質。

一、客人遷入的前置作業

爲確保旅客住宿的正確性與迅速性，在辦理客人住宿登記及分派房間前，櫃檯接待人員必須有充分瞭解客房及欲住宿客人之個人需求特性，以確保工作的正確與順利進行，櫃檯服務人員會在旅館遷入的前置作業，即可掌握將要抵達旅客的資訊，同時藉由以下介紹的各項報表，可以提其做好接待工作，茲敘述如下：

(一)客房銷售報表（Room Sold Report）

在客人住宿前一天，櫃檯接待人員預先瞭解每日客房預訂數目、超賣情況及後補（Waiting）等輔助報表，以掌握客房數量。櫃檯服務人員藉由此報表瞭解各類型客房已經銷售的情況，以及可以銷售的房間型態及數量。

(二)當日抵店客人名單（The Arrivals List）

當日抵店客人名單是指遷入當日所有已訂房客人名單，包括客人姓名、離開旅館日期、訂房者（聯絡人）的姓名、聯絡電話、房間型態、數量、價錢、住宿需求（如非吸煙樓層）、班機代碼等，以便於安排適當客房及旅客接送安排的訊息。

(三)歷史檔案資料（The Guest History Record）

櫃檯接待應根據當日抵店客人名單，查看是否有建立客人歷史資料，以瞭解客人曾經住宿的特殊要求或服務，以使客人能夠住宿愉快。根據歷史資料，可以瞭解客人住房的習性，例如喜愛高樓層的客房；住宿的次數及日數，以配合旅館提供之升等禮遇計畫（Upgrade Program），或累積住宿優惠（Referred Programs）提供客房住宿升等或相關優惠；或客人

特有的需求，如高樓層、偏愛香蕉等，以作安排時周延考量。

(四)當日抵店客人特殊要求注意事項（Arrivals with Special Requests）

若客人第一次至旅館或因需求而於訂房時會要求特別服務。相關的部門就必須被告知，以做好服務的準備。而櫃檯接待人員亦應將此特別要求列入歷史資料訊息中，以便於下次當客人在訂房時，即可與客人確認或再爲客人預作服務準備；若爲重要公眾人物，旅館總經理或重要主管將會同公關部門，做好檢查房間及協助歡迎拍照等工作；同時，經由旅館所予以禮遇之V.I.P.，包括影星政要、名人、企業負責人或長期顧客等，在住宿期間須給予特別的禮遇。這些禮遇包括事先給予客房升等，在客房內辦理住宿登記，抵店時由旅館高級主管代表歡迎致意及引導至客房等禮遇。

(五)列印住宿登記單（Printed Registration Card）

爲了減少辦理住宿登記的時間，接待員先把住客的住宿登記單先列印好，諸如姓名、地址、抵店與離開旅館日期、付款方式等，一旦客人到達，只需查看資料是否正確，隨後簽完名字即可完成登記程序，以減少等候時間。

二、機場接待

機場接待員是站在旅館的第一線，必須養成服裝整潔、配掛本店之識別證的習慣，以迎接客人。機場接待應瞭解每日住客抵達名單，並核對每班班機到達時是否有本館旅客搭乘該班機，以便作適當的安排與接待工作。

當有班機之到達時間因氣候或其他因素而提早，延遲或取消之情況發生，應隨時依照狀況，注意旅客及班機情況，發現訂房旅客不在預訂搭乘之班機乘客名單上時，並不表示該旅客不來，而很有可能會搭乘其他飛機抵達，機場接待應立即與旅館聯絡，以掌握客人動向；接到旅客後，應妥善照顧行李及安排車輛接回旅館，切勿讓客人久候車輛。如有特殊情況要請客人稍候或等時間較長時，應以婉轉的口氣告訴客人，讓客人明瞭情況。當正確接到住客之後，應與旅館取得聯繫，讓在旅館內服務的同仁有充分的準備等旅客完成接待的準備工作。

三、房間分配的要領

在客人到達前，櫃檯接待必須持有一份最完整而正確的客房現狀報表，以瞭解當日住客使用狀況。同時藉由顯示各種房間的情形，以安排當日抵達旅客是當的房間。

(一)客房狀態

一般而言，客房狀態通常區分以下數種情況，使客務與房務可以清楚地瞭解客房使用與房間整理的進度，以便迅速地安排客人住宿；客房狀態可分爲住宿中、空房清潔中、可售空房、故障房等，說明如下：

1.可售空房（Vacant／Clean）

表示房間以整理完備，隨時可以售出的房間；櫃檯人員在每一個班別或特殊時間點，需要確認可售空房的數量。

2.退房待整理中（Check Out／Dirty）

客人退房不久，房間尚未整理，或整理中的房間。

3.住宿中（Occupied Room）

表示客人住宿當中，並未於當日退房的房間。

旅
館
管
理

4.故障房（Out-Of-Order Room）

這種房間無法使用，可能是因爲房內某些設施故障，或是重新裝修的房間，此類型房間狀態需在整理完成之後才可售出；位求旅館銷售業績，旅館對於此類客房應該及時修復，避免此類房間影響營收。

(5)指定房（Blocked Room）

這些房間基於某些理由保留給特定的人士，例如保留給V.I.P.人士或旅行團，或是房間基於旅客行性而經客人訂房時已指定。

(6)館內人員使用（House Use Room）

指館內服務人員因値勤需要而住宿的房間，此房間狀態並不計入住房率及平均房價；一般而言，旅館總經理或高階主管住宿的客房即是以此狀態表示。

(二)分配房間的注意事項

以上這些房態資料可以幫助櫃檯接待員正確也銷售房間和調整房間的銷售。分配房間必須按客人的訂房狀況、抵館時間、住宿條件的狀況，分配正確及適當的客房予客人。對於提早抵達旅館之客人(Early Check－In)，客務部應優先安排昨日未售出之客房，若有特別需求之客房，應會請房務部優先整理，以利客人遷入，而對於當日延遲退房之客房(Late Check Out)，應排給較晚抵達之旅客，以使房務部有充分的時間整理最完美的客房給客人。

第四節 住宿登記作業

一、登記作業

(一)登記作業的注意事項

登記（Registration）對旅館的初次抵達的客人而言，是旅館與客人互動的第一步，我國觀光旅館業管理規則第十五條規定觀光旅館應備置旅客登記表，將投宿之旅客依法定的格式登記。住宿登記的目的是記錄客人的資料，並利於旅館各種作業的進行，同時旅館則將用之建立檔案的重要資料。

當有訂房客人一抵達旅館後隨即辦理住宿登記和分派房間，客人在登記時必須出示有效證件讓櫃檯接待人員核對其身分；外國人為護照或是在台居留證，本國人則為身分證。接待服務人員將住宿登記卡與客人的訂房單核對，同時再一次與客人確認住宿資訊，特別是客人身分資料、離開日期及付款之項目。一般而言，客人若以信用卡結帳者，將先行預刷將先行預刷（Imprint）徵信額度；若為付現，則先行預收一日以上之房租。最後請客人於住宿登記單上簽名。當無訂房客人進住時，櫃檯接待則查看可售房間的房態，並依上述方式填住宿登記單後，請客人簽名，完成登記程序（Vallen and Vallen，1997；Stutts，2001；顧景昇，2002）。

(二)住宿登記單

各家旅館的住宿登記單的格式設計不盡相同，但內容並沒有什麼差異，其填寫方法說明如下：

1.姓名（Name）

訂房單中客人的姓氏、名字均列印在住宿登記單上。接待員有必要再核一下正確與否，拼法是否正確，會影響到住宿客人的查詢、客帳、電話留言及其他文書作業，故對姓名的核對應很仔細。旅館需注意同一天中是否有相同姓名的旅客住宿，特別是外籍旅客上，相同名字的旅客常出現。

2.公司名稱（Company Name）

如果是簽約公司為客人預定的客房，或是客人的住宿帳是由代訂房公司代為支付，客人所寫的公司名稱必須與行銷部門所簽訂合約的公司名稱相符。如果是旅行社訂房，旅行社的名稱應被列入登記單中。

3.護照號碼（Passport Number）或身分證字號

接待員持客人護照或身分證件，詳細核對並與以登記。旅館服務人員需常常更新旅客護照號碼。

4.國籍（Nationality）

客人的國籍必須登記下來。如果客人曾經來過，則國籍欄的記載也會自動轉入客人歷史資料資料中，此部分可用於業務推廣的重要參考資料。

5.抵達店日期（Arrival Date）

抵店日期在訂房單上已有記載，住宿登記單據此列印出來。

6.離開旅館日期（Departure Date）

列印方式同上，但客人在登記填寫時仍須向客人再確認一次，避免發生錯誤，並且可以更新旅館客房銷售記錄。

7.住址（Address）

登記客人地址可以用作信件連絡，或市場行銷的資料。若客人為第二次再度回到旅館，這些資料都將轉列印於住宿登記單上。對於國內旅客應核對身分證件，詳細記錄。

8.房價（Daily Rate）

若是有訂房的人，房租在訂房時已確定，對無訂房的客人，服務人員則先確認旅客需求的房間型態，再決定房價，並明確告知客人。但對於旅行團的住房旅客，因牽涉佣金問題，因此不標示房價給住房客人瞭解，以避免造成不必要誤會。

9.房號（Room Number）

接待人員先找出適當房間後，再分派房號給客人，並註記於住宿登記單上。

10.付款方式（Payment By）

訂房單已有註明而列印在登記單上，所謂付款方式即是客人支付帳目的方式，是現金、簽帳（公司支付）、信用卡、住宿券或其他方式，接待員必須向客人確認。至於公司付帳的程度是全額支付或是房租（Room Only），也要再確認清楚，以免向公司請領帳款時發生問題。

11.客人簽名（Signature）

這是一道重要的步驟，表示客人已認可登記單所印的內容，也表示接受旅館提供的住宿條件。簽名於住宿登記單即是旅客願意支付房價的重要憑證。

12.接待人員簽名（Receptionist Signature）

只有親自接洽客人的接待員最清楚客人住宿的細節內容，如果客人對住宿有任何問題，則可找接待人員澄清與解決問題。

13.住宿政策說明（Policy Statement）

住宿登記單上除了上述的登記項目外，在下方還附有旅館之對客宣示，這是讓住客藉登記之時瞭解館方政策的說明；例如退房的時間、房價是否應另加稅或服務費。

二、分配房間鑰匙和引導客人至客房

住宿登記完成及分配房間後，接待員給予客人鑰匙，並發給住宿卡（Hotel Passport），它是一種住宿證明，用來證實客人的住客身分，憑此卡領取鑰匙，或在其他餐廳消費簽帳。使用電子門鎖系統（Electronic Locking System）的旅館則在住宿登記完成後發給一張有磁帶的卡式門鎖，此種電子門鎖在台灣已逐漸爲各旅館採用。

領取門鎖後，是否引導進入客房，則視旅館所提供的服務而定。一般小型的旅館，櫃檯接待僅告訴客人電梯方向，並不作引導進入服務。較大規模的觀光旅館或是國際觀光館則由行李員幫客人提行李做引導進入服務。較高級的旅館也有接待員負責引導進入客人至房間，隨後行李員把行李送至客房，這種服務方式的目的是表示對客人的尊重，讓客人有一種被重視的感覺。引導的接待員客人解說房間的設施及使用方法，並回答客人提出的問題，讓客人能感受親切及受歡迎的禮遇。

大型旅館在大廳設有顧客關係主任（Guest Relations Officers，GRO），負責接待剛到達的V.I.P.及旅館常客，並引導進入至客房。此類型客人多載客房內辦理住宿登記，因爲事前房間鑰匙及房間號碼均已分派好了，俟客人一進入旅館門口，GRO即一路帶領客人至樓層房間，在房間辦理住宿登記手續，可減少客人於櫃檯前的等候時間。

三、住宿條件的變化與付款方式處理

住宿的客人在停留期間的住宿狀況、住宿日期的變更，或是旅館本身客房銷售的操作衍生的問題，都需要旅館的人員個別處理，以確保整體銷售資訊的正確性，並使客人獲致最大的滿意，同時經由確認付款方式，確保飯店營收正常。

(一)換房(Room Change)作業

客人在住宿登記時，雖已決定住宿房間的型態，或是根據所分派的房號而知道客房樓層的高低，但是對客房的大小、陳設、位置與方向並不清楚。俟客人進入客房時感覺不理想，就會提出換房要求。接待員在給客人換房時，要先讓客人瞭解不同型態房間的特性、價格等，由接待人員填寫換房單，並將新的房號及房價填寫清楚，並通知各相關部門做好各項換房工作；換房單應與電腦內資訊同步更新記錄客人住宿狀態。

(二)住宿日期的變更

住宿日期的變更分爲離開旅館日期的變更和延長退房時間；若是客人因事而要延長住宿天數，則接待員須確認房間是否可以續住，若情況許可，則更改電腦中住房資料。若爲離開當日延長退房時間，則依一般規定，每天中午12時前爲退房時間，如果超過中午12時到下午3時，應加收房租1/3，到了下午六時則加收房租1/2，超過下午6時以後就得收取一天的房租；在實務上，加收房租的政策會依旅館的形態而有所不同。

客人可能因爲飛機起飛時刻，或是火車時刻等原因，需要延長退房時間休息，這時接待員可根據客房出租的實際情況，經主管批准同意言後退房；有些國際性的旅館將延後退房時間作爲行銷策略之一，提供住宿套房等級的客人享有此禮遇，例如Ritz-Carton 提供住宿 Ritz-Carton Club 的房客延後退房至下午4點。

(三)超額訂房的處理

按實務經驗，旅館訂房每日均有臨時取消(Cancellation)

或訂房未到（No Show）的客人，尤其住房高峰的訂房時，若數量過尤多，將造成旅館潛在的損失。旅館實施超額訂房的策略，以彌補這類空房。超額訂房處理應採取下列方式處理：

(1)查看今日到達名單中，綜合所有保證訂房者、非保證訂房者（無訂金之非保證訂），下午六時後可能抵達者及可能“No Show”者。詳細檢查其房間型態與數量，作爲預估超額訂房的基礎。

(2)檢查故障房的數量，以便緊急維修售出。若遇客滿，對無法及時修復房間如不得已售出時，可以視故障的情況，事前要告知客人房間之缺點，並以折扣補償，如果客人同意的話可以售出。

(3)確認尚未抵達旅館的客人確認抵達的情況；如爲簽約公司代訂客房，則向代爲訂房的簽約公司確認客人是否會保證到達。

(4)查核房間狀況的住客結構，瞭解有多少預計離開但要續住客人。若欲續住客人的客房型態仍有可售客房，應優先與以同意續住。

(5)如果要把超額接受訂房而無法住宿的客人送至別家旅館時，以住宿一夜的客人爲先，並要由主管審愼考慮決定。送訂房而無法住宿的客人至附近的旅館住宿是相當不得已的，所以旅館以免費交通送客人住別家旅館外，應對客人有所解釋，並致最大歉意。如屬兩天以上的住客，翌日旅館應予接回，並做補償的措施，以示對客人的尊重。

(四)付款方式注意事項

當客人訂房時，付款方式即已記載於訂房單上，但是當客人到達時務必再確認一次。對無訂房的客人，在收取房租前也須問清楚支付的方式。確認的主要目的是可以瞭解客人是依一班方式付款，或較特殊方式付款，例如外國人使用較不常見的外幣做為支付工具，旅館可採取因應措施以保證可順利收到帳款，同時確認付款方式也可間接防止客人逃帳的行為，旅館接受客人以現金、外幣、旅行支票、信用卡等付款，而較不接受以個人支票付款。處理客人支付房租的方法說明如下：

(1)除了保證訂房外，旅館須建立事先收費的規則，即有無訂房，或有無行李，須預收高於一天或所住天數的房租，或是要求客人以信用卡事先刷卡並簽名，以確保旅館營收。

(2)對信用卡支付的客人，櫃檯接待員必須透過電子刷卡機連絡信用卡所屬銀行，取得授權號碼，取得持卡人在住宿期間可能消費金額的信用額度，若是客人花費已近信用額度，最好請客人支付現金。若預知客人將在旅館有大額消費，或長期住宿，可連絡持卡所屬銀行先行保留此一筆款項，不做其他用途而做為專門支付旅館消費的費用。

(3)保證訂房若是只留客人信用卡號碼，為避免屆時客人No Show而造成的損失，較佳的作法就是請客人以刷卡簽名的確認單郵寄或傳真給旅館，如此對旅館亦較有保障。

(4)當客人的帳是由公司或旅行社支付，接待人員必須瞭解哪些帳由公司或旅行社支付，哪些帳由客人自付。由旅行社支付房帳的客人，多會持住宿券住宿旅館。

(5)客人有預付款做為保證訂房時，接待員與訂房人員確認無誤後，預付款的數目須列入客帳中。

(6)客人使用的信用卡，旅館無法接受時，接待員應請客人使用旅館可接受的卡，或是支付現金。

旅館管理

第五節　旅客住宿期間的服務

一、話務服務

電話總機（PBX Operator）爲住宿客人提供與外界方便、暢通的通訊連絡服務。旅館總機的服務員是不和客人見面的，所以總機人員的服務態度、語言藝術和操作效率決定整個話務的工作品質，深深影響旅館的形象和聲譽。因此，它是一個不可忽視的關鍵部門，住客常會依賴總機話務提供的留言服務與晨喚服務。

有些旅館客房內有讓住客自行設定晨喚時間的裝置，但仍有不少旅館須由總機做晨喚的服務。旅館向客人提供晨喚服務的方式有兩種：

(一)人工晨喚（Manual Wake-Up Calls）

話務人員必須深切瞭解晨喚服務的重要性，如果疏於服務而使客人睡過頭，將可能影響其既定的行程。所以接到人工的晨喚要求，則必須記錄下來，問明客人房號和晨喚時間，並複述一以示無誤。有些客人會賴床或睡得很沉，如電話響而無回答，三分鐘後須再晨喚一次，如果再無答應，則應報告大廳副理前去房內處理。

(二)自動晨喚（Automated Wake-Up Call System）

當客人提出晨喚要求時，必須正確記錄客人的姓名、房號和晨喚時間。然後把晨喚訊息輸入自動晨喚電腦，客房電話將按時鈴響喚醒客人，V.I.P.客人則須由話務人員親自晨喚。話務員核對列印記錄，檢查晨喚工作有否失誤；若無人答應，可用人工晨喚方法再晨喚一次。話務員並且需把每天的資料存檔備查。

二、行李服務中心工作

行李服務中心工作包括行李服務、信件及傳眞遞送等。行李服務員在上班前由領班檢查服裝、儀容是否整齊清潔、精神是否良好，交接班時應交接檢查行李房（Store Room）裡的行李件數，並注意交接簿上的通知。此外行李服務人員應查看訂房單、宴會預定表，以便記憶團體客或VIP到達的時間、人數，以及宴會的地點、時間與人數，如此就可以預測當日工作最忙碌的時間，亦可以事先調派工作人員。

對於抵達旅館的客人，其隨行大小李務必要掛上行李牌或保管單，清楚記載客人的房號，並於客人完成住房程序之後迅速送至房間內，或記載客人取回行李之日期或時間；容易破損的東西，要註明「易破損」之標示或字樣，裝運時亦須愼重；搬運行李前後均應確實點明件數，搬運時注意保持清潔。

當客人行李希望暫存保管時，當天要拿取之行李可暫時存放於行李間，短期行李即須搬至行李間保管。另外，若代客保管給其友人之行李，應注意來領取行李人姓名、地址，嚴防冒領。行李服務員應隨時保持良好儀態，給予客人舒服的感覺。

三、櫃檯服務

櫃檯詢問服務（Concierge）的稱呼，起源於歐洲的旅館，即服務（Service）的意思。在美國，櫃檯服務稱爲資訊提

旅館管理

供服務中心（Information Center），或稱之爲Uniform Service，其主要工作包括機場接送客人、行李服務、機票代訂、機位確認、提供館內外訊息、委託代辦服務、留言服務、客人郵件處理、客房鑰匙管理工作。

(一)詢問服務

詢問服務的涉及範圍很廣，詢問員身邊必須有各項查詢資料和電腦，以回覆客人提出的館內外問題。

(二)諮詢服務準備資料

詢問服務中心須準備的各項資料包括：(1)旅館各項設施簡介、活動。(2)國內、國際航空時刻表及各航空公司的名稱住址、電話。(3)鐵路時刻表。(4)市區地圖。(5)各機構及設施：公家機關、公司行號、各社團、外事機構、外國大使館及領事館、商務辦事處、博物館、美術館、大學及各學院、研究機構等。(6)購物相關設施：百貨公司、購物中心、大型量販店、專賣店、藝品店等。(7)觀光、休閒相關設施：劇院、夜總會、餐廳、觀光夜市、寺廟、教堂、古蹟、公園等。(8)旅行、交通相關機構：機場、車站、巴士站、捷運站、航空公司、旅行社等。

(三)住客查詢及留言服務

協助訪客查詢住客資訊是常見的詢問項目之一，爲訪客查詢的基本前提是不涉及客人隱私。櫃檯問詢處經常有外來客人查詢住店客人的有關情況。查詢的主要內容包括：(1)有無此人住宿旅館；(2)住客房間號碼；(3)住客是否在房內（或在旅館內）。

外客來館查詢時，應先問清來訪者的姓名，依訪客查詢住宿客人的房號，然後打電話到被查詢的住客之房間，經客人允許後，才可以告訴客人房號，或由住客直接告知其客人。如果住宿客人不在，爲確保客人的隱私權，不可將住客房號告訴來訪者，也不可以讓來訪者上樓找人。此外，外來客人雖知道住客姓名，在未得到住客之允許前，也不可以將住客房號告知外來訪客。如果是以電話或館內電話（House Phone）查詢住客，處理方式與訪客相同。

若未能電腦系統中查詢客人姓名者，可查看日到達旅客名單，因爲名單上也許會有客人的姓名，只是因爲尚未辦理住宿登記，故無該客人住宿資料。

(四)郵件服務

郵件的到達分爲給旅館及給客人的郵件。屬於旅館的，則分送至後檯管理部處理。給客人的郵件經分類處理（Mail Sorting）後分爲若干類目：(1)已訂房尚未到達之客人的住客郵件；(2)現在住宿客人的信件；(3)已退房離開旅館客人的信件；(4)無法查出住客姓名的郵件。

郵件到達的處理步驟包括：服務人員依住宿客人名單、已退房客人名單和訂房客人名單查對歸類，如果是住宿客人的信件，則將信件打印上收件日期及時間，交行李員迅速送給客人。收件人若是已退房的客人，則查看客人是否有塡寫郵件轉寄單或是查看住宿登記單有無塡寫退房後的去處，能夠得知的話，則在確認無誤後郵寄到新的去處。若無法得知客人去處，則可將郵件轉寄至客人的公司或住處。

若信件是訂房的客人，則查出客人的訂房單，知道客人的抵店日期後暫時保存，客人抵店時再轉交給客人。收件人無法查出者，歸爲「待領郵件」(Hold Mail)，核對到達旅客名單，

仍無法查出郵件所屬者，便將此郵件退回。所有信件皆須有記錄，應分門別類地登記在記錄簿上。其記錄之內容為收信人、發信人、收信日期、處理方式及承辦人簽名。

(五)傳真服務（Facsimiles or Fax Message）

當櫃檯人員接到傳眞（Incoming Fax）時，先用打時鐘打印收到時間，然後做記錄，其記錄內容為收件人、發件人、收受時間及頁數。根據收件人的姓名查核電腦資料，看看人名是否與住宿客相吻合。其次把傳眞文件送至客人房內。

若是客人發傳眞文件（Outgoing Fax），同樣應做記錄，因為傳眞要收費，所要塡寫「傳眞收費單」向各人收取費用。傳眞也有無法傳送的時候，其原因可能對方關機、線路不通、號碼錯誤等，應迅速告知住客。

(六)留言服務

無論櫃檯或總機人員接到外來電話，應表現出電話禮節及熱誠，但仍應維護客人的安全和隱私，不隨便透露住客房號和姓名。對不在房間的客人，可留言告知房客並打開留言燈。在設有自動化系統的旅館裡，電腦終端機與各房間電話均有連線，只要總機接通房間的電話，電腦會自動開啓電話留言燈。當客人回房後，看到留言燈閃亮，即知有信件或留言，便會要求櫃檯送至客房裡，或親自取回。也有旅館能將外客留言顯現在電視的螢幕上，住客可以方便地收視留言內容。

比較進步的為語音信箱系統（Voice Mailboxes），能夠錄下外客的留言。外客只須在電話中說出留言內容，語音信箱便自動錄下外客的語音。住客回房時被留言燈示知後，只要撥特定的電話號碼，便可連接語音信箱，聽取留言內容。

四、外幣兌換

當房客要求兌換外幣時，櫃檯服務同仁應先檢視外幣兌換匯率後，並向客人說明兌換後之幣值，經客人同意後，塡具水單，並將兌換金額依數與客人確認，水單塡寫應力求清晰，核對房客原歷史資料之護照號碼是否相同，兌換金額及匯率勿作更改，並請客人簽名之後完成兌換之程序。

第六節　旅客退房遷出的處理程序

一、退房遷出的方式

退房遷出的程序分爲個人、團體及快述退房等三種方式，各有不同的作業方式（Vallen and Vallen，1997；Stutts，2001；顧景昇，2002），分述如下：

(一)退房帳務處理

夜間稽核主要的工作之一，即是檢查每位房客的帳務是否清楚，遇有即將退房的客人更應確認房帳是否正確，以減少退房遷出（Check-Out）等待的時間，此階段中，如果旅館對於常住型的客人（Long-Staying Guest）訂有優惠房價政策時，夜間稽核應檢查該房客的房帳是否已調整至可享有的房價，並同時檢查延長住房的客人帳務是否正確。

櫃檯人員服務客人退房時，首先應確認客人住宿房號與電腦系統資料是否相符，同時檢查是否尚有未登錄之帳，例如客人迷你吧飲料、新增早餐、因現金代支而產生的銀行服務費及服務中心或商務中心新增的傳眞或影印費用等是否已登入電腦

旅
館
管
理

系統帳目之中；此時，櫃檯服務人員先將電腦系統中該客房的帳務改爲關帳（Closed）狀態，此時旅館內其他部門的服務人員將無法進入此房號之帳務系統入帳，服務人員應瞭解此房客正在辦理退房的程序，若有相關帳務未即時登錄者，應即時通知櫃檯服務人員。

確認之後，將客人的帳單列印交給客人確認，並於帳單上簽名確認。若客人有疑問，應親切地說明清楚，帳單若有錯誤，應予調整後；若客人對帳單之內容不予承認時，例如客人的電話費有誤，或不承認飲用客房冰箱飲料，服務人員除了應尋找原始簽認單據之外，並應請求值班主管確認帳單處理方式，切勿以質疑客人的態度處理帳務。

當客人於帳單上簽名確認完畢之後即向客人收取房租，並依第四章第三節客人付款方式中應注意事項辦理結帳收款，如爲現金結帳，應謹慎核對錢幣的眞假，並請客人於現點清款項；如爲信用卡付款，服務人員可將預刷帳單之授權編號，直接轉入正確消費金額，再度辨識信用卡卡號、信用卡有效期限，請客人於信用卡簽帳單上簽名後，核對信用卡上與簽帳單上的簽名字跡，完成結帳工作。

結帳完畢，服務人員應將帳單、信用卡簽帳單(以信用卡付款者)、及發票(本國法律應開立發票)等，以帳袋包裝好交由客人點收，已完成結帳程序。同時向客人索回取房間鑰匙(若爲電子式門鑰則可送給客人紀念)，並查看客人是否還留有郵件、訪客留言等，同時向客人致謝，並連絡行李員協助客人搬運行李。

當客人辦理結帳時，櫃檯接待人員可瞭解客人是否需要爲下次再來時預訂房間，或是客人的去處，以便安排車輛或代訂其它飯店。當櫃檯完成結帳程序之後，必須將電腦系統辦理退房狀態，此時客房狀況即改變爲「空房待整」，以便房務員整理。這是一道重要的程序，以便相關部門能掌握房態及客人動態。

(二)團體退房遷出程序

面對團體結帳的客人，服務人員應於退房前一日提前將團體的帳單查核一遍，確認是否正確無誤，特別是該團體若在旅館內開會、用餐、購物等消費時，應逐一確認各項消費明細，同時在結帳前應先與服務人員確認區分各項消費爲公帳或私帳，帳單與發票是否需要分開開立等，以減少結帳的時間。

團體客人一般由負責結帳之人員結算住宿費用，一般常見之團體如旅行社，是由領隊或導遊負責，公司機構由負責活動之人員辦理結帳。團體結帳工作比照一般退房程序，將所屬團帳帳單列印完成後，交由負責結帳的人員確認無誤後，於帳單上簽認，付款同時須檢查全部房間鑰匙是否悉數收回。若該團體有成員提早或延後退房者，應將帳務特別註記，避免產生錯誤。

團體退房除了在帳務尙需格外謹愼之外，對於行李運送亦應謹愼，避免誤送或短少的情況。

(三)快速退房服務

快速退房（Express Check-Out）爲避免客人集中於退房的尖峰排隊等候之苦，而發展出的退房程序。在客人退房的前一天，櫃檯人員準備客人房帳的消費明細及同意授權取款的信用卡授權交給客人確認及簽名，讓客人初步瞭解應付金額，並請客人授權給櫃檯人員塡具最後結帳的金額數目之用。客人退房離店時只需至櫃檯交還房間鑰匙，不需經過出納即可逕自離開。房客可能在簽收此帳單後再發生費用，通常都是電話費、客房冰箱物品、早餐等，若客人產生最後的費用與退房前查閱

的帳單產生差額時，櫃檯人員則將費用登錄之後，把最終的帳單明細按地址寄給客人，客人能夠核對發卡銀行寄給客人的每月對帳單。

二、旅客遷出時行李服務

當接到客人電話遷出要求搬運行李時，必須問清房號及行李件數，並準備行李車。到達該樓層時按照進入客房之程序告知房客並清點行李件數，將行李搬運至櫃檯旁。若為團體遷出，服務中心依導遊指示於搬下行李之時間，並持團體住宿紀錄到各樓各房收集行李，並記錄件數，不同團體或不明房號之行李，應予以標示區隔，以免送錯。

送下行李後，如遇到同時間有數團同時遷出時，除了在以行李吊牌上註記房號之外，同一團體的行李可用網罩同時網住，並註記在指示牌上，以免客人誤拿或混亂。當全部行李收齊後，上車前，須清點件數，如行李要暫存時，須排列整齊，並以行李吊牌上註記房號存放，以策安全。當送客人至大門時，應詢問客人是否需要叫車，以便通知門衛喚車，提供速捷之服務。當把李放妥在車上時，應告訴客人那些行李擺放位置，同時記下車號交給客人，並親切地道愉快。若旅客辦理遷出後，欲將行李暫存於旅館，服務中心服務人員即開立收據，註明日期、行李件數、回取日期，下聯交給客人，上聯繫在行李上。如行李在二件以上，要綁在一起並在登記簿上作詳細的記錄，送入行李房內。當客人提領行李時，應確認單據，將收據聯與存根聯放在一起。同時在記簿上填寫提領日期、時間、經手人等記錄。

三、客人歷史資料登錄

旅館會將住房客人的住宿的各項資料記錄並保存起來，稱為客人歷史資料(Guest History Data)。電腦化的作業中，當客人退房後，電腦會自動記錄並累計客人住宿的日數、住房型態、住房期間及消費金額等；旅館服務人員應補充登記旅客在住房期間特別的需求，例如偏愛高樓層、指定住宿的房間、喜愛的水果、對於客房內被品的需求、習慣被稱呼的稱謂等習性偏好，以做好客人習性的瞭解。

從客人歷史資料能夠瞭解客人住宿的次數，旅館可針對個案給予升等優惠，或贈送免費的咖啡券或早餐券，甚至給予一夜住宿招待。由客人歷史資料可統計分析出旅館客人住宿的潛在喜好。旅館的行銷業務人員應同時瞭解這些有權選擇旅館的訂房者，並透過「激勵方案」(Incentive Program)或升等住房禮遇以鼓勵這些人對旅館的忠誠，例如贈送禮品、旅館禮券、餐券、住宿券等。

此外，商務型態的旅館會針對專責處理訂房的秘書，發展獎勵秘書的方案，例如藉由秘書周或秘書之夜，廣邀秘書人員，設宴感謝期對旅館的支持；或者以回饋獎勵的方式，依照訂房的客房數回饋現金或等值禮券，以酬謝其訂房的辛勞，並掌握住房客源。

當旅客辦理完畢住房程序之後，帳務系統隨之產生功能，旅館資訊系統允許旅館服務人員登錄各項帳務，同時產生帳務相關報表。

第七節　帳務的產生與處理

早期旅館作業未使用電腦設備時，是將每位旅客逐一依照房號設立帳卡（Folio），旅行團或團體住房則設立團體帳卡（Master Folio），然後依照住客的消費項目逐一記錄在帳卡上，只要費用一發生，隨時填載，客人任何時間退房均可馬上結帳。現代化的旅館以電腦系統入帳，可將客人在旅館內的消費逐一列出，對於會計作業或帳務稽核均十分迅速方便。

一、帳務的發生

當客人辦理登記手續完成時，帳務隨之發生，旅館電腦系統會依登錄之房帳產生帳務。一般而言，旅館依實際銷售金額登載於電腦中個人帳戶之內；若房間型態有改變，例如更換房間、加床，或延遲退房時間（Late Check-Out），飯店依既定之程序向客人另行收取房租，並登載於帳戶之明細中，以客人能明瞭房價轉變之內容。以下將介紹常見的帳務發生項目：

(一)房價（Room Rate）

旅客完成登記程序之後，最基本的房帳隨之產生，在旅館作業系統中所登錄的房價爲實際收取的價格，而非定價。

(二)服務費（Service Charge）

若旅館需另收住房的服務費，需另行列出或登錄至服務費的項目中，不可與上述房價合併加總計入，檢查房帳時才能清楚分辨。

(三)餐飲消費(Food and Beverage Charge)

房客到旅館各餐廳內消費可以簽帳轉入房帳之方式處理，房客僅須在餐廳帳單上簽下房號及姓名即可，此筆消費金額即可轉入房帳中。此類消費將已該用餐餐廳消費項目列出；此外，若該筆費用發生問題，應檢查原始簽帳紀錄並查詢該餐廳主管瞭解帳務，前檯(Front Office)系統並無法直接調整此筆消費項目金額。

(四)客房餐飲消費(Room Service Charge)

房客要求客房餐飲服務可比照到各餐廳內消費模式，簽帳轉入房帳之方式處理，房客僅須在餐廳帳單上簽下房號及姓名即可，此筆消費金額即可轉入房帳中。若該筆費用發生問題，應檢查原始簽帳紀錄並查詢客房餐飲服務單位主管瞭解帳務，前檯系統亦無法直接調整此筆消費項目金額。

(五)客房迷你冰箱（Mini Bar）消費

房客若取用迷你冰箱內物品，則由客房迷你冰箱項目直接入帳，本項目功能可同時用作庫存查核及跑帳比例計算功能，並可同時由房務系統及前檯系統進入調整消費項目金額。

(六)洗衣服務（Laundry）

客人衣物送洗可由洗衣消費項目中入帳。

(七)接送服務(Transportation Service)

若客人要求提供機場接送服務市區接送服務，可以此項目計入其房帳。

(八)電話費用（Telephone Call）

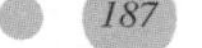

房客使用房內電話，總機系統會直接產生帳務並轉入該房客帳中。

(九)傳真費用（Fax Fee）

房客使用商務中心傳眞服務，均需請客人於單據上簽名，以示對傳眞費用內容明瞭並予承認，以作爲結帳之參考憑據，俟結帳時一併收取。

(十)雜項消費（Miscellaneous Charger）

房客若購買旅館的紀念品或浴袍等客房內備品，可以此項目入帳，俟結帳時一併收取費用。

(十一)現金代支（Cash Paid Out）

對於旅館之內未提供服務或消費內容之項目，如購買機票、戲院門票等亦可依代爲支付此費用，現金代支需於費用發生時均需請客人於現金代支單據上簽名，以示對消費內容明瞭並予承認，以作爲結帳之參考憑據，俟結帳時一併收取。

(十二)銀行服務費（Bank Service）

房客使用現金代支而用信用卡支付該項費用時，可加收銀行服務費用，一般旅館多以現金代支金額支3至5%收取。

(十三)折讓（Allowance)

對於客帳之處理若發生登錄錯誤或特別禮遇客人之費用，則可予以折讓項目處理或以示禮遇。

二、各種付款方式之說明

客人退房時有各種不同的付款方式，當客人辦理住房登記時，櫃檯服務人員即應詢問客人付款之方式。

(一)現金

現金是一種最傳統也最實用的交易方式。旅館在客人住宿登記時應要求支付房租，特別是無行李的住客，一般旅館對支付現金之客人，多會以客人住房總金額加收30至50%左右，以作爲預收房租，防止跑帳之準備。出納在收受時宜當場點清，並注意辨別眞僞，並開立收據交予客人，俟退房時依實際消費收取金額並開立發票給客人。

(二)外幣

外籍旅客較有機會持有外幣，若客人將以外幣結帳，服務人員依櫃檯出納處有外幣告示牌所載明國際間主要貨幣當日與台幣的兌換率，換算應收之金額。接受外幣應辨其眞僞，以防假鈔的流通，因此應備有辨識眞僞的器材，如紫外線辨識器或辨識筆等，同時接受外幣時的幣値名稱與單位應謹愼明辨。兌換外幣要塡寫三聯式水單，塡寫外幣種類和金額，以及匯率和外匯折算，將塡好的水單交客人簽名，寫上房號或地址。

(三)旅行支票

該旅行支票是否被國內接受，並審查眞僞及掛失情況，瞭解該支票之兌換率和兌換數額，必須在出納前於支票指定位置當面簽名，且與另一原簽名的筆跡相符，查看支票上的簽名與證件上的簽名是否一致，然後在兌換水單上摘抄其支票號碼、持票人的證件號碼。

(四)信用卡

接受信用卡時，確認此卡旅館是否受理，並確認有效期

限，辨別眞僞，並預刷卡（Imprint），取得授權號碼，如無法取得授權號碼，則要告知住客要求補足付款，若有需要亦應協助客人其澄清其信用卡使用情況，同時核對客人簽名是否與信用卡上的簽名相符，並注意信用卡是否爲持有人所有。

(五)簽認轉帳

簽認轉帳即是旅館與個人、公司機構簽訂合約，同意支付住宿者的費用及明訂支付範圍。住客簽帳房後，帳單轉至財務部，每月與簽約客戶結帳。但住客的消費超出協議支付的範圍時，超出部份住客須自行負責結清。以簽認轉帳時應注意，簽帳的住客是否確爲轉帳的公司所承認。

(六)暫時保留帳務

旅客住可能因短暫的時間離開飯店，會將於入之後再度回到旅館住宿，可以將此次所有房帳暫時轉入保留，留待下次回到旅館後統一處理。

(七)私人支票

私人支票的使用與接受必須經由主管核准同意，一般旅館不輕易接受支票付款。收受支票時應注意日期、金額、抬頭人、出票人簽章等有無錯誤或遺漏，收受支票前應瞭解客人的背景及信用狀況，以作爲是否接受之參考。

三、付款方式注意事項

當客人訂房時，付款方式即已記載於訂房單上。但是當客人到達時務必再確認一次。對無訂房的客人，在收取房租前也須問清楚支付的方式。確認的主要目的是可以瞭解客人是依一般方式付款，或較特殊方式付款，例如外國人使用較不常見的外幣做爲支付工具，旅館可採取因應措施以保證可順利收到帳款，同時確認付款方式也可間接防止客人逃帳（Walk-Out）的行爲，旅館接受客人以現金、外幣、旅行支票、信用卡等付款，而較不接受以個人支票付款。處理客人支付房租的方法說明如下：

(1)除了保證訂房外，旅館須建立事先收費的規則，即有無訂房，或有無行李，須預收高於一天或所住天數的房租，或是要求客人以信用卡事先刷卡並簽名，以確保旅館營收。

(2)對信用卡支付的客人，櫃檯接待員必須透過電子刷卡機聯絡信用卡所屬銀行，取得授權號碼，取得持卡人在住宿期間可能消費金額的信用額度，若是客人花費已近信用額度，最好請客人支付現金。若預知客人將在旅館有大額消費，或長期住宿，可聯絡持卡所屬銀行先行保留此一筆款項，不做其他用途而做爲專門支付旅館消費的費用。

(3)保證訂房若是只留客人信用卡號碼，爲避免屆時客人“No Show”而造成的損失，較佳的作法就是請客人以刷卡簽名的確認單郵寄或傳眞給旅館，如此對旅館亦較有保障。

(4)當客人的帳是由公司或旅行社支付，接待人員必須瞭解哪些帳由公司或旅行社支付，哪些帳由客人自付。由旅行社支付房帳的客人，多會持住宿券住宿旅館。

(5)客人有預付款做爲保證訂房時，接待員與訂房人員確認無誤後，預付款的數目須列入客帳中。

(6)客人使用的信用卡，旅館無法接受時，接待員應請客人使用旅館可接受的卡，或是支付現金。

四、住客帳務稽核

(一)結帳應查核的事項

一般而言，旅館接待及出納工作為輪班制，各輪班單位於交接班時會將該班的應收款項整理完畢，再交給次一班別的服務人員，在電腦帳務處理上，議會設定不同班別的結帳功能，讓服務人員可以迅速地完成結帳的工作。各班次結帳工作可由簡單的幾項資料互相對應查核：1.該班次退房帳務總報表－此報表將顯示該班次時段中所有退房的紀錄及金額總計。2.信用卡結帳紀錄總結算。3.發票開立金額總結算。4.現金金額總結算等將該班次帳目結算清楚。

(二)夜間稽核主要的工作

此外，大夜班夜間稽核（Night Auditor）通常會設定關帳清理帳務的時間，一般設定凌晨一點半或兩點為關帳清理帳務時間（End of Day）做為一營業日的結束，並統計該營業日的各項營業報告。同時，夜間稽核的主要工作為製作各種統計報表及審核、更正客帳，同時兼夜間接待服務人員為客人辦理遷入、遷出的手續。因為旅館是24小時營業，關帳清理帳務後如有客人遷入住宿或其他營業項目發生，一概歸類為翌日的營業收入。此時，夜間稽核主要的工作包括：

1.確定與調整客人住宿房態

客房的狀況如果有錯誤，將引起櫃檯作業上的困擾，亦將導致客房收入的損失。客房狀況正確才能有效地售出客房，增加旅館收入。

2.確認房價

稽核員必須確認每間住房的房租折扣的原因，核對訂房單與登記卡是否為合約公司的折扣、促銷價的折扣或是團體價，而這些特別房價是否適當且符合規定。如果是爲免費招待的客房，是否經由主管核准。

3.確認保證訂房但沒出現的客人（No Show）

夜間稽核必須整理列印保證訂房但未到的旅客名單，並對保証訂房的客人依訂房資料收取房租並記錄至電腦中。

4.完成所有客帳的登錄

夜間稽核的主要工作之一爲確認登錄帳日並結算其金額，確認將來自客房、餐廳、服務中心等各項費用，在清理帳務完成前鉅細靡遺地登錄在電腦內之個人帳戶中。並將住客每筆消費的消費的憑據，逐一地加其總額和與電腦資料中的住客入帳統計核對相同，將錯誤的金額予以更正。其次夜間稽核必須結算每日客帳的借方、貸方至帳務平衡，以便計算該日應收帳款的總額。

5.製作各種報表以便核閱與參考

在關帳清理帳務之後，稽核人員逐一查核客人的房租與服務費，並製作下列各種報表以便決策人員核閱與參考：(1)營收日報表－營業日報表中顯示了住客人數統計、國籍統計、性別統計等，此報表可反映住客結構。(2)營業分析統計報告－包括A.統計住房率（Daily Room Occupancy）[1]，亦可針對各項客放使用計算其單人房、雙人房、套房住房率。B.客房平均收入（Average Room Rate）[2]：瞭解當日旅館的平均房價。C.客房營業收入（Room Revenue）：即客房整體營業收入。(3)應催收住客報表：此爲針對積欠房租與其他費用已超過旅館規定限額的住客，旅館方面應積極而謹慎地催收，並暫時停止其他項日之消費，直至付款爲止。

客帳作業需謹愼仔細，除了維持旅館正常營收之外，同時亦可提升隔日客人退房時的速度，因此相關作業人員因不厭其煩地查核及製作相關帳目與報表，使得旅館運作保持順暢。

五、退房後續帳務的處理

若客人帳務並未隨退房時同時結算完畢，後續的帳務處理涉及轉帳的處理，或客人代付客帳之處理方式，分以下數種方式處理：

(一)暫時未結帳

有些客人退房暫不結帳，可能於一兩天或數天內，將再度住進飯店；這類客人的房帳惠待下次退房遷出時，連同未付的帳一併結清。此類客人通常爲常住飯店的熟客，或與旅館有簽約公司的客人，此類帳款一般稱之爲南下帳或北上帳。暫離一兩天的客人會把行李寄存於旅館，回館後再行取出，這時客人的房帳卡轉存於虛擬房號內，其帳款金額不變，等客人回來時再轉進新的房帳之內。

(二)客人之間代付帳款

客人離店結帳時提出他的帳款由某房客支付時，應先要請客人確認另一客人的房號、姓名，並徵得雙方認可後，查出電腦資料後與以記錄，就可以把甲帳全部轉到乙帳上。在處理過程中要特別謹愼處理，以免結算錯誤。

(三)對簽訂合約之公司或旅行社的統一收帳

旅館每月底將帳單整理之後寄回旅行社或簽約公司，通常要求在合約規範得日期內收到匯款，以結清本期應收帳款。對應收而未收到匯入的款項，應積極用電話連絡該公司或旅行社付款，必要時應以正式公文書行文或存證信函促其付款。

(四)延遲登帳

遲延入帳的發生是在旅客退房離店後櫃檯才收到營業單位的明細單，無法於退房同時結算帳款；因客人已退房離店，客務或財務部應主動聯繫客人確認後，取得客人信用卡授權以完成補行入帳。

(五)有爭議性的帳

當旅館和客人之間對帳目發生爭議，包括因帳目的發生客人存有疑慮，因而拒絕支付全部或部份款項，或客人做保證訂房，因事後"No Show"而不願支付房租之情況，旅館財務部或相關單位應向客人解釋說明之後處理。另一方面，旅館對簽約公司催款無效或跑帳房客，旅館除可利用保留的信用卡資料作收款的處理之外，亦應採取法律行動以追索欠款，以免形成呆帳。

問題與討論

1.請說明接受訂房過程中，接受訂房人員應該了解旅客的資料有哪些。
2.請說明旅館處理旅客訂房變更、取消訂房的相同及相異之處。
3.請說明訂房人員再銷售預測與訂房準則上應考慮的事項為何?
4.請說明一般客房狀態可分為哪些？並說明其意義。
5.請說明何為旅館登記單上各項欄位資料所應注意的事項？
6.請說明超額訂房的處理原則。
7.請說明旅客各項付款方式中應注意的事項。
8.請說明一般客帳的付款方式有哪些？
9.請說明現金代支及折讓的意義。
10.請說明旅客退房之後可能發生的帳務類型有哪些？

註釋

1 住房率＝（當日客房使用總數／總客房數）×100%；客房使用總數應包括住宿過夜者、短時住宿（Part Day Use）、及免費住宿支客房數目，但不包括故障房間及館內人員使用之房間。

2 客房平均收入＝當日客房總收入／出售客房總數。

第六章　房務作業

- 客房規劃與基本配置
- 客房清潔作業流程
- 客房的相關服務
- 公共區域清潔的組織與職掌
- 制訂清潔保養維護計畫

旅館管理

Mr. Smith獲聘至希爾頓飯店擔任總經理，每天早晨他忙碌著瞭解旅館內發生的事情。首先他分析了客務部製作的住房報表，瞭解目前旅館住房的經營績效；同時他將對總公司提出一份留住常客的行銷計畫。其次，他瀏覽了客人留下的顧客意見表，發覺旅客似乎對於旅館內部地毯的清潔不夠滿意；同時對於夜床服務表達許多的抱怨。他決定將親自瞭解客房與公共區域地毯的問題，同時他在行事曆當中記錄了與房務部主管討論夜床作業的問題。

副總經理來電，談起一年一度的資訊展即將展開，許多參展廠商陸續向旅館接洽會議室的使用，他建議應該針對資訊展的廠商服務，協調業務部、客務部及餐飲部，共同規劃相關的服務事宜；同時建議將各項優惠措施以電子郵件發送所有簽約客人及網路會員瞭解。Mr. Smith相當贊成這項做法，授權副總經理全權處理。

晨會（Morning Briefing）是旅館內每天重要的會議，Mr. Smith根據旅客抵達名單，逐一瞭解今日到達的客人資料，並指示客務部經理做好貴賓接待的工作；房務部經理向Mr. Smith報告樓層保養的進度，同時也說明大樓外觀清潔工作的進度。

餐飲部經理向Mr. Smith說明夏威夷美食節籌備的進度，並建議中餐廳菜單更新的想法；對於客人抱怨早餐的問題，餐飲部經理也將與主廚討論之後提出菜單更新的建議。

會議之後，Mr. Smith請人力資源部經理與財務部經理到辦公室內，一同討論下個月調整薪資的事項；人力資源部門已經完成上半年度的績效考核，而財務部也完成營業報表分析，初步構想全旅館員工平均加薪5%，此加薪提案將報請董事會通過。忙了一上午，Mr. Smith準備到員工餐廳與員工共進午餐，同時看看採購部位員工餐廳新採購的烤箱是否適當。

下午，Mr. Smith邀請房務部經理與客務部經理一同巡察客人抱怨地毯頻率高的房間，發現地毯存留的異味一時之間實在難以清除，在衡量住房率的情況之下，指示客務部暫時不要安排客人住宿，同時請房務部經理利用二天時間仔細清潔房間。同時Mr. Smith也請房務部與採購部研商，若無法清潔的情況之下，更換地毯所需的費用。

本章主要介紹房務部的組成、功能及與其他部門之間的關係；協助學習者瞭解：房務部在旅客住宿期間提供的服務方式與內容，學習者應瞭解房務部各單位的功能、與各部門的關係、及提供的服務。

第一節　客房規劃與基本配置

客房是旅館提供客人重要的產品之一，客房設備的功能、清潔維護程度，亦是影響客人再度選擇住宿的重要關鍵因素之一；許多旅館發費昂貴的設計費用，將客房的設計不斷的更新以吸引客人，一些新建的旅館也已不同風格的客房設計招攬旅客（Vallen and Vallen，1997；Casado，2000；楊長輝，1996；顧景昇，2002）。瞭解客房的基本配置可以提供客人適當的房間，滿足旅客住宿的需要，旅館客房設計通常可區分爲三大區，如下所述：

一、睡眠休息區

睡眠休息區內最重要的設備是床，床的尺寸可以視爲彰顯旅館等級的指標之一，以下就床的尺寸分別說明：

(一)旅館客房內床的尺寸

床提供旅客住宿睡眠的需求。Westin國際連鎖旅館（http://www.starwood.com/westin/index.html）更是以天堂之床（Heavenly Bed）爲廣告，強調其客房產品的舒適性。床是客房內主要提供給客人的產品，不同尺寸的床可以區分成不同型態的客房；必須注意的是，在學習旅館客房種類與床的總類時[1]，必須界定清楚此二者的差別，客房總類的分法每間旅館所用的名稱不同，這部分很容易由旅館的房價表中獲得相關的資訊，但是床的部分就必須費心瞭解。有些旅館將床的資訊充分揭露告知旅客，避免不必要的誤會發生，是相當值得鼓勵。旅館內常見不同尺寸的床包括：

1.Single Size Bed

這種床的尺寸爲寬（910～1100） × 長（1950～2000）mm，若以英制計算，則爲36 × 75英吋，這類型床的尺寸僅能滿足基本的睡眠需求。一般客房中設置二張Single Size Bed而成的雙人房，在英文中稱這種房間爲Twin Room，中文也稱爲雙人房。

2.Double Size Bed

這種床的尺寸爲寬（1370～1400） × 長（1950～2000）mm，若以英制計算，則爲54 × 75英吋。一般多爲房間中設置Double Size Bed而成的雙人房，在英文中稱這種房間爲Double Room，中文也稱爲雙人房。有些豪華的旅館以這種尺寸所規劃的單人客房，中文也可稱爲單人房。如果一間客房內配置二張Double Bed，則稱這種房間爲Double-Double Room、Twin-Double Room、或Quad Room，這類型的房間通常提供給全家同時旅遊的客人使用，或同時可以容納四位客人住宿，中文也稱這類型的客房爲家庭房或四人房；反過來說，如果客房配置二張Queen Size Bed或King Size Bed，也可稱爲家庭房，所以旅客必須瞭解客房內配置床的型式，這對客房產品的訂價也有影響。

3.Semi-Double Size Bed

這種床的尺寸爲寬（1220～1500） × 長（1950～2000）mm。一般依照客房面積的大小，而和Double Bed Size或Single Size Bed搭配組合運用。

4.Queen Size Bed

這種床的尺寸爲寬（1500～1600） × 長（1950～2000）mm；若以英制計算，則爲60 × 82英吋。有些豪華的旅館以這種尺寸所規劃成不同形式的單人或雙人客房，甚至設計在套房內，以不同的房價提供給不同需求的客人，中文可稱爲單人房或雙人房。

5.King-Size Bed

這種床的尺寸爲寬（1800～2000） × 長（1950～2000）mm，若以英制計算，則爲78 × 82英吋。有些豪華的旅館以這種尺寸所規劃成不同形式的雙人客房或套房內，以不同的價格提供給不同需求的客人。

6.Extra Bed

此類型的床多爲活動式設計，目的爲彌補客房內原有床位數量不足之處，而彈性地提供客人所需，一般摺疊床的尺寸爲Single Size Bed。如果將此類型的床與室內裝潢（例如衣櫃或牆壁）合併設計，英文中又可以稱爲Murphy Bed；與沙發合併設計稱爲Sofa Bed，此種設計可以使客房內空間在白天活動與夜晚睡眠時做不同的利用，讓室內空間富有變化。旅客在使用這類型的床若是因爲住宿人數增加，通常需要額外付給旅館費用，而多數的旅館對於此額外增收的費用，除了提供床之外，也會加贈一客早餐。

7.嬰兒床（Baby Cot）

這類型的床是專爲嬰兒設計，提供給嬰兒使用，多數的旅館是免費提供給需要的客人。

許多旅館在規劃網路訂房資訊時，已經將客房名稱與床的尺寸同時展現給客人，以避免客人選擇錯住宿的客房。

(二)相關產品

在選用床的硬度上，目前旅館大多傾向採用偏硬的床墊，若客人提出要求，則可加上軟床墊提供給客人。旅館在保養並考慮延長床的使用壽命方面，則要注意定期翻轉床墊，以使得床的各位置受力平均，翻轉的周期則視客房的使用率之高低而定，一般翻轉床墊的周期是三個月。

與床息息相關的寢具產品包括睡枕、床單與和被褥等寢具。旅館內睡枕的材質可分爲乳膠枕2和與羽毛枕3，床單多爲棉質設計，被褥則有毛毯與羽毛被二種設計。

床的型式、大小依各飯店選擇各有不同，床的二旁有床頭燈及電源開關的設計，讓客人方便在不下床的情況下利用此部分設計是盡可能讓客人方便爲主。在床頭櫃上的電器開關開啓電視、收聽音樂、開關電燈等。

二、活動區

動區配置的小圓桌（或小方桌）、扶手椅或沙發，供客人休息，兼有提供客人飲食的功能，客人可以在此享用餐點或略爲休息；另一重要活動功能之區域爲書寫工作之書桌區域。

書寫空間大都安排在床的附近，桌面上備有檯燈，如果不設獨立電視櫃的房間，彩色電視則放在桌檯一側的檯面上，在桌檯的牆面上裝有梳妝鏡。許多旅館已經漸漸將商務中心的功能移到客房之內，這類型式商務型旅館特別強調此工作檯或是是書桌的設計，同時配備印表機或便於使用網路的設備，無線網路的環境也是客房內強調的。若爲套房設計，活動區的空間則與睡眠休息區有所區分，也更保有休息的私密性，許多企業老闆、高階主管、婚禮的新人，或是長期居住於旅館內的人，

都喜歡選擇此類型的客房（顧景昇，2002）。

三、衣櫃與衛浴區

此區域內的衣櫃或行李櫃可供客人放置衣物、行李物品；小酒吧擺放著各樣名酒；小冰箱裡備有各種飲料和食品，以滿足客人簡單飲食的需要。

旅客使用浴室的時間是相當長的；乾濕分離設計的浴室是客人住宿期間常接觸的環境空間，所以在設計上需格外費心，一些豪華精緻的旅館將套房式的化妝室中裝有電視、音響設備等，以提供客人更舒適的空間。

客房浴廁空間的主要設備包括浴缸、洗臉盆和坐廁（馬桶）。新式的旅館則還設有獨立的淋浴空間。洗臉盆檯面上擺著供客人使用的清潔和化妝用品。檯面兩側的牆壁上分別裝有不鏽鋼的毛巾架和浴室電話和吹風機，馬桶旁裝有捲紙架。

浴室內的浴袍及相關備品也是旅關彰顯尊貴的表徵；許多國際級的旅館均選擇高級品牌如GUCCI、NINA RICCH等產品，Tiffany也爲半島酒店製作專屬產品。備品也被視爲產品設計的重點，備品強化的方式可由備品的設計及提升備品的品質著手，如提供女性旅客專用的備品，或將備品的商標與國際觀光旅館的名稱同時印於備品上，讓旅客感受到備品的價值。

由於旅館等級與價位的不同，配備用品的種類多寡，質與量均有顯著的差別。高級旅館的客房配備顯示其華麗名貴的品質，價位較低的旅館備品、配備則較簡單，只求方便與與實用性。

第二節　客房清潔作業流程

房務作業的品質是影響旅客選擇旅館的因素之一，也是許多研究服務失誤來源的因素。房務作業最重要的工作包括客房的清潔與整理、客房設備的維護、客房布巾類、消耗品的管理和對客人的服務。各旅館服務方式與範圍雖不全然相同，但提供舒適、清潔、便利的居住環境的目的則完全一致。房務人員應按照旅館所制訂的標準作業程序，並且熟悉地完成客房整理工作。

一、客房清掃的準備工作

客房清潔的工作品質和效率之提升，必須從房務員進行客房整理前之各項準備工作開始注意。開始完成工作分派後，檢查工作車之用品是否齊全，同時閱讀工作交待簿之注意事項，使工作順利完成。依照規定，旅館設計每樓層超過20間就必須設置一間備品室，這備品室滿足旅館房務人員工作清潔的準備工作，對房務員最重要的清潔用具準備情況，將足以影響清潔工作之成效。房務備品車是客房服務員存放整理和清潔房間工具的主要工作車，房務工作車中的物品應該在每天下班前準備齊全；進房清掃前，再檢查用品是否足夠齊全。

二、客房狀況確認

當準備工作完畢之後，房務員必須詳閱每日客房狀態報表，以決定清潔工作的優先順序。

(一)客房狀況

一般而言，旅館客房狀況有如下幾種：

1.空房（Vacant Room）

表示前夜沒有客人住宿的房間，一般而言都是完整而可以立即售出的狀態，通常房務員對空房仍須受例行保養，故亦稱Pick Up Room，這類型房間可以在檢查後優先售出。

2.遷出房間（Check Out／Dirty Room）

表示客人已退房結帳而離店，房間內未留下行李；這個部分也可以列爲立刻清潔的房間；有一些書更細分爲Check Out/Dirty Room及Check Out／Clean Room二部分，是因爲房務人員整理房間完畢之後，先將Check Out/Dirty Room的狀態更改成Check Out/Clean Room，以方便樓層主管檢查客房(Vallen and Vallen，1997)。

3.住客房間（Occupied）

亦稱Stay Room，表示客人正在住用的房間，這部分的客房必須視是否有旅客停留在客房之內，若客人在房間內必須爭得客人同意始可進入打掃。此類型續住的客房，房務員可以依照工作的負荷程度，彈性安排工作進度。

4.故障房（Out of Order，簡稱O.O.O.）

表示該房的設備發生故障有待維修或正維修中，暫不能售出，房務部需與工程部合力完成排除設備故障的問題，當設備更新完成後，房務部必須檢查客房的情況，才可以由資訊系統變更客房狀態並通知客務部。

5.貴賓房（V.I.P. Room，簡稱V.I.P.）

亦稱爲Special Attention Room，表示該房的住客是旅館重要客人，這個概念是旅館作業上的安排，在旅館資訊系統中較沒有此類型的設計，一般是以註記的方式紀錄在旅館資訊系統之內。房務員必須依照房客的要求，調整清潔工作順序，在清潔客房過程中需要特別留意不要打擾到客人。

6.館內人員住宿（House Use）

此類房間狀態爲住宿者爲旅館內部員工，一般是總經理或副總經理等高階主管；某些時候，例如財務部盤點，相關的工作人員也會住在旅館內，房間住宿型態就需以此表示，此類型的客房可以依照客房銷售狀況彈性安排清潔工作進度。

(二)房間清理的次序

房間的打掃整理次序非一成不變，視當日客房銷售狀況而定。房務部須密切與客務部排房工作配合，提供清潔完畢房間銷售。每天可以優先整理的房間類型依序是：(1)已經遷出（Check-Out）的旅客，這部分是立即可以清掃的客房，對住宿高峰的季節，立刻清間完畢的客房可以縮減接待旅客的壓力。(2)續住並且是特別貴賓；打掃此型態客房時應該注意避免干擾客人，而造成服務上的缺失。(3)有預達時間的貴賓，並配合客務部排房的客房，此類客房最好安排在已經遷出的客房之中，同時在客人到達前一小時準備好。(4)續住但客人在客房內的客人。(5)沒有預定到達時間的旅客所預定的房間。(6)已告知晚到達（Late Check-In）的旅客所安排的房間。

三、客房的清掃程序

對當天結帳離開飯店的客人房間清掃列爲優先清掃順序，使之恢復爲完整可以出售之房間，房務員清潔房間程序包括：

(一)進入房間

輕敲房門（或按鈴）並說聲“Housekeeping”，將備品車

半掩房內，房門打開著至工作結束爲止，拉開窗簾，使光線充足，並檢查窗簾有無破損。整理房間時一般建議以先睡眠及活動區開始整理，再清潔浴室；家具物品的擺設通常是沿房間四壁環形布置的，在清掃房間時必須把握一個原則，即以順時針或逆時針方向進行環形清理，以避免遺漏。房間清掃應先鋪床，後抹拭家具物品。如果先拭灰塵再鋪床，則鋪床所揚起的灰塵或附在布巾的粉塵會重新飄落在家具及其他物品上。

(二)檢查迷你冰箱

檢查住客使用飲料，並通知客務部冰箱飲料的飲用情況，以便即時入帳，降低跑帳的機率，以飲用的飲料並予補齊，國外有些休閒型的旅館並不刻意注意旅客使用冰箱內物品的數量，也不刻意詢問旅客使用的狀況，這部分可以提供經營者在「服務旅客」及「檢查」這兩個思維上多多思考。

(三)更換布巾品

將枕頭套撤出，並檢視是否有受損，並將床墊上的床單及毛毯逐層撤掉，房務人員應該避免用目視決定是否更換布品，對於已經曾住宿的客房備品應該都要更新。

(四)做床

做床的程序視每間旅館的作業流程而有所不同，同時也因爲每間旅館布品使用的材質不同而有差異，列舉一些注意的原則與順序提供學習者參考。

1.床墊上方先鋪上清潔墊：鋪上尺寸適合的清潔墊，並將四角墜落以子母帶固定於床墊上。

2.鋪上床單：床單正面朝下，其摺痕中線對準床中央。

3.鋪羽毛被：將被套置入內裡，並將羽毛被置於床中央，四周平均下垂。

4.套枕頭：撐開枕袋口，把枕頭往裡套，使枕頭全部入袋後，將口面封好。

5.放床罩：在床尾位置將床罩放好，注意對齊兩角，並將多餘的床罩反摺後在床頭處定位。有些旅館已經不再放床罩了。

6.打枕線：把枕頭放在反摺的床罩上，並把多餘的床罩回轉蓋住兩枕頭，並整理勻稱。

7.將床復位：將床緩緩推進床頭板下，檢視一遍是否整齊好看，務必使整張床勻挺、平整、美觀。

(五)擦拭灰塵

使用抹布擦拭床頭板、椅子、窗台、門框、燈具及桌面，達到清潔而無異物。在擦拭家具物品時，乾布與濕布的交替使用要注意區分開來。像房間的化妝鏡、穿衣鏡、燈罩、浴室的金屬電鍍器物等只能以乾布擦拭；對於牆角、內櫃、浴室馬桶後側等較不易注意之細節，應特別注意整理。

(六)清洗浴室

首先將使用過的布巾類撤出房間，並依次清洗馬桶、浴缸、淋浴間、洗臉盒、鏡子、杯子等，並仔細擦拭各角落；清潔浴室的時候應該注意旅客私人物品的擺設，如刮鬍刀、隱形眼鏡等物品，避免一時大意而造成毀損。

(七)清潔設備

房務員檢查空調、燈具、冰箱、電話、電視等設備並確認且運作正常，並使窗簾放置完整；客房內所有的垃圾桶及煙灰缸，皆需要清潔，並歸位。

(八)補充房間內物品

客房內的各種物品，均需要按規定數量及位置擺放整齊。

(九)地毯清潔

由房間內而外清潔地毯，並且避免踏上已經清潔完畢的地毯。

(十)環視檢查房間整體環境

1.檢查整個房間是否打掃乾淨，鋪好的床是否結實、平整、對稱、美觀、鏡子、玻璃、掛畫是否擦拭乾淨。

2.審查房間時，應從入口開始，再以由左到右或由右到左的方式移動，檢查整個房間是否整齊、清潔，備品是否齊全，並在工作簿上記下評語。

(十一)離開房間

對於客房內各次電訊類設定，例如電視自動撥放、鬧鐘等設定，應予歸位檢查，檢查電話及電線是否功能正常。以免影響再度住宿的客人。關燈前再檢查一遍之後鎖門，並對大門進行安全檢查，登記做房時間。

四、夜床服務

一般而言，夜床（Turn Down Service）時間以下午6點之後爲宜，夜床服務的重點是在於讓旅客有舒適想睡覺的住宿環境與感覺。夜床服務之重點如下：

1.輕輕拉開床罩，將床罩摺好後放到規定位置。

2.將床單、毛毯一起翻開向後摺成一個三角形，呈30°爲最適當。單人房以靠近浴室一側爲開床方向，雙人房則以面向中間床頭櫃之相對兩側爲之。

3.則將拖鞋放在規定的地方，方便住客使用，同時晚安卡、早餐牌，或是小餅乾、巧克力等置於枕頭邊，拉上窗簾、關上衣櫃門。

4.將客人使用過的浴缸、洗臉盆、馬桶用抹布擦拭乾淨，若有較髒的應重新擦洗，客人使用過之備品均需更換，並按規定位置整齊排放。

5.清倒垃圾，抹乾地板，把腳巾擺好。

6.關燈，浴室門半掩。

第三節　客房的相關服務

一、客衣洗燙服務

客衣洗燙服務過去被視爲旅館重要收入來源之一，許多旅館爲了吸引旅客，也透過不同免費洗衣的服務，來提升住房率或平均房價。房務員如發現有房客的洗衣袋4，或接到房務部辦公室及房客通知要求洗衣時，應立即取出處理。收取客衣時，須注意是否裝有填好之「洗衣單」。如果未留「洗衣單」則通知辦公室，由辦公室値班人員留言通知客人，除非該客爲常客且有未塡洗衣單之習性，則由房務員替客人塡寫。

詳細核對「洗衣單」上所塡資料是否完整與正確。並核對衣服種類、數量是否正確。其次檢查口袋是否有遺留物品，如有遺留物品時，應立即送還客人或交辦公室處理。

如果發現衣服有破損、缺配件、嚴重的污點、褪色或布質細弱不堪洗濯等情形，有上述情形時，通知辦公室塡寫客衣破

損簽認與問題衣物一併送還客人。客衣如有脫線或扣子掉落等情形，須註明於洗衣單上，並通知辦公室職員留意，將之縫好。注意洗衣單是否有特別交待事項，醒洗衣人員注意。依洗衣單逐項登記在洗衣登記本內並簽名。登記完畢，如爲快洗、燙衣服，立刻送到洗衣房，其他普通洗燙衣服則暫置辦公室，由洗衣房人員定時來收取，快洗燙的衣袋口要綁特別顏色布條。

洗衣房人員收到客人清洗衣服時，由洗衣房人員分別將每件衣物做上記號，稱爲打號。打號時凡是麻、棉、耐熱纖維品，則記號做在領口內、下背面、褲、邊或各角落易視處。

洗衣房人員將洗淨的衣服送回房務辦公室時，房務員須詳細清點送回之客衣種類、數量是否與洗衣登記所記載的相符合，且特別記載或交待事項是否完成。如發現不合，沒洗乾淨，或特別交待事項未完成時，須盡速要求洗衣房人員查明原因，如一時無法查明原因或衣服失落等情形，應報告辦公室處理。須用衣架吊掛之衣褲，應整齊地吊掛在衣櫃內。如爲包疊衣服很多時，則整齊排列於床尾上。

二、擦鞋服務

擦鞋服務緣起於歐洲冰天雪地的季節裡，旅館服務旅客，將旅客鞋子上的積雪清除的服務；而後各旅館爲了加強提升服務內容，設計了清潔鞋面的服務設計。各層樓服務員於皮鞋收取時仔細與房號核對正確，並以便條紙寫下房號黏貼於皮鞋上，以利分辨；半島酒店還特別針對此服務設計取鞋的通道，避免干擾客人，貼心的做法獲得許多旅客讚賞。

三、遺失物品處理

確保所有在客房、公共地區或飯店內任何地方發現之遺失物品，依照各飯店之標準作業程序，適當地記錄、保存和發還。

當房務部辦事員收到遺失待領之物品時，應將日期、地點、拾獲者和物品名稱的動電腦中，並在其物品上方按照失物招領電腦登記之編號，用紅筆標明，同時用膠帶或釘書機釘附在物品上。記錄所有資料，並確定物品之特徵描述，以便客人之查詢。

如遺失物品被尋獲，同時客人仍在飯店，應盡速把遺失物品送還給客人，如客人是在大廳，房務部辦事員應把遺失物品及登記簿送到服務中心，予客人簽署並同時註明簽收之日期。如物品需要郵寄，應先包裹好後送給服務中心記錄，郵寄之姓名和地址應記錄在登記簿上並註明郵寄日期。

失物招領之物品若爲身分證、駕照、旅行支票、銀行存摺、護照或大量鈔票等，應盡速通知大廳副理採取適當之行動。當遺失物品保管超過六個月無人認領時，房務部將貼於房務部佈告欄，公開拍賣遺失物品。

四、保姆之服務

提供飯店客人照顧小孩之附加服務，以方便客人可使用飯店設施或參加其他重要宴會，但必須在需要服務前預約以利安排。

在安排保姆服務後，請回電向客人確認，把保姆之姓名、年齡、性別、語言能力之資料告訴客人，並確定客人留下緊急聯絡處之指示，以便發生任何事故時，可予聯絡，保姆將依照

服務時間到達客房。保姆應以最良好之能力，小心照顧小孩，就算是客人要求，保姆仍然是不允許小孩帶離飯店以外之範圍。

如客人未入住本飯店，而預先安排保姆服務的話，最好請客人在住宿後，再行確認。

第四節　公共區域清潔的組織與職掌

房務部門的清潔與維護範圍相當廣泛，除整個客房區域外，公共區域的清潔與維護是相當重要的。公共區域的範圍爲前場營業單位的大廳、會客區、餐廳（不包括廚房）、客用洗手間、客用電梯、樓梯、走廊、門窗、停車場，和旅館外的四周，以及後場非營業單位之員工餐廳、員工休息室、更衣室、洗手間、走廊、太平梯等。尤其前場的各區，裝潢陳設較爲細緻，是旅館的門面，代表旅館的形象，做好公共區域清潔的維護具有特別重要的意義，其責任相當重大。

一、主要職責

公共清潔工作屬房務部門之一單位，主要管理工作職掌包括：

(一)公共區域主管

全面負責公共區域的清潔維護，其直接向房務部主管負責，主要工作內容包括：1.制訂所負責工作的每月計畫和目標。2.安排下屬班次，分派任務進行分工。3.記錄、報告所有區域的工程問題並落實檢查。4.檢查各班次的交班日誌和倉庫的清潔管理。6.負責傳達房務部經理下達的指令，並向之匯報每日盤點的結果及特殊事件等情況。

(二)公共區域服務員

負責整個旅館辦公室、服務區、員工區域的清潔工作。工作內容包括：(1)根據工作程序和標準，清潔和保養所分派的辦公區、服務區、員工區域。(2)處理全館送至乾式及濕式垃圾集中室之垃圾，並每日清潔室內，保持乾淨無異味。(3)完成公共洗日間、員工更衣室的清潔和用品補充工作。

二、公共區域的清潔工作內容

公共區域的清潔保養工作內容，舉凡旅館的大廳、走廊、各處通道、中庭花園、樓梯等，這些區域又是人潮匯集，活動頻繁的場所，其清潔狀況之良窳，常會給客人留下很深的印象。由於公共區域因人來人往，所留下來的腳印、煙蒂、紙屑、雜物以及洗手間之不潔物，須由清潔人員主動的清理，才能保證公共區域維持在要求的水準。其次清掃使用的設備、器具與清潔劑的種類繁多，所以各清掃項目須由掌握技術的專業人員執行（Casado，2000；李欽明，1998；顧景昇，2002）。例如旅館整棟大樓的外牆清洗、脫落大理石的嵌補等涉及高危險性與高度專業性，一般公共區域都採取委託外包方式來處理，既可減低作業風險，也可以節省成本。一般而言，公共區域清潔包括：

(一)大廳的清潔作業

大廳是旅館門面，裝潢設施豪麗，配件飾物亦多，其清潔作業例行，分為每日例行工作及定期維護項目等二類；主要清

潔的區域及重點包括門廳、電梯及客用化妝室。

1.每日清潔項目

包括(1)大廳正門自動玻璃門及旁門的擦拭。(2)大廳入口處所舖設之墊毯的清潔維護。(3)樓梯的清掃及銅器扶手的擦拭。(4)大廳的柱面、壁面、辦公桌、沙發、茶几、欄杆、指示版等要不斷地清潔，保持光亮明淨。(5)盆景花木的整理與擦拭。(6)公用電話及館內電話（House Phone）的擦拭。(7)大理石地面用靜電拖把拖淨。(8)地毯吸塵。(9)清除垃圾筒垃圾。

2.定期之清潔項目

(1)外部玻璃擦拭。(2)冷氣出風口及回風口之清潔。(3)木器、地板之上維護蠟。(4)吊燈之清洗。(5)太平梯之清洗。(6)天花板、裝飾燈之擦拭。

(二)電梯與扶梯的清潔

旅館的電梯有客用電梯、員工電梯、行李電梯及載貨電梯，而以客用電梯的清潔最爲重要；其他電梯也應依照清潔流程依程序處理。

1.電梯

旅館的電梯地面以大理石地面或地毯的地面兩種居多，若有明顯的雜物、泥巴應隨時清除；公共清潔員應定時清潔電梯四周及門板。電梯內之壁面、鏡面、燈飾、天花板、通話器、欄杆及按鈕等應定時擦拭。

2.扶梯

扶梯金屬部分應加以擦拭，扶手部分應無灰塵及污染痕跡，保持期光澤。

(三)客用化妝室的清潔

客用化妝室，清潔標準爲乾淨無異味，化妝室內備品如擦手紙、衛生紙卷、洗手乳液等應隨時遞補供應，保持供應充足。

(四)地毯的認識

飯店內客房、餐廳與部分的大廳地面均有地毯的設計，也是屬於投資成本較高的一種設備。正確的維護地毯的清潔，房務人員不得不多費心去瞭解並認識它。

1.地毯之結構

一般地毯之結構包括：(1)纖維表層、(2)主裡層、(3)次裡層。

2.地毯纖維的種類

地毯纖維的種類分爲：(1)動物性纖維：羊毛地毯。(2)植物性纖維：棉麻地毯。(3)人造性纖維：合成地毯。

3.各種地毯質料之特性

(1)羊毛質料的地毯：耐久、不怕髒、易於清潔人員清潔、彈性佳、防火、耐溫、防音及防止靜電之產生，但有容易縮水的缺點。

(2)NYLON：爲最常見之地毯，牢固、染色快但會產生靜電。第五代纖維有改良情形及防污處理，大致一年洗上一次即可。

(3)POLYESTER：質感像羊毛般，具有羊毛的特性，如抗塵、防霉及防褪色，水漬容易去除；但油漬如不立即除去就，可能永遠成爲污點，對裝潢造成很大的影響；彈性恢復很差，故常和NYLON混紡。

(4)ACRYLIC：感覺像羊毛，但較NYLON不易洗，且不易乾，對水漬有抗性，但油漬如果不立即除去，可能永遠成爲污點。

(5)POLYPROPYLENE：耐久、抗塵、防潮，不易褪色且完全

不吸水性，故對於污漬能除去且不滲入纖維，防止靜電效果良好，其缺點是低彈性及較難去除油漬。

第五節　制訂清潔保養維護計畫

在人潮高峰時段中，旅館之公共區域的清潔維護重點，應做重點的清潔擦拭。例如玻璃之擦亮、煙灰缸的清理、擦手紙的補充、銅器之擦亮、掛畫的擦拭、垃圾桶之清理、客用洗手間的擦拭、大廳地面用靜電拖把拖地等，都要做重複不斷的清理，不時地保持清潔乾淨。保養維護的工作往往在淡季進行較爲理想，以彌補平時工作的不足。然而實際上，旅館的配備繁多，且大部分不是一年保養一兩次即可的，必須有固定的時段及周期性保養。

一、清潔維護計畫

在高峰時段中的清潔工作應在安靜中進行，避免使用重型的清潔器械，以免妨礙客人安寧與行動，也有礙環境觀瞻。最常見的則是清潔人員攜著裝有清潔用品的籐籃到處做重點式的保養維護。

客房維護計畫的實施，除了保證客房服務的品質之外，同時也使客房設備能夠延長壽命。在客房維護計畫的實施中，除了依照既定的計畫與暨定型保養與維護之外，同時要考量計畫和周期的限制，必須因應實際旅館運作而加以調整。因爲某些項目如果按原來計畫的日期和周期進行清潔保養，在保養清潔期間遇到重大污損或出現不盡如意之處，例如擦拭走道踢腳板，原計畫每星期抹一次，但有時在前次抹拭後不到一個星期，又積滿灰塵，如不即時抹拭，必然影響了整樓層的清潔衛生。各旅館的計畫與時程雖不盡相同，但基本上都訂有每月、每季及每年的周期計畫。下面介紹的是旅館客房維護計畫的範例，爲了保證維護計畫的落實，房務部門應製作「客房維護計畫實施日程表」，將須清潔保養的項目，按照所記載的日程進行，以求徹底執行。

爲了克服計畫上不足之處，房務主管可以實施「每日旅館樓層巡視」與「每日特別清潔工作」的做法來補充計畫的盲點。由樓層主管或組長在巡視檢查的過程中，把發現的特別清潔項目記錄下來，安排服務員去完成這些特別清潔保養項目。

二、機具保養與維護

房務工作範圍廣泛，設施亦多樣，使用不同的機具完成整理的工作，方能達成省時、省力、省成本的效果，以下介紹常見用於旅館房務工作中的機具。

(一)清潔用機器用具

包括：(1)乾濕兩用吸塵器；(2)打蠟機及高速磨光機；(3)除濕機；(4)洗地毯機等。

(二)吸塵器之清潔和保養

吸塵器在每天的清潔工作中都必須要使用到的，房務人員必定要瞭解其使用與保養方法。

1.吸塵器使用方法

(1)使用時將電源插頭插上電源插座上，前後推動，避免碰撞床腳及桌椅。

(2)只能吸灰塵、毛髮、皮屑，不可以用來吸螺絲釘、小

石塊等。

(3)吸塵袋經常清倒，勿積灰太多否則影響吸力，造成馬達之損壞。

(4)使用中若警示燈亮著時，應立即停止使用，並檢查是哪個地方不順。

(5)用畢時電源線拔掉，捲好電線掛在把柄上，並立即擦拭外觀，保持乾淨。

2.吸塵器的保養方法

(1)應作定期保養，每周或每月做二次之仔細檢查，注意皮帶是否正常，零件是否鬆動。

(2)檢查馬達聲音是否正常，若有異樣則可能是下列原因：A.風葉轉動不順暢。B.皮帶鬆動或斷裂。C.扇葉破裂造成轉動時失去平衡使馬達主軸鬆動，就會造成馬達聲太大。D.積灰太多使迴轉空間堵塞，影響轉動時，就會造成馬達聲音變小而低沈。E.因滾筒軸二邊之培林磨損，空隙太大，故使滾刷聲音太大。F.皮帶方向裝反時，會使灰塵吸不進去，反而向外噴出灰塵。

(三)打臘機和高速拋光機之區別

在清洗地面或是除臘時，若使用低轉速打臘機較有打磨地面髒物的能力，也不會將水滴彈起。打臘機轉速每分鐘175轉至350轉。而轉速在1100轉至2500轉之間的打臘機稱爲高速地面磨光機。而高轉速之磨光機則是以刷盤壓力與高轉速來增加地面樹脂臘硬度與亮度的一種機器，經過高速磨光機打磨之後的地面會亮度大增。

(四)除濕機

除濕機以蜂巢式轉輪（Wheel）爲基本除濕構造。此轉輪被擋板隔成除濕（Process）及還原（Reactivation）兩側。當除濕側空氣流過轉輪時，因其中之水蒸氣被轉輪內之吸濕劑所吸收而變成乾燥空氣吹出；當此轉輪轉到還原側時，還原側之熱空氣流過轉輪將吸濕劑中之水分蒸發，由風車將此潮濕空氣吹出室外。轉輪係由一低轉距馬達帶動，而維持除濕、還原同時進行循環不已，將濕度快速地降低到客人所要求的程度，再經濕度控制系統控制除濕風量、還原溫度等條件來保持濕度之恆定。

（五）洗地毯機

當地毯被客人不慎潑灑殘餘物品時，旅館必須在最迅速的時間內清理完畢，而在地毯不必浸泡、不留水痕、不殘留水或黏性殘留物的情況下，洗地毯機就是最好的工具。對房務清潔者而言，使用洗地毯機不需搬移家具、快乾、可立即走動、容易且簡單的使用方法、保護且避免重覆污染、依據污染程度使用特殊清潔方法提高效率等優點。如果需深層微濕清理不用浸泡，如海棉般之高吸收力、透過前後刷洗徹底清理；使用時以當配地毯粉使用，一般地毯粉爲98%天然成分，可生物分解配方、無磷酸鹽。

問題與討論

1.請說明一般客房狀態可分爲哪些？並說明其意義？
2.請說明旅館內常見不同尺寸的床包括哪些?
3.請比較Double、Twin、Double-Double、Twin-Double之間的差異。
4.何謂Lost and Found?
5.何謂Turn Down Service？
6.請說清掃房間的順序。
7.請模擬爲一間160個房間，涵蓋8個樓層，5類客房型態的小型旅館制定客房保養計畫。

註釋

1 在書中不特別將床的名稱翻譯成中文，其目的是避免學習者混淆。
2 乳膠枕的優點爲以透氣乳膠層氣泡子結合多孔設計，能大幅地提昇散熱通風效果，使枕內溫度保持涼爽,乾燥之舒適觸感；由於天然乳膠產品不含任何化學雜質，彈性自然均勻，且固定性佳，提供相當堅挺的支撐性，可保睡姿安穩舒適；同時經過防霉防菌處理，不會滋生病菌，同時表面清潔容易，不易殘留污穢雜質，可常保清潔，遇熱燃燒不會產生毒氣體。
3 羽毛被與睡枕的內部材料則採用精選白色水鳥羽絨或鵝絨。此類型睡枕質地輕柔，其纖維中具有千萬個會呼吸的三角形氣孔及表層防水油質，因而可隨外界氣溫及濕度之變化，自動調整，於是吸收來的水分得以迅速發散掉。羽毛絨可隨溫度的變化，自然收縮膨脹，隔絕冷空氣的入侵，立即暖身並保持適當溫度，沒有燥熱的感覺，許多精緻的旅館多以採用此類型的寢具，而放棄傳統的毛毯。

4 有些旅館的洗袋分爲乾洗與濕洗二部分。

第七章　服務品質與服務滿意

- 服務的觀念
- 服務的衡量
- 我國旅館業服務品質的管理
- 服務品質改善計畫

加入The Leading Hotel of the World彷彿像是為旅館鍍金一般；The Leading Hotels of the World這個旅館組織成立於1928年，組織總部設在紐約，以集結全世界集豪華、服務於一身的頂級旅館為訴求，目前在全世界有80多個國家、400多個大大小小的飯店入選這個組織。從其每年所出版的指南廣告頁，包括：Rolex、Benz、Blancpain、Frette、American Express、Ermenegildo Zegna等名牌雲集的程度，就可清楚The Leading Hotels of the World這個品牌的受寵狀況。想要一窺這些頂級旅館的風采或訂房，可上官方網站（http://www.lhw.com/）一探究竟。

The Leading Hotels of the World也可以說是世界權威的旅館評鑑組織，他們所遴選出的旅館，可以說是全世界商務人士選擇旅館的重要依據，不少商務人士帶著每年最新版的"The Leading Hotels of the World"指南，仔細地挑選旅程中下榻的旅館。究竟什麼樣的旅館才能列為the Leading Hotels的一員呢？參加該組織評選標準又如何？台灣兩間入選的台北亞都麗緻與台北西華酒店，可做為我們認識頂級旅館評鑑的方式。

首先是黃金品牌保證：在具公信力遴選之下，The Leading Hotels of the World可說旅館圈的名牌，凡入選的會員就等於在品質、服務上皆可信賴的旅館，無論在世界任何地區，只要入住The Leading Hotels of the World的會員旅館，即可享受水準一致的服務。

其次是評鑑方式，要成為The Leading Hotels的會員可不是一件容易的事，除了要有其他會員的推薦外，幾乎每年都必定進行的旅館評鑑更讓每一家旅店戰戰兢兢。因為The Leading的評鑑專員從不告知何時來評鑑！他們總是以暗訪的方式到旅館住個三天，針對每一項服務打分數。通常從他打電話訂房，就開始打分數，所以對旅館來說，每一通電話都可能是負責評鑑的人員打來的，而這先評鑑人員也是傑出旅館會員中相當高階的主管，他可能是半島酒店的副總裁，深諳每一項旅館內部作業方式；因此，唯有每天持續維持高水準的表現，才能應付突如其來的旅館評鑑。曾參與接受評鑑的旅館主指出：「往往評鑑專員從住進來到離開，我們沒有一個人知道，都要等到接到評鑑報告，才知道某月某日某專員來過。」也因為這樣超然的評鑑方式，讓The Leading Hotel組織所選出的優質旅館格外有說服力，因為每一個入住的旅客都享有和評鑑人員同樣的服務，不因身分而有所區別。

究竟The Leading Hotels of the World評鑑哪些項目呢？評鑑項目詳列細項超過千條，從電話訂房、客房服務、房間設施、Mini Bar、旅館設施等，都列入評鑑。舉幾個例子來看，就知道其瑣碎、重細節的程度：房客打電話叫Room Service時，需在電話響3聲內接起電話服務；接起電話之後的標準用語；客人到早餐用餐需15秒內前去迎接，一分鐘內領客入座，3分鐘內提供咖啡或茶；客人到旅館前台時等待Check in時，要在1分鐘內進行處理；熱食必須放置在溫過的盤子內、冷食需放在低溫的盤子內；房間Mini Bar提供哪些類型的飲料，就必須要提供適合飲該種飲料的杯子；房間要提供水果；房間要有棉質且密封完好的脫鞋等。這些鉅細靡遺的規範，其實都歸結於優質的旅館必須提供給客人最優質的服務，讓客人出自內心的欣賞旅館的服務。相較於其它注重硬體設備、或是單以旅館房價為旅館評鑑的制度相較，The Leading Hotel著重的是服務旅客的細緻做法，與而無微不至的貼心照顧。

隨著時代不斷的變遷、進步，消費者對各種商品及服務的要求也愈來愈高，對於不滿意產品的處理：例如無條件換新、一年保固期間維修免費等售後服務。因此，服務的種類、形式不斷的延伸、擴大；各種服務因應而生，企業、商號也都不斷推陳出新服務的型態，爲的都是要能保留住客人而創造商機。國際觀光旅館之服務品質、關係品質與顧客忠誠度之相關性研究發現，(1)業者對顧客之服務品質會正向影響其關係品質；(2)業者對顧客之之服務品質會正向影響顧客滿意度與忠誠度；(3)業者對顧客之關係品質會正向影響顧客滿意度與忠誠度；(4)顧客滿意度會正向影響顧客忠誠度，而由於各地區所面臨之競爭環境不盡相同，因此各地區之國際觀光旅館所面臨之影響程度亦不盡相同（王婷穎，2002）。

服務所涵括的項目包羅萬象，從生產、配送到與顧客面對面提供諮詢都是服務，「服務」是無形的、看不見的，所以服務品質的認定就非常的重要，但是有形的產品可以訂立標準檢測品質，無形的服務品質要如何檢測這就是我們所要深思的問題。根據主計處的調查數據顯示，服務業的產值比例近年來呈現正成長，且平均每年漲幅高達10%，在強調以客爲尊的時代，服務業日漸成爲經濟命脈（陳祈宏，2003），如何營造顧客滿意度，已成爲企業的努力指標。

服務所討論的範圍極爲廣泛，由品質的觀念、服務滿意、滿意的衡量、改善服務品質的方法、服務失誤的種類、服務補救的方式，及無誤過程與客人忠誠度及再購意願等，都是服務所必須考慮的研究範圍。由服務的關懷性來看，成功的服務也特別關心企業是否能讓顧客從第一次接觸到服務就留下深刻的印象；主動的向別人推銷產品而形成口碑，不斷的來消費；企業要達到這個境界需要多用「心」，要關心、要細心、要貼心、更要有耐心，時時要關心顧客要的是什麼，要比顧客更細心的檢查產品，耐心的傾聽顧客的問題，做到令顧客覺得貼心的服務。研究服務的學者就必須由不同的角度來探究服務的核心觀念與方式。旅館業是典型的服務業，本章將瞭解服務品質的基本觀念與相關研究的結果，第八章則探討服務失誤及服務補救即再購意願的觀念。

第一節　服務的觀念

一、服務品質的定義

美國行銷協會將服務定義爲：「純爲銷售或伴隨貨品銷售而提供之活動、效益或滿足感。」Kotler對服務的定義：「服務（Service）係指一個組織提供另一群體的任何活動或利益，其基本上是無形的且無法產生事務的所有權。服務的生產可能與某項實體產品有關，也可能無關。」

(一)服務的類別

依上述定義，公司提供給市場的產品中，依服務所扮演之角色可區分成爲五類：

1.單純的有形商品

公司所提供的產品基本上是一項有形的商品。例如客房產品、菜單、備品等實體可見的產品。

2.附加服務的有形商品

所提供的產品包括一項有形的商品，並附加一項以上的服務，以增強其對消費者的訴求。如家電用品之產品保證、維修等售後服務。

3.混合的

公司所提供者包括等量的產品與服務。如Pizza Hut等餐飲服務業。

4.以服務為主，附加次要的商品與服務

指所提供的產品包含一種重要的服務，附加額外的服務或商品。如沙宣美髮，在冬天顧客上門時，店員會先幫顧客把外套掛好，沖杯熱咖啡或茶，在剪髮或洗髮的同時，再予以按摩等服務，但顧客所購買的主要還是美髮服務。

5.單純的服務

指提供的產品主要是一項服務。如SPA按摩服務、心理治療等。

(二)服務的品質特性

服務是提供滿足需要的無形活動或行爲，這些行爲不一定會出售或與其他服務相連結（Stanton，1975）。服務的產生亦不須使用有形的貨品，即使使用實體設備，也不會發生所有權的移轉。服務是代表著一個無形性而用來滿足顧客的活動。服務可以有三項品質特性（Darby and Karn，1973）：

1.搜尋品質（Search Qualities）

顧客在消費前可據以衡量出產品優劣的屬性。例如：產品的顏色、價格、樣式等。

2.經驗品質（Experience Qualities）

顧客在消費中或消費後才能決定產品優劣的屬性。例如：產品的口味、商品的耐用性或購後滿意度等。

3.信用品質（Credit Qualities）

顧客即使在購買或消費後，仍然無法衡量出品質的優劣情況。例如：汽車煞車的修理或維護、電視的修理等。

二、服務的特性

服務爲一般實體產品在許多方面有相當顯的差異，這些差異對行銷策略會有重大的影響。服務與實體產品相較有四個主要特徵：無形性、不可分割、可變性、不可儲存（Kolter，1991）。

(一)無形性

服務是無形的，在消費產生之前，顧客看不見、聽不見、聞不到也感受不到服務的存在。在消費中，顧客也無法預測接受服務所能得到的結果，甚至有些服務在購買後，顧客亦很難評斷其品質的好壞。在此種情況下，消費者必須對服務的提供者具有很大的信心才願意購買。

(二)不可分割

服務的生產和消費是同時進行，不可分割的。實體產品必須經由製造、儲存、配送、銷售，最後才得以消費。如果服務是由人所提供的，當消費者購買該項服務時，服務人員在生產該項服務的同時，消費者亦須在場，所以生產和消費往往是同時進行的。如顧客去購買按摩服務，按摩師要提供時，顧客也必須在場。旅館服務品質、顧客滿意度與再宿意願關係之研究顧客重視程度、顧客滿意程度及人員服務品質滿意的現況屬於中上程度；顧客重視程度、顧客滿意程度、人員服務品質皆與顧客再宿意願呈正向相關。人口統計變項中之職級、年收入，在顧客重視程度上有顯著差異；人口統計變項中之國籍、年收入，在顧客滿意程度上有顯著差異；人口統計變項中之國籍、年齡、職級、年收入在人員服務品質上有顯著差異；而人員服務品質愈高，顧客滿意程度愈高（林恬予，1999；蔡倩雯，

2003）。

(三)可變性

實體產品在生產製造時可將生產的流程予以標準化，但服務是由服務人員來執行的活動，在服務人員提供的過程中，都必須牽涉到個人人性特質的因素，使得提供服務品質上不容易維持在相同的水準。服務具有高度可變性，同樣的服務在不同的時間或地點，由不同的服務人員提供，都可能產生各種不同的變化。也就是說，服務之差異，可因不同的服務人員而不同。其次即使是同一服務人員，在提供服務時，也會因不同的時間、不同之地點、不同之消費者而有所差異，所以服務具有高度可變性。

(四)不可儲存

公司在銷售實體產品時，可預先將產品儲存，而消費者也可以視其所需，在購買時多買一些。但服務則否，無論是提供者或消費者都無法事先生產或多買一些來存放。換言之，在購買服務時，提供服務者馬上提供，消費者馬上消費，兩者必須同時存在才可，就像未住宿的客房或餐廳的空座位，當時不使用，效用馬上消失。

三、相關研究

(一)國際觀光旅館服務品質之實證研究

國際觀光旅館服務品質之實證研究，國際觀光旅館對顧客預期的認知與顧客實際所預期之間、顧客預期之服務品質水準與實際感受到服務水準之間確有差異存在，造成差異之原因乃是管理階層所認為顧客對服務屬性之重視程度與實際情況有出人（白正明，1988）。男性旅客與女性旅客評價服務品質時，客房中感覺很好及服務人員服務態度重要性很高。但對客房資料詳盡與否及金錢處理方便又正確兩項因子看法有較大差異。而國內外旅客評價服務品質時，客房中感覺很好及服務人員服務態度重要性很高。但對充足又好的餐廳設備、健身設施及安全設施等兩項因子看法有較大差異。就整體消費者對效率、服務人員態度、客房中的感覺及餐廳中感覺特別重視。國際觀光旅館應重視的服務品質（鄭玉惠，1992）。

(二)女性消費者對觀光旅館服務品質滿意度之研究

女性消費者對觀光旅館服務品質滿意度之研究，女性對觀光旅館服務品質重視程度與滿意程度間有相當幅度的落差存在。重視程度遠比滿意程度大，業者應設法塡補此間隙，以使重視與滿意間達到均衡。構成女性對觀光旅館服務品質重視程度主要因素有10個、滿意程度主要因素有9個、服務設計觀感主要因素有2個。重視程度、滿意程度及服務設計觀感對人口統計變項、旅遊市場區隔、住宿觀光旅館分類，在不同變項上有顯著差異。女性消費者的重視與滿意程度在動態活動、食宿整體結構上有主要關聯存在。女性人口統計變項會影響重視、滿意程度與服務設計觀感的大小，對旅遊市場區隔、住宿觀光旅館分類亦有要因影響。不同的策略架構有不同的服務品質變項存在，針對女性的不同服務需求應有不同的改善策略作法，以提高其住宿滿意度，達到再度光臨之目的（陳怡君，1994）。

四、品質成本的觀點

根據美國企業在80年代末期，90年代初期的發現，非個人

旅館管理

化的服務、有瑕疵的產品，以及違背的諾言都必須付出代價。不好的服務品質將導致完全失敗。然而，粗劣的產品可退貨、兌換、修理，但顧客在面對有缺失的服務，只能依賴法律的保障。以不當醫療的訴訟爲例，其因龐大的賠償金而聞名，同時可讓醫生意識到對病人應有的責任，還可促使有責任感的醫生花更多時間進行檢查、尋求更多訓練，或避免執行無法勝任的工作。醫生常宣稱額外收費可避免不當治療，但事實證明，多餘的花費並無助於服務品質之改善。沒有任何服務可以免除被起訴的可能性。

(一)成本會計系統

著名的品質專家Joseph M. Juran提倡品質成本會計系統（Cost-of-Quality Accounting System）以確保對品質的管制（Schneider，1992）。Juran將成本分成四類：(1)預防成本（Prevention costs）；(2)檢驗成本（Detection Costs）；(3)內部失敗成本（Internal Failure Costs）；(4)外部失敗成本（External Failure Costs）。Juran發現大多數的製造業公司，外部失敗成本和內部失敗成本合計約占全體品質成本的50%～80%。爲減少成本，他主張重視「預防」，因爲一元預防成本的價值等於100元的檢驗成本及10,000元的失敗成本。

(二)重要觀點

有兩點是值得注意的。首先，招募、選擇服務人員是避免粗劣服務的方法，因爲鑑定個人的態度及其人際關係的技巧，將有助於吸收到具有服務特質的人。此外，服務是顧客的經驗。任何有缺點的服務都可能成爲顧客告訴別人的故事。因此，服務管理者應認清，不滿意的顧客不只會帶走生意，同時會將不快樂的經驗到處轉述，這將是一大損失。

五、服務過程控制

(一)視爲回饋管制系統

服務品質的管理可視爲回饋管制系統。在此系統中，輸出（Output）需與標準（Standard）對照，產出與標準之間的偏差結果，須回饋到製程改善，使輸出保持在可被接受的範圍內。服務概念是設定目標與定義系統績效衡量的基礎，輸出衡量被蒐集與監視已符合需求，不符合需求之處需加以研究，以找出原因並決定修正的行動。

(二)服務過程控制的困難

事實上，對服務系統進行有效的管制是很困難的，因爲服務是無形的，無法直接評估其優劣。當然，也有許多替代方案，諸如：根據顧客的等候時間或抱怨次數來評估。而產品與消費是同時進行的，這也使得服務的檢驗工作經常受到挫折。爲避免直接介入顧客與服務提供者的緊密接觸，導致不客觀的判斷，顧客往往是在「事實發生後」才填寫問卷，表達其對服務品質的印象。然而，這樣的檢驗方式似乎太遲了，因爲檢驗顧客的最後印象將無法避免損失。因此，可以借用製造業所採用的方式：統計製程管制，來克服困難。

六、統計製程管制

(一)管制品質決策中的兩種風險

服務的執行常根據某些重要的指標來判斷。例如：美國中學教育的績效是用學生的SAT分數衡量。同樣地，我們也可實施調查來區別服務問題的產生原因，並提出矯正的行動。不過，

績效亦可能是隨機事件的結果，並不一定有專指的原因。決策者想要查出服務退化的原因，以避免失敗成本；並避免對運作正確的系統作不必要的變革。因此，在管制品質決策中常會遇到下列兩種風險：

1.Type I error

是生產者的風險，即在製程中被視爲運作失常而加以矯正，但事實上卻是運作正確。

2.Type II error

是顧客的風險，即在製程管制中被視爲正常，但實際運作卻是異常的。

(二)管制圖

管制圖（Control Chart）即是依測量值來繪製製程運作情況，以瞭解製程步驟是否在控制中。例如：零件是否符合規格。相同的方式也可應用到服務上，以救護車的反應時間爲例。當衡量落在管制界線外時，表示製程在管制狀態之外，因此要特別留意系統的運作。

繪製管制圖就像爲樣本平均數決定信賴區間（Confidence Interval）般，根據中央極限定理（Central-Limit Theorem），若所抽取的母數並非常態，樣本平均數之分配呈現常態分布。根據標準常態分配表，99.7%的測量值會落在平均值的正負3個標準差以內。使用具有代表性的歷史資料，可以計算某一系統績效衡量的平均數與標準差，這些可用來建構樣本平均數的99.7%信賴區間。由於無法全體普查，因此隨機抽樣，並希望所獲樣本的平均值是落在常態區間內；如果不是，就表示應改變製程。

品質管制圖的繪製及使用步驟如下：(1)選定一測量值。(2)選擇具代表性的資料。(3)決定樣本大小，以及使用的母數平均數和標準差。(4)繪製管制圖。(5)將樣本的平均數及測量值標示在圖上，並解釋之。(6)更新管制表，加入新資料。

平均數的管制表可分為兩類：(1)X—Chart：計量值管制圖，記錄的測量值可以有分數，例如高度、寬度、時間。(2)P-Chart：計數值管制表，記錄不連續的資料，例如瑕疵品數目。

(三)統計製程管制之應用—Midway Airlines

Midway Airline曾是芝加哥機場成功的地域性轉運中心，主要在服務美國中西部及東北部。此公司採用Hub-and-Spoke網路，需要準時輸出，並且有效率的乘客轉機。Midway以魚骨圖(Fishbone Analysis，又名Ishikawa Chart)來分析服務延誤的原因，主要分為人員（Personnel）、生產過程（Procedure）、設備（Equipment）、原料（Material）及其他。再利用Pareto Analysis來整理資料，將分析得的原因依發生頻率遞減排列[1]。Midway發現對遲到旅客的承諾是飛行延誤的第一因素，但這卻造成準時旅客的不便。因此Midway制訂政策準時起飛，以降低延遲率。Midway證明統計製程管理有效改善服務品質。此外，這些資料的蒐集、紀錄、分析都由員工完成，可將此活動視為員工自我改進及學習的機會。

第二節　服務的衡量

對服務而言，服務品質必須在服務提供過程中評估(Zeithaml，1988)，且通常是在顧客與接洽的員工進行服務接觸時。顧客對服務品質的滿意度是以其實際認知的服務與對服務的期望二者做比較而來；顧客的服務期望來自四個來源：口碑、個人需求、過去的經驗以及外部溝通。當顧客認知到的服

旅館管理

務超過期望時，則顧客認知到的是卓越的品質；當認知低於期望時，則顧客無法接受所提供的服務品質；當期望被認知所確認時，則服務品質是令人滿意的。

要衡量服務品質是一個挑戰，因爲顧客的滿意度是決定自許多無形的因素。服務品質不同於產品品質，它包含了許多心理上的特質。此外，它通常會延續立即的接觸，例如醫療保健服務會影響一個人未來的生活品質。

一、服務品質的特性

(一)PZB模型

Parasuram、Zeitham1以及Berry三位學者考慮服務的無形性、異質性、同時性等特性，於1985年選擇銀行、信用卡公司、證券經紀商、和維修廠四種產業進行一項探索性研究(Baysinger et a1,1985)，經過與顧客的群組訪談（Focus Group Interviews)，提出服務品質的十項構面：可靠性、反應性、勝任性、接近性、禮貌、溝通性、信用性、安全性、瞭解顧客及有形性。1988年進一步進行實證研究（Bwrry et a1,1990)，挑選電器維修業、銀行、長途電話公司、證券經紀商和信用卡公司五種服務業爲研究對象，將十個構面精鍊爲五個構面：可靠性、回應性、確實性、關懷性與有形性（依重要性排序)。顧客即使用這五個構面比較認知與期望間的差距，來衡量服務品質。

1.可靠性

代表可靠地與正確地執行已承諾的服務之能力。可信賴的服務績效是顧客的期望，意謂著每一次均能準時地、一致地、無失誤地完成服務工作。

2.回應性

代表協助顧客與提供立即服務之意願。讓顧客等待會造成不必要之負面認知；當服務失敗發生時，秉持著專業精神迅速地恢復服務則可造成非常正面的品質認知。例如在誤點的班機上提供補償的飲料，可以使一些顧客潛在的不滿經驗轉成難忘的回憶。

3.確實性

代表員工的知識、禮貌，以及傳達信任與信心的能力。其特徵包括：執行服務的能力、對顧客應有的禮貌與尊重、與顧客有效地溝通以及時時考量顧客之最佳利益的態度。

4.關懷性

代表提供顧客個人化關心之能力。此構面之特徵包括：平易近人、敏感度高、以及盡力地瞭解顧客的需要。

5.有形性

代表實際的設施、設備、員工、以及外在溝通資料。周遭實體的狀態是對顧客表示關心的外顯證明。這個構面也牽涉到服務提供中其他顧客所建立的部分。

(二)PZB模型的應用

顧客使用上述五個構面來判斷服務品質，其背後基礎是藉著比較期望的服務與認知的服務兩者間的差距來衡量服務品質，台北市國際觀光旅館餐飲業從業人員服務品質之研究種適用於衡量飯店餐廳從業人員服務品質之量表並利用因素分析法萃取出：反應、信賴、資訊、關懷、有形五項所重視的品質(邱超群，1999)，並獲以下結論。

1.消費者認爲最重要之前三項爲：「用餐環境與洗手間的清潔、乾淨」、「食物之新鮮度、衛生、口味」、「用餐氣氛」；消費者感到最不滿意之前三項爲：「忙碌時服務人員仍

能有效處理顧客要求」、「提供相關服務，例如代客停車」、「提供新菜色、促銷活動等資訊」。

2.顧客在用餐前對服務品質項目的認知期望與用餐後的實際感受有差距。

3.量表中之關鍵服務品質共有13個項目，另外，影響整體滿意度有五項因素。

4.顧客的家庭月所得越高、用餐次數越多，越重視資訊因素；顧客教育程度越高越不滿意反應因素。

5.灰色關聯分析依5項服務品質因素之滿意程度進行飯店從業人員績效評估時，所得之結果可供業者提升服務品質之參考。

台北市五朵梅花級國際觀光旅館服務品質之實證研究整體服務品質口碑的影響力依序為反應可靠構面、價格感受、有形構面、及反應構面。而對顧客再次光顧意願之影響力依序為反應可靠構面、有形構面、價格感受、反應構面及關懷構面（賴貞治，1992）。

二、服務品質的缺口

(一)SERVQUAL

先進的服務公司將衡量期望的服務與認知的服務間的差距視為例行性顧客回饋處理工作。如Club Med旅館以問卷獲知顧客經驗中的服務品質的作法。SERVQUAL是由Parasuraman，Zeithaml，and Berry於1988年所共同發展的服務品質量表。SERVQUAL是根據上述服務品質缺口模式所發展出來的工具，用來衡量顧客對服務品質的認知，其中納入了服務品質的五個構面。

SERVQUAL已經應用到許多服務接觸方面的評估，其最重要的功能在於透過周期性的顧客調查以追蹤服務品質的趨向。對於多處地點的服務，管理者也可利用SERVQUAL來得知是否有低服務品質的地點存在，若有，管理者可以將焦點放在修正造成顧客不好的認知的來源上。SERVQUAL也可以應用到行銷研究上，以與其他競爭的服務組織做比較，並進一步指出優先考量的與不良的服務品質構面。旅館業服務品質評量模式之建立管理階層與顧客在評估觀光飯店服務品質之間確實存有差異，其差異多呈現在兩者評估服務品質時，對「顧客滿意」詮釋與掌握差異之原因。研究發展提出的服務品質評估模式可讓旅館業者在通則性下評估其服務品質之現況並藉模式資料分析後找出改善重點與方向，藉以協助業者提升服務品質，提高競爭能力，冀能達到企業成功經營的目的（鄭尚悅，2002；林怡菁，2004；洪煜鈴，2004）。

1.服務品質缺口

(1)缺口一：是顧客的期望與管理者對這些期望的認知兩者間的差距。缺口一的發生是由於管理者不能完全地瞭解顧客期望的產生。要消弭這項缺口的策略性方法包括：改進市場研究、管理者與第一線的員工之間培養更佳的溝通方式、減少與顧客疏遠的管理階層數量。

(2)缺口二：是由於管理者沒有能力制訂服務品質的目標水準，以符合對顧客期望的認知，並將其轉變成可實行的計畫書。此缺口的發生是由於管理者對於服務品質缺乏承諾，或是覺得要符合顧客期望是不可能的。設定目標與將服務提供過程標準化可以消弭此缺口。

(3)缺口三：是指服務績效的缺口，是由於眞正的服務提供無法達到管理者所設定的計畫，因而產生績效上的差距。缺乏團隊合作、不良的員工招募、不足的訓練及不適當的工作設計等均是造成此缺口的原因。

(4)缺口四：由於誇大的承諾與第一線員工缺乏資訊，因而導致服務提供與外部誇大的傳播之間差距。運用網際網路提升餐旅業服務品質之研究結果，提供快捷與無遠弗屆的網際網路傳遞訊息方式，確保能有效縮小餐旅業者與顧客間的服務品質認知差距，進而提高顧客滿意度與企業對外競爭力。研究結果將可供餐旅業者在運用網際網路科技工具於服務品質提升做法上之參考（詹弘斌，2003）。

(5)缺口五：品質缺口。即顧客的期望與實際認知的服務間的差距，此差距受到上述四個缺口的大小與方向所影響，可以藉由降低服務機構在管理部門所發現的前4項缺口來消弭。

2.實證研究

林淑珍（1990）的旅館業作業管理與服務品質之研究中發現下列結果：

(1)顧客預期服務與知覺服務水準之間有缺口存在。

(2)顧客預期服務與管理者對顧客期望的知覺間有缺口存在。

(3)顧客知覺服務與管理者對顧客期望的知覺間有缺口存在。

(4)旅館作業管理水準與顧客知覺的服務水準間有高度正相關。

(5)旅館作業管理水準與服務品質缺口大小間呈反向關系。

(6)不同的旅館規模（以資本總額來定義）大小，其作業管理水準有顯著差異。

服務是無形的，且是在顧客與接洽員工接觸時同時產生的，因此在服務尚未發生前，顧客很難評估服務品質。這對服務管理者而言是一項挑戰，因此如欲仿造製造業，在顧客與接洽的員工之間加上品質檢驗是行不通的。

一項住宿旅客及旅館服務人員兩方面提出探討觀光旅館的服務品質及提昇服務品質之方法的研究中，使管理者能更明確瞭解服務品質內涵，以作為其在服務設計與「內部行銷」時之參考。研究以SERVQUAL量表的26個問題做為住宿旅客對服務品質的評價進行量化，其次驗證旅客對服務品質期望與認知之間的差距；接著再根據住宿旅客對各服務屬性之評價水準，找出住宿旅客評估旅館服務品質的4個重要因素構面：服務理念、保證、關懷體貼、服務有形性等4構面；然後探討旅館服務人員在提供服務時造成其服務水準不足的影響因素及彼此的關係；再則分別比較不同需求和不同背景的住宿旅客在各服務品質因素、整體服務品質感受及重視程度的差異，以及不同背景的旅館服務人員在各影響服務表現因素上的差異程度；最後再透過服務品質水準評價及重要性分析，提供相關的建議（胡家華，1993；王政杰，2004）。

第三節　我國旅館業服務品質的管理

一、旅館業等級評鑑制度

(一)評鑑分層

我國旅館業為使評鑑辦理不因過於頻繁而紊亂亦不因周期過長，同時改善旅館之等級評鑑模式與現實不符，將採以三年為一辦理期程。在分層負責上，觀光旅館及一般旅館因分屬不同主管機關，觀光旅館係由觀光局主管，至一般旅館則由各縣市政府主管。觀光旅館86家將由觀光局負責規劃辦理，且觀光旅館將全部參與評鑑，惟評鑑執行事項因須投入大量人力物力，並須同時具備評鑑專業性以及全國公信力，因此觀光旅館

評鑑執行事宜將由觀光局依採購法規定委由民間機構辦理。一般旅館原規劃由各縣市政府主政，但爲避免各縣市執行方法不同而影響評鑑結果，故將由觀光局規劃協調各縣市政府辦理，並由各旅館業者自願申請參加評鑑。

(二)評鑑標識

旅館業評鑑標識將以國際間較普及之「星級」標誌，取代過去「梅花」標誌。由於過去觀光旅館評鑑標識採「梅花」標識，目前仍有業者懸掛該標識，爲與過去評鑑有所區隔，且能便利國際旅客瞭解其意義，將改採國際上較普遍之「星級」標識。

(三)評鑑實施方法

評鑑實施方法將參酌美國AAA評鑑制度之精神及兼顧人力、經費等考量，規劃採取兩階段進行評鑑：「建築設備」評鑑：依評鑑項目之總分，評定爲一至三星級。前項評鑑列爲三星級者，可自由決定是否接受「服務品質」評鑑，而給予四、五星級。旅館等級評鑑標準表整體配分，四、五星級旅館之評定將採取軟、硬體合併加總得分，四星級旅館須爲軟硬體總分合計六百分以上之旅館，五星級旅館則須軟硬體合計總分達七百五十分以上之旅館。前開評鑑之執行與評分則將由曾受旅館評鑑專業訓練或選定之評鑑人員（學者專家）依據「評鑑標準表」辦理。評鑑實施方式規劃區分爲兩階段，第一階段「建築設備」評鑑採強制參與，費用將由政府編列預算支付。第二階段「服務品質」評鑑係由各旅館自行決定是否參加，則評鑑實施費用將由旅館業者自行負擔。

二、建立旅客住宿安全制度

旅館必須建立一套周全的安全制度，以便讓員工和客人免於恐懼，旅館的財務也從而獲得保障（阮仲仁，1991；姚德雄，1997；顧景昇，2002）。以下將詳述旅館安全管理的特點與制度之建立。各項安全制度的建立有助於消彌任何不安全因素，提高服務水準。

(一) 旅館住宿安全維護

旅館對於住旅館客人，在遷入登記時設計驗證有效身分證、護照或外國人居留證等證件，並由櫃檯接待人員登記後，發給旅館住宿證（Hotel Passport），對未持證件登記者，旅館得以婉拒的制度的制度，這是保障旅客住宿安全及隱私的第一步。

當客人返回飯店時，如果因酒醉，服務人員應主動協助客人攙扶回房間並注意其房間之異音發生（如跌倒）。遇客人生病時，應主動協助就醫，並予慰問。對於樓層間有不明人士來回穿梭時，安全部門同仁應主動予以詢問是否可協助服務，瞭解其用意。

旅館也提供「請勿打擾」（Do Not Disturb，DND）的掛牌或燈光顯示，當旅客不願被訪客打擾時，亦可使用此種方式，保有隱私；旅客亦可要求總機過濾訪客電話，保護自己在住宿期間免於被干擾。

(二)建立旅客財產安全

在旅館櫃檯及客房中均設有電子保險箱，供客人存放貴重物品的保管，可交由櫃檯出納負責處理。貴重品的保管，無論在櫃檯或客房，可以有效遏止竊盜事件之發生，這部份即是在

保障旅客重要財產的方式之一。凡在旅館範圍內拾獲的物品視爲遺留物品。任何人拾獲，須送至房務部登記拾獲人姓名、日期、時間、地點及品名等，由旅館統一登記造冊與存放，私存遺留物品的視爲竊盜處理，由可查出客人姓名者，通知客人領回，若無法辨視者，則依物品特性、律定保管期限，逾期後則予消棄。

竊盜事件的預防是客房安全的重要工作。發生在旅館客房的偷竊事件主要與住客、外來人員及員工有相當關係。所有客房鑰匙均置於櫃檯，當客人辦完住宿遷入手續後，分發給客人使用，退房遷出時交回給櫃檯，鑰匙控制良好可減少竊盜事件之發生，當員工發現住客把鑰匙插在門鎖外時，服務人員可取出鎖匙交給櫃檯保管，當客人返回飯客後始交予客人。此外，因公務之需，工程部人員、行李員需進入客房，均須在主管同意之下或由房務員開門，如果房間已是住宿房而客人外出時，房務員要待該員工完成任務後方可離開。

(三)旅館環境安全維護

1.創造沒有危險的工作環境

一般而言，在旅館內部作業安全衛生上，因員工本身疏忽而導致的傷害，占較高的比例，這部分包括對設備器具操作的不瞭解，未按照標準作業流程完成工作，未留意細條的玻璃等，此外也有因作業環境不當如燥音、不當的儲存空間設計等，亦引起作業傷害。因此以創造沒有危險的工作環境是主管與操作人員共同努力的方向。主管應對下屬施以正確的教導，監督工作之安全，若有不安全行爲時，隨時加以修正以防止意外發生，並防止物料儲運、儲存方法錯誤，機械、電氣、器具等設備使用不當所引起之危害，對於新進人員詳細解釋有關安全之規定及工作方法。旅館業應因勞動基準法及其施行細則，勞工安全衛生法及其施行細則所載，加強旅館內部作業安全環境，並爲員工定期施予健康檢查。

2.擬訂環境安全維護任務

旅館業常考慮之環境安全維護包括火災、噪音及其他天災之影響（姚德雄，1997；顧景昇，2002）；在防止火災之發生上，旅館內以各個工作或營業場所區分火災管理責任區，負責工作營業範圍內之安全責任。各部、室、餐廳、廚房之主管則爲責任區之管理負責人，正確維護各種消防、避難設備及確保各項設施的功能[2]。爲做好消防安全管理工作及處理其他災害事件的發生，旅館內依各管理責任區域編織委員會，由總經理擔任主任委員，各有關部門主管則是委員，共同擬訂執行下列任務：

(1)設立消防安全委員會：包括委員會之組成各委員之職責，緊急處理小組之編成，包括指揮中心、緊急引導、緊急救護中心、通報聯絡、緊急避難等組織功能，同時審議消防安全計劃。

(2)防災觀念的教育訓練：委員會平日即應依各任務小組之功能，舉辦訓練課程，如正確的防災觀念緊急逃生的方式，緊急播音之測試，各式消防逃生器材之使用等。除此之外委員會應定期開會檢討相關議題，此部份可視爲例行性訓練課程。

(3)其它緊急事件之預防計劃：委員會應按時督導預防計劃之執行，如消防設備之維護、更新、安全走道之淨空、機電工程檢修等情況，以確保災害發生時，救助機械能正常運作，這部分可以配合工程部例行性檢查工作進行。

3.火災的注意事項

火災的形成原因爲：當可燃物體與氧氣在發火溫度（一定的溫度）之燃燒，極容易形成火災。通常火的形成必須有：(1)可燃物體。(2)空氣。(3)一定的溫度（即熱量）。通常撲滅的方

式有：(1)窒息（隔絕空氣）。(2)冷卻（降低溫度）。(3)拆除（移去可燃物體）等三種方式。依據可燃物物性之不同，一般在旅館內容易引起火災之情形可分爲三類：(1)A類火災：由建材、家具、棉織品、紙張、裝飾等、塑膠之可燃固體物質引起的火災。(2)B類火災：由石油、有機溶劑及液化天然氣等易燃性氣體引起的火災。(3)C類火災：由電線、電動機械、電器用品、變壓器之各種電氣引起的火災。

常用滅火器分爲(1)泡沫滅火器：對A、B類最有效，但電氣類火災忌用。(2)乾粉滅火器：其藥劑爲白色粉末，分ABC與BC二種。ABC乾粉爲木材、油類、電氣類火災均有效。(3)二氧化碳滅火器：藥劑爲99％液態二氧化碳。(4)四氯化碳滅火器：藥劑爲四氯化碳，對電氣火災特別有效。

當旅館發生火災時，身爲服務人員，發現火災或其他災害發生時，首先要保持冷靜與鎮定，立即報告主管及消防編組人員。值勤主管必須馬上奔赴現場，組織員工參加滅火。旅館總經理（或當值最高主管）到場後，視火災嚴重狀況決定報火警及組織客人疏散，並對現場及附近的安全負有責任。現場人員關閉所有電器，以免助長火勢，撤離現場時避免使用電梯。幫助客人撤離時要將房門關上，特別照顧老弱病殘及兒童。保護好起火現場以便查明起火原因。服務人員如果發現火勢尙爲星星之火或是未釀成災之小火足以控制時，應立刻把握時機，以最接近之消防器材或代用品，直接將火撲滅，同時回報處理結果。

除了火災之外，颱風、水災、地震等亦是旅館需要面臨處理之緊急事件，上述委員會之編成亦可以相同模式運作處理相關災害。災害發生時，旅館從業人員除應盡力協助安置客人之生命財產安全之外，亦應主動予以關懷讓住宿的客人無所依靠，此外，旅館亦須注意員工之安全。以使災害所引起之損失降到最低。

4.勞工安全衛生教育訓練

對於勞工安全衛生教育訓練相關因素之研究發現，事業單位辦理安全衛生訓練考量因素為訓練師資與教材考量因素、訓練場所考量因素、訓練對象考量因素、訓練需求考量因素、訓練方式與生產力考量因素、訓練法規考量因素、職業災害考量因素等七個因素。在勞工安全衛生教育訓練辦理情形和員工需求分析，發現在訓練的師資、教學方式、教學媒體、教學時段、上的看法較有一致性（邱學文，1994)。

第四節　服務品質改善計畫

持續的品質改善計畫是非常需要的；而品質改善計畫應著重於(1)不良品質的預防。(2)個人應對品質負責。(3)建立品質是可以被創造的態度。

一、品質管理的觀點：ISO 9000

ISO9000為ISO針對服務品質所定義的一系列標準。ISO 9001是最困難的標準，為提供組織設計、生產、服務、安裝產品的品質標準；ISO9002與9001類似，但主要對象為沒有設計與服務活動的組織；ISO9003的對象是那些不從事生產，只負責銷售的組織；ISO9004則從資訊面向來看，內容是建構一個品質標準所需的計畫。當企業在進行下列的循環時，都會需要ISO 9000幫助他們達成：(1)計畫（Planning）：確定所有影響品質活動的目標、權力、責任已被定義與瞭解。(2)控制（Control）：確定已控制所有影響品質的活動，如：解決問

題、計畫並實現正確行動。(3)文件（Documentation）：確定已瞭解服務目標和方法，確保組織流程順暢、計畫循環的回饋等等。

二、國家品質獎獎勵的觀點

我國經濟的發展已面臨轉型時刻，如何加強企業追求品質的決心，增加產品的附加價值及提升經營品質水準，使我國產品繼續在國際市場上擁有競爭能力。經濟部爲協助企業加速整體品質升級，提高國際競爭能力，特設立「國家品質獎」，「國家品質獎」爲國家最高品質榮譽，其設立之宗旨爲：「樹立一個最高的品質管理典範，讓企業界能夠觀摩學習，同時透過評選程序，清楚地將這套品質管理規範，成爲企業強化體質，增加競爭實力的參考標準」。而國家品質獎的頒發、得獎企業的示範發表與觀摩活動，除可激發企業追求高品質的風氣，更是引導企業邁向高品質的標竿。隨著每年「國家品質獎」的頒發，國內品質提升的工作正加速向前邁進，冀望有更多的人、更多的企業能向「國家品質獎」挑戰，透過挑戰的過程，促使企業全面品質升級，亦使社會因追求高品質而能更進步，進而使我們成爲現代化、高品質的國家。

以國家品質獎的觀點而言，研究發現非製造業國家品質獎的9大構面標準，在國際觀光旅館業的相對重要性有所差異；9大構面中，以「經營理念、目標與策略」、「顧客服務」及「人力發展與運用」在國際觀光旅館業有較高的相對重要性，而「研究發展」的相對重要性則顯著較低。此外，標竿個案的國內部分以亞都飯店爲對象，國外方面以Ritz Carlton及地中海俱樂部爲對象（王世豪，1994）

二、品質保證的員工計畫提升觀點

(一)服務品質改善計畫

許多跨國或跨地區的服務公司都會面臨，如何讓各地子公司或分部提供一致性服務的問題。觀光旅館人力資源管理實務、服務行為與服務品質關係之研究中提出，人力資源管理實務與服務行為確實有顯著的正向關係。而服務行為與服務品質確實有顯著的正向關係，且人力資源管理實務與服務品質確實有顯著的正向關係。其中介變項服務行為對人力資源管理實務與服務品質關係的中介效果只有部分成立（林怡君，2000）。Hostage發現服務品質可由公司灌輸員工態度而改善（Tsang，2002；Stewart，2003），他並認為以下8個計畫可以得到很多效益。

1.個人開發（Individual Development）

教導或指引手冊可使使一位新進的管理人員習得技巧與技術性知識，這些手冊可以確保工作技巧以一致的方式被傳授。

2.管理訓練（Management Training）

可讓中階管理者每年參加一次管理發展會議，或利用2至3天的時間舉辦管理專題的研討班，讓較低階的管理者參加。

3.人力資源計畫（Human Resources Planning）

適才適用是很重要的，主要的方式可用定期回顧所有管理員工的表現，評判他們是否適合目前的工作。

4.專業標準（Standards of Performance）

可編制一系列的小冊子教導員工如何與顧客接觸，甚至告訴他們如何與顧客對話。教材可用視聽資料或錄影帶等更適合的方式，至於是否遵守這些專業標準，則可讓一小組檢查員隨機拜訪、檢查。

5.生涯發展（Career Progression）

工作發展計畫可增進員工技能，並讓他們有機會與公司一同成長。

6.意見調查（Opinion Surveys）

可針對各單位的受訓員工進行年度意見調查，並將調查結果提出討論。這些結果往往是員工不佳態度的早期警訊。

7.公平對待（Fair Treatment）

公司可提供員工一本手冊，記載公司的期望以及對員工的嘉惠。此外，對於員工的委屈或牢騷，也應有正式的申訴過程，並協助解決困難。

8.利益分享（Profit Sharing）

利益的分享可讓員工對公司的成就感到有責任感，而員工努力所得的也不應只是薪水。

以花蓮地區國際觀光旅館爲對象，從服務利潤鏈的角度探討內外部服務品質與忠誠度之關係的研究中瞭解，在組織內部方面，內部服務品質對員工滿意度具有顯著的正向關係，員工滿意度對於員工忠誠度亦具有顯著正向關係；在組織外部方面，外部服務品質對顧客滿意度具有顯著的正向關係，顧客滿意度對於顧客忠誠度亦具有顯著正向關係；然而組織內部與外部的連結一「員工忠誠度對外部服務品質的影響」在本研究中並不顯著。在不同忠誠度員工對內部服務品質的認同程度，除了「政策程序」構面不顯著外，其餘七構面均顯著，高員工忠誠度的員工對內部服務品質八個構面皆比低員工忠誠度的員工有較高的認同。而不同忠誠度員工在人口統計變數上的驗證結果發現，不同忠誠度的員工在年齡、婚姻狀況、教育程度、組織階級、平均月薪上確實有所不同，惟性別與工作性質兩者在不同忠誠度員工間並無不同。不同忠誠度顧客在外部服務品質五個構面上的認同程度有顯著差異存在，高忠誠度的顧客對外部服務品質五個構面皆比低忠誠度的顧客有較高的認同。不同忠誠度顧客在人口統計變數的驗證上發現，年齡、職業、職業階層在不同忠誠度顧客間有顯著差異存在，性別、婚姻狀況、教育程度與平均月薪則不顯著（楊宗翰，2001）。

(二) Philip的14步零缺點品質改善計畫

身爲品質管理顧問的Philip Crosby（1994，1997，2000）也提出14步零缺點品質改善計畫：

1.爭取高階主管的承諾（Management Commitment）

品質改善的需要應先與管理階層的成員討論，這可讓最高階層洞察並關心品質問題，更可確定每個人的合作。

2.品質改善團隊（Quality-Improvement Team）

從每個部門選出成員組成團隊，確定每個部門的參與。

3.品質測量（Quality Measurement）

品質測量可讓一個公司審視自己是否還有未做到的地方，並進而建立它。通常，當詢問員工意見，請他們自訂其工作的品質測量法時，服務員工的反應多半會比較熱心或感到驕傲。

4.品質成本評估（Cost-of-Quality Evaluation）

爲了避免計算的偏差，可請主計處計算品質成本。品質成本的測量可指引組織哪些是可帶來效益的正確行動。

5.品質意識（Quality Awareness）

利用小冊子、影片以及海報讓管理者和員工知道不良品質所帶來的成本，以關心品質改善的證據改變他們的態度。

6.校正行動（Corrective Action）

校正行動是一連串有系統的過程，從面對問題、告知問題到解決問題。最好能即時即地發覺問題並進而改進。

7.建立零缺點計畫（Establishment of a Zero-Defects Program）

由三到四人組成小組調查零缺點的概念及操作計畫，該委員會應對所謂「零缺點」的意義有所瞭解。零缺點的概念應是每個人都能在第一次即做對他的工作，而這個觀念應清楚傳達給所有員工知道。

8.監督管理者訓練（Supervisor Training）

應讓所有階層的管理者向其員工表達這個零缺點的品質改善計畫及概念。

9.零缺點日（Zero-Defects Day）

零缺點日的實行，是員工對組織朝向品質努力的態度產生認知。從這天起，零缺點將是該組織表現的標準。

10.設定目標（Goal Setting）

鼓勵員工自行建立改善目標，而管理監督者也應幫助員工設定專業且能夠測量的目標。

11.移除錯誤之因（Error-Cause Removal）

要求員工寫下簡單、一頁的問題，說明任何可能讓他們造成失誤的原因，並要求相關單位迅速回應這些問題。

12.表揚（Recognition）

爲達到目標的員工建立獎勵計畫，可加深他們的認知。

13.品質會議（Quality Councils）

必須透過會議討論該計畫的改進方式，才能讓品質專業成爲日常規範的基礎。

14.再做一次（Do It Again）

典型的計畫超過一年後，員工往往需要新的教育訓練。不斷重複能讓計畫成爲組織中永遠的一部分。

(三)戴明的服務品質改善14點原則

戴明認爲品質會產生問題，管理方面應負85%的責任。管理者應將焦點放在顧客需求及持續改善以保持競爭力的議題上。他對服務品質改善亦提出下列14點原則：

1.將產品與服務的改善視為持續的目標（Create Constancy of Purpose Improvements of Product and Service）

管理者不應認爲品質改善只是下一季的事情，而應是未來所要建立的。

2.採用新的哲學（Adopt the New Philosophy）

拒絕接受遲緩、品質不佳的工作或散漫的服務成爲一般可接受的層次。

3.停止依賴大量檢驗（Cease Dependence on Mass Inspection）

調查監控往往太慢且耗費成本。改善過程本身才是最重要的焦點。

4.不能只靠價格篩選合作公司（End the Practice of Awarding Business on Price Tag Alone）

購買百貨應以品質爲基礎，而非以價格爲基礎。

5.持續並永久地改善產品與服務系統（Constantly and Forever Improve the System of Production and Service）

不斷找出問題及改進方法。

6.建立現代工作訓練的方法（Institute Modern Methods of Training on the Job）

重新建構訓練方式，決定工作可接受的標準，並以統計方式評估此項訓練。

7.建立現代監督管理的方法（Institute Modern Methods of Supervising）

讓監督管理者幫助員工將工作做得更好。

8.遠離恐懼（Drive Out Fear）

鼓勵問題與概念表達的溝通，以除去恐懼感

9.打破部門間的障礙（Break Down Barriers Between Departments）

鼓勵人們以團隊工作或使用品質控制標準的方式解決問題。

10.不以數字衡量工作力（Eliminate Numerical Goals for the Workforce）

爲了增加生產力的標語、海報應予去除。這樣的方式可能會引起員工的厭惡，因爲大部分必要的改變在他們的控制之外。

11.除去工作標準與數量配額（Eliminate Work Standards and Numerical Quotas）

如果產品配額的焦點放在量的方面，則會造成不良的品質，應使用統計方式持續改善品質與生產力。

12.除去員工的阻礙（Remove Barriers that Hinder Hourly Workers）

應讓員工對工作品質有回饋（Feedback）的機會，並將其工作中的障礙予以除去。

13.建立完備的教育訓練計畫（Institute a Vigorous Program of Education and Training）

爲了增進員工技術，所有員工都需要持續的訓練，這些訓練應包含基本統計技巧。

14.在最高管理階層建立架構，每日推進上述13點原則（Create a Structure in Top Management that Will Push Every Day on the Above 13 Points）

這是爲了讓管理者能永久、持續地改善品質與生產力。

(四)觀光旅館業服務品質改善策略之研究

吳勉勤（1991）在觀光旅館業服務品質改善策略之研究中提出，觀光旅館服務品質改善策略，可歸納為8項結論：

1.著重標準化作業流程。

2.通盤檢討現行制度。

3.依各部門實際需要分別辦理人力培訓工作。

4.滿足旅客需求。

5.加強售後服務。

6.建立合理賞罰制度與升遷管理。

7.整合各部門意見。

8.建立旅館資訊系統。

另外，張心美（2000）的研究指出，觀光旅館員工授權、服務行為與服務品質關係之研究業者在提升旅館服務品質時，亦可從員工授權的角度著手，建立良好的授權環境，提供員工自我決策與發揮影響力的空間，則會對服務品質產生直接的正面影響，且亦可透過好的服務行為表現而間接地正面影響服務品質。

餐飲服務人員工作生涯品質，服務態度對顧客滿意度，顧客忠誠度影響之研究員工對工作生涯品質的認同度會影響工作生涯品質的滿意度，其中以工作品質及關係品質的影響最大。在顧客對服務人員服務態度滿意度上，服務人員的專業技術、友善親切對影響顧客對服務人員的滿意度最大。然而二者之間除了友善親切不受員工工作生涯品質認同度的影響之外，其餘四者和員工工作生涯品質（個人品質、工作品質、組織品質、關係品質）有顯著的正相關存在。至於顧客對整體滿意度方面，顧客對服務人員服務態度的滿意度會影響顧客對整體滿意度，進而影響顧客忠誠度（徐于娟，1998；趙惠玉，2003）。

問題與討論

1.請說明服務的特性。並討論旅館爲何應該重視服務？

2.請說明服務品質的缺口，及討論如何改善各缺口？

3.建立旅客住宿安全制度建立旅客住宿安全制度的作法。

4.請比較商務型旅館及休閒型旅館在執行旅館服務品質改善策略的異同。

5.請討論客務服務及餐飲服務在執行旅館服務品質改善策略的異同。

6.戴明認爲管理者應將焦點放在顧客需求及持續改善以保持競爭力的議題上；他對服務品質的改善亦提出下列14點原則；請問哪些事旅館業可以運用的？

註釋

1 Pareto（帕列拖）是19世紀的義大利經濟學家，他發現80％的國家財富集中在20％的國民手中，此即80／20Rule。同時此一定律亦適用於許多狀況。

2 台中衛爾康餐廳大火，令人記憶猶新，不僅造成無法彌補的遺憾，亦可能使旅館毀於一旦，所以旅館內必須有一套完善的消防計劃，預防及應變火災的發生。

第八章 服務失誤與服務補償

- 顧客抱怨
- 服務失誤的意義
- 服務補償

發源於波士頓的國際連鎖旅館麗池卡爾登（Ritz-Carlton），結合了巴黎麗池的法式奢華和倫敦卡爾登的英式品味，儼然成了美國富裕的標記，多年來幾乎是美國富豪在世界各地旅行的歇腳地。新加坡的這一家，在過去數年更以貼心服務著稱，還因此得到好幾種頒給旅館業的「世界最好的服務」評鑑。麗池卡爾登的員工座右銘是：「我們是服務淑女和紳士的淑女和紳士」，很少見旅館有這樣的待客方式。通常，旅館從業人員都以「下人」對「主人」般的職業式客氣應對。

《哈佛商業評論》的資深編輯保羅・漢普（Paul Hemp）藉由一周的時間到波士頓的麗池卡爾登飯店受訓並擔任客房用餐服務生，來體驗各式各樣有助於確保提供最佳服務的目標、原則及作法。首先，在為期兩天的職前訓練中，讓他有機會學到，公司如何重複灌輸給新進員工的麗池顧客服務哲學：「黃金標準」。說明會中，主管提及「黃金標準是各位制服的一部分，跟各位的名牌一樣。但是記住一點，除非各位付諸行動，否則它不過是一張護貝過的薄片而已。」如何賦予黃金標準生命則是每位麗池卡爾登成員必須努力的方向。在實際上場操作中，保羅體驗到良好的顧客服務建立在機動的原則，而非一成不變的公式上。他也深思到麗池為贏得員工的心所做的努力。經理人可以藉由強調公司的傳統，促使員工將情感投入本身的工作。然而奉獻之心只有在員工被賦予權力主動採取行動時，才會成為員工提供卓越服務的趨力，也只有在員工願意運用時才能發揮效力。

在服務設備上，Ritz-Carlton如同其它國際連鎖旅館有一個電腦資料庫，儲藏每個住房賓客的偏好與習慣；獨特的是：旅館內員工隨時回報客戶喜好，當下次同一個賓客住房時，根據所累積與收集的資料，貼心地給予客戶做適當的安排，包括書桌位置的放置與餐點的飲用習慣等。全方位積極貼心的顧客觀點的整合與資料的分析與應用，將成為爭取顧客與保有現有客戶的關鍵成功因素之一。

現今社會競爭日趨激烈，產品差距日漸縮小之際，未來企業成功的關鍵，除了技術的高下外，更以服務的優劣爲導向。探討服務品質的另一項重要觀點爲：既然服務過程充滿了不確定的因子，影響服務提供者提供服務的結果，也就是說，服務過程中種種的不一致過程會造成顧客對於服務的不滿意，研究者則將研究的主題轉移到服務失誤的部分，關心企業經營者如何探討服務失誤的類型與因應之道，也就是說企業如何以服務補救的方式去補償本身所造成的失誤，在服務補救的觀點下，期待面對失誤的顧客可以繼續忠心地消費，也就是忠誠度或在購意願的問題。

產業中的競爭者，泛稱產業中的對手，它也就是顧客拿來與企業比較的對象，消費者會把某企業的服務反應，立即和別家相互比較，而來衡量自己所獲得的服務結果是否更好或更差，這就是服務滿意的基本衡量的想法，所以企業必須提供較競爭對手更細緻的服務，才會讓客人再購意願提升。但在服務中，即使有再好的服務或高品質的服務傳遞過程，也難保執行作業的從業員不會犯錯，在面臨服務失敗時，顧客的抱怨行爲將接踵而至，而有效掌握服務失誤的成因及妥善進行服務失誤補償處理，把不滿的顧客變爲一輩子的顧客，就顯得格外重要(龔聖雄，2002)。

知覺是指顧客在選擇、組織與解釋外來刺激，並賦予其意義的過程。顧客在購後若感覺後悔，會產生購後失調，這種認知對顧客的滿意度產生負相關，嚴重影響顧客再次購買的意願，和其他消費者對這品牌與服務的評價，因此服務人員不僅要促銷，更要降低顧客之購後失調（Keir，1995），這是企業應該愼思的。

第一節　顧客抱怨

服務的產生和消費是同時發生的，服務傳送與服務提供者是不可分離，所以在服務傳送時的任何一個服務接觸，若產生服務失誤，都會使顧客產生負面的反應（Goodwin and Ross, 1990）。 在對顧客的服務過程中，影響最大的就是服務時接觸時刻，包括顧客及服務人員，服務人員的表現，將會使顧客對服務的認知產生重要的影響我們必須把握這個關鍵點，使其不發生服務失誤（吳家傑，2002）；而企業則是將兩方連結在一個情境中，企業不可以忽略第一線人員的重要性，並規模出應有的行爲準則規模及程序。

一、掌握關鍵時刻

由於服務失誤無可避免顧客受到服務失誤影響時便會產生顧客抱怨行爲。服務業在服務傳遞的過程中，會與顧客產生服務接觸，而在每一個接觸時刻或接觸點會產生失誤的現象，一旦服務過程中發生失誤，便會影響顧客滿意及消費者購買的意願，因此必須要去維持良好的顧客關係，把握每一個接觸的關鍵時刻，把可能發生的服務失誤，轉化爲創造出顧客更爲滿意的服務水準，培養更多的忠誠顧客（周毓哲，2001；李慈慧，2002；吳進益，2003）。服務過程中眞正能掌握關鍵時刻（The Moment of Truth），也就是服務人員和顧客接觸的重要那一刻，服務失誤的機率降低，顧客抱怨也會減少。大體上所稱服務的過程，是包括由產品、設備、訓練、動線設計和服務所組合而成，缺一不可。往往在以上所述的組合上無法掌握，造成

失誤發生，有後續不同強度的抱怨，不再上門負面產生，當服務造成失誤時，公司應透過服務補償來達到顧客滿意。更有研究指出服務補償與再購意願（Future Buying Intention）之間有正向的相關性（Spreng，Harrell and Mackoy，1995；Cannon and Homburg，2001）。

二、顧客抱怨分類

(一)困擾－不行動與困擾－行動

顧客受到服務失誤時，便會產生各種不同的抱怨行爲。Warland et al.,（1975）是提供抱怨行爲分類的早期研究者，後續研究大都沿用其分類模式，他將抱怨分類分爲：(1)困擾－不行動（Upset-No Action）與(2)困擾－行動（Upset-Action）等二種類型。

(二)兩階層的分類模式

Day and Landon（1977）提出一個兩階層的分類模式，第一階層分行爲反應（採取某些行動）與非行爲反應（不採取行動）；第二階層以產品的本質與重要性爲基礎，來區分公開行動與私下行動，其中公開行動包括直接像企業徐尋求賠償或補償、向消費者組織抱怨和訴請法院求償，而私下行動則是抵制企業或製造商和警告親友等。

(三)以抱怨行動的目的分類

針對上述分類方式的第二階層可以再另一種分類基礎，顧客抱怨行爲，是爲了達成某特定目的，顧客可以提出各種理由，以採取抱怨行動，而以此抱怨行動的目的，將顧客抱怨行爲分爲三類：

1.尋求賠償

顧客採取抱怨行動的目的是爲了尋求賠償，直接向企業或製造商尋求賠償或間接透過第三團體來求償如向法院採取法律行動和請消基會協助等。

2.抱怨

把不滿情緒傳給他人，而不是尋求賠償，如將影響未來行爲和以負面口碑傳播警告親朋好友等。

3.個人抵制

採取不再購買該產品或品牌，並不向該商店或製造商購買。心中不滿的顧客中，只有4%會將抱怨說出來，其它96%的人往往會保持沉默而不再光顧第二次；也就是說，25個顧客中，只有一個顧客會將心中的不滿說出來（徐華瑛，1999）。企業在失去顧客生意機會的例子中，80%並非基於品質不良，而是企業未能持續投注服務心力在維持與建立顧客滿意上（Gitomer, 1997）。

(四)驗證性方式

Singh（1989）首先使用驗證性的方式，來找出抱怨行爲類型，他試圖以系統性的方法，整合以往的研究，以解決消費者抱怨行爲相關觀念對於定義、分類方式、與衡量等不一致的問題。他利用10個題項所獲得的四組消費者抱怨資料，用驗證性因素分析對Day and Landon（1977）、Day（1980）和Bearden and Teel（1983）之抱怨行爲模式進行測試。實證結果發現，以前的分類方式並沒有一個足夠的代表性，於是Singh乃提出經實證資料所建構的新分類模型，分成出聲抱怨、私下抱怨以及第三團體抱怨。另外鄭紹成（1997）則探討零售服務業之服務失誤類型將失誤分成三大類，並發現顧客之抱怨以私人抱怨最

多，聲音抱怨居次，無反應第三。謝躍龍（1996）則認爲各產業中顧客所產生的抱怨程度是有差別的，不同產業之抱怨行爲可能不同。Singh（1991）認爲產業結構的特性會對顧客購買後的溝通行爲產生影響。

三、消費者抱怨行爲的研究方向

企業爲了長期維持與顧客的關係就必須深入瞭解消費者抱怨的行爲，並針對消費者不滿意採取適當的處理方式，再創造顧客忠誠。至目前爲止，對於消費者抱怨行爲的研究方向大致可分爲三大類：(1)消費者抱怨行爲及其影響因素之研究。(2)抱怨處理方式與抱怨處理滿意度之研究。(3)抱怨處理滿意度與抱怨後行爲之研究（藍政偉，2000；邱莉晴，2000；林長壽，2001，邱金蓮，2003）。

一家企業公司若能正確處理顧客抱怨必然能從中建立許多生財機會，大體來說顧客抱怨可以指出企業缺失處同時也會提供爲其第二次服務的機會（陳耀茂，1999）。對於旅館顧客抱怨的分類有(1)核心服務抱怨；(2)消費者特殊要求抱怨；(3)服務人員態度抱怨（藍政偉，2000）。

四、消費者抱怨與企業成本

曾志民（1996）針對顧客抱怨加以探討，發現「問題嚴重性」愈高，消費者公開及私下抱怨意圖愈強烈。其次消費者對問題採取「外部歸因」時，有較強烈的公開及私下抱怨意圖。「消費者的個人規範態度」影響其公開抱怨意圖，但不強烈。「消費者的社會規範態度」並未對公開抱怨意圖造成顯著影響。消費者對抱怨的「期望價值」愈高或進行「抱怨的成本」愈低時，公開抱怨意圖愈強烈。對抱怨的態度、抱怨的期望價值、進行抱怨的成本等干擾變數均未對消費者私下抱怨意圖造成顯著影響。

在服務失誤產生時，顧客的反應最初只是單純的沮喪、失望或是生氣，但若公司對顧客所遭遇到的服務疏失未能妥善解決的話，顧客心中負面的態度會更加強烈（Webster and Sundaram，2000）。因爲顧客心中的問題若未能得到解決，則很可能會影響到顧客對公司的看法甚至影響到其消費行爲，其所帶來的影響茲事體大。就如同Johnston and Hewa（1997）在其一篇探討服務失誤因應的文章中提到服務失誤可能產生的成本如顧客流失、潛在的機會損失、負面的口碑、與顧客心中的不滿與怨恨。與負面口碑比起來，正面口碑平均約傳遞六個人，負面口碑則傳遞了11人（Hart，Haskett and Sasser，1990），負面口碑所造成對潛在顧客影響責難以估算，而不滿或怨恨的顧客則可能採取更激烈的手段，這些行爲皆會對公司產生相當大的負面的影響（周旬旬，2004）。

第二節　服務失誤的意義

服務失誤指的是顧客認爲企業之服務或產品不符合其需求或標準，由消費者認定爲不滿意之企業服務行爲（鄭紹成，1997）。因此，當顧客需求的服務未達滿足或服務發生不可預知的延遲，還是核心服務低於消費者心中可接受的程度的話，就會產生服務的疏失（Bitner，Booms, and Tetreault，1990；1994）。服務失誤的形成原因可能是產品本身的瑕疵、也可能是服務流程的疏失，也可能是提供產品服務過程中人的因素所造成，許多研究也都對不同總類的服務失誤提出不同的看法。

旅館管理

一、服務失誤的類型

(一)利用重要事件技術法

有多位學者利用重要事件技術法（CIT）找出服務疏失的類型，其中服務疏失的構面歸類頗為一致，包含：

(1)對服務傳送系統或產品疏失的員工反應。(2)對顧客需要或要求的員工反應。(3)員工自發性的行為。(4)顧客的問題行為等四大構面，認為服務的疏失除了員工與產品本身的因素外，更包括了顧客的因素，如不合理的行為或要求等皆會影響服務的提供。

但是各學者在服務疏失各構面中的細部項目仍略有差異。(Hoffnman et al,1995）在服務傳送系統或產品疏失的員工反應中的項目分類較細，有9項之多，其實就「產品缺陷」、「保存疏失」與「缺貨」等均與Bitner所提出的「無法得到的服務」項目雷同（Bitneret al.，1990；Bitner et al， 1994)，整體而言，其相似程度高。

(二)國際觀光旅館服務失誤之研究

過去對服務失誤之研究，大多從顧客角度研究且集中在「企業」的層次上探討，對於不同產業屬性之服務失誤，則少有觸及。基於國際觀光旅館的特殊屬性，服務失誤通常是顧客主觀的判定，若服務失誤單以定量方式研究，所得之結果較缺乏深層意義；且服務失誤可能發生在顧客與員工的任何一個服務接觸時點，僅以顧客角度探討，忽略員工的觀點，結論將無法完整呈現出影響服務失誤之因素，且客觀性不足。

1.國際觀光旅館服務失誤之類群

以國際觀光旅館為例，可以蒐集第一線服務人員對服務失誤之觀點及案例。佐以專家訪談分析確定關鍵因素的構面及各因素構面間的獨立性，進而建立整體因素層級架構，設計國際觀光旅館服務失誤關鍵影響因素之專家問卷，運用分析層級程序法（Analytic Hierarchy Process, AHP），計算出每個因素的權重，以確認其關鍵因素。研究結果發現，以定性研究之關鍵事件法探討，顯示國際觀光旅館屬性特殊，其服務失誤類群不同於一般服務業，計歸納出6大類群，16項服務失誤關鍵影響因素，除「服務傳送系統失誤」、「顧客需求之員工反應」、「員工個人行爲」、「問題顧客行爲」4類，應再包括「實體環境設施」及「商品品質或產品價值」2類，其中可歸因旅館本身或旅館員工所造成之服務失誤高達102件，占訪談案例91.07%。

2.服務失誤關鍵影響因素

研究並指出服務失誤關鍵影響因素發生頻率之前六大要因依序爲（輝偉倬，1996；鄭紹成，1998；鄭惠玲，2001；蔡臆如，2002）品質不佳或產品缺陷、服務緩慢或忘記提供服務、設備設施故障、未感受到物超所值、員工知識或技能不足、員工負面回應，其中服務失誤因素來自於內部員工，頻率達29件，占訪談案例25.90%。根據分析層級程序法之分析，在國際觀光旅館服務失誤六大類群中，以「顧客需求之員工反應」的權重最大，其次爲「員工個人行爲」及「服務傳送系統失誤」，而以「問題顧客行爲」爲最低。前六大影響要因以「未按顧客特殊需求安排」的權重最大，其次分別爲「員工負面回應」、「無敬業態度或態度傲慢」、「品質不佳或產品缺陷」、「員工製造的窘境」及「服務緩慢或忘記提供服務」，而以「借題發揮」爲16項之末。專業經理人普遍認爲國際觀光旅館之市場結構，較偏向服務價值之市場，也就是服務價值已經超越商品品質，顧客對服務滿意度比對商品滿意度還重視。即企業經營之成敗關鍵，商品本身或銷售能力已不再是主流，取而代之的是在於能否滿足顧客的需求，甚至於提供的服務能否超越顧客的期望

（龔聖雄，2001）。

值得注意的是服務過程中造成的等候是無可避免的，任何服務系統都會有等候的情形（歐季金，2003）。由於抵達率的波動與服務時間的變異造成等候的發生，因此，只有在顧客被要求於固定的時間間隔抵達，且服務時間固定不變的前提下，才可能完全沒有等候的情形。當消費者的時間愈來愈緊迫，等候的時間他們來說變成是一種浪費，所以管理者面臨的重要課題便是將交易時間縮短。

二、等候理論

服務可能包含一系列的等候線，或由更複雜的等候線網路組成。等候線是指顧客在等候服務員的服務所形成的一條線，但不一定是服務員之前的一條實體的線。等候的經濟成本可以從兩個觀點來看：包括內部顧客等候的成本可以由非生產性工資來衡量；而外部顧客等候的成本即是放棄利用這段時間的其他選擇，並包括心理上痛苦的成本。Maister（1982）提出兩項「服務法則」：其一是有關顧客期望與認知的比較，當顧客所接受到的服務超乎期望，便會快樂、滿意地離開，並將這項好的服務告知友人，使服務因口耳相傳效果而受益；然而，口耳相傳效果也可能使服務以同樣方式得到不好的名聲。其二是顧客的第一印象會影響剩餘的服務經驗，因此需讓顧客等候的服務應注意使等候期間成為一種愉快的經驗。

(一)等候心理

對顧客來說，等候的認知通常比眞正花在等候的時間更重要，所以服務提供者必須考量下列幾種等候心理。

1.人們不喜歡空白的時間，因其不但使人們無法從事生產性的活動，而且帶來不好的感覺，尤其是它似乎是永遠持續的，因此服務機構必須以正面的方式填補這段時間。例如：在等候區放置舒適的椅子、在靠近電梯旁安裝鏡子等。

2.Maister指出，與服務有關的轉移行爲可以傳遞服務已經開始的訊息，因此降低顧客的焦慮程度。例如拿菜單給等候用餐的人；與服務尚未開始相比較，當顧客感覺服務已經開始，便可以容忍較長的等候；而且顧客對起初的等候比服務已經開始的等候更容易變得不滿意。

3.在服務開始之前，顧客可能存有許多焦慮，例如：我是不是被忘記了？這個隊伍好像都沒有移動，我還要等多久？我如果去洗手間，是不是就失去我的位置？而這些正是影響等候的顧客的最大因素。因此服務管理者必須發展緩和焦慮的策略。例如：安排員工招呼顧客；告訴顧客大概要等多久；利用預約減少等候時間；對延誤提出簡單說明與致歉。

4.不確定性與未解釋的等候會造成顧客的焦慮，而當顧客看到晚來的人先接受服務時，焦慮會轉爲對不公平的憤怒，而服務提供者與篡位者均會成爲憤怒的目標。爲避免違反先到先服務（First-Come, First-Served，簡稱FCFS）的等候規則，可以採用「取號碼牌」的策略，以降低顧客對等候長度與可能之不公平性的焦慮，而附隨的好處甚至可以鼓勵衝動購物，但顧客仍未能完全免於焦慮，因其必須保持警覺是否快輪到自己的號碼，或冒著失去等候位置的風險。此外，當有多個服務員時，可採用單一等候線以維持FCFS規則，例如銀行、航空公司櫃檯。因爲顧客可以確保公平性，所以可以放鬆心情與他人交談，如此不但占據了顧客的空白時間，而且可以使等候時間感覺較短。有些服務可能對特殊的顧客給予優先處理，例如頭等艙旅客專用報到櫃檯，不過爲免激怒其他顧客，造成明顯的歧

視印象，最好能隱藏這類特殊的處理。

5.管理者必須留意顧客在等候過程的需要，在等候期間承受到不必要之焦慮或憤怒的顧客，最可能成爲苛求的顧客，甚至是將失去的顧客。

(二)等候理論

David Maister提出8個等候理論之原則如下：

1.空閒的時間感覺比忙碌的時間長。

2.過程前的等待感覺比過程進行中的等待來得長。

3.不安、渴望使等待似乎更長。

4.不確定性的等候比已知固定的等候更長。

5.沒有解釋的等候比解釋過的等候長。

6.不公平的等候比公平的等候長。

7.服務愈有價值，人們愈願意等候。

8.獨自等候的時間長於群體等候。

(三)等候線

許多研究者將研究重心放在等候線的處理上，等候線配置指的是等候線的數目、位置、空間需求，以及對顧客行爲的影響（王貴正，2000）。等候線規則是由管理者所建立的政策，據以從服務等候線中選擇下一位顧客。最常見的等候規則是「先到先服務」（FCFS），代表以人人平等之規則服務等候的顧客。FCFS是靜態的，因爲它僅使用等候線的位置去辨識下一位顧客。等候線的設計包括三種等候線，說明如下。

1.多重等候線

第一類型爲多重等候線：顧客必須決定要加入哪一條等候線，而這個決策並非無法挽回，因爲顧客可以轉移到另一等候線的最後，我們稱之爲「換線（Jockeying）」。多重等候線的優點如下：(1)可以區分所提供的服務。例如超級市場採行的快速結帳通道，可以將採購種類與數量較少的顧客加以隔開，並快速處理，以避免少量採購之服務而引發之長時間等待。(2)可以採用分工原則。例如銀行讓較有經驗的行員來負責複雜性高的櫃檯。(3)顧客可以選擇喜歡的服務員。(4)可以減少逃逸(Balk)的行爲。

2.單一等候線

第二類型爲單一等候線：顧客被迫加入一條彎曲的等候線中。當其中一位服務員有空時，排在等候線最前面的顧客可立刻走向該服務員的櫃檯接受服務。其優點包括：(1)可以保證所有顧客均遵守FCFS規則，因此公平性無庸置疑。(2)因只有一條等候線，故無是否該換線之焦慮。(3)只有一個入口，因此很難插隊也較不容易「脫線」(Reneging)。(4)可以保持私密性，因爲交易的時候沒有人跟在身後。(5)是平均等候時間最少的一種。

3.取號碼牌

第三種類型爲取號碼牌：爲單一等候線的一種變化，由到達的顧客領取一個號碼，以代表他在線上的位置。優點在於不必形成一條實際的等候線，顧客可到處走動、與人交談。但是仍須保持警覺注意到自己的號碼是否被呼叫。

等候線規則會大大地影響正在等候之顧客脫線之可能性，因此管理者應該讓剛到達的顧客獲知期望等候時間的訊息，並隨時告知正在排隊的顧客新的期望等候時間。有些連鎖速食店採行更直接的方法以避免顧客脫線，當等候線逐漸變長時，一位服務員立即到等候線中去接受點餐。另一種稱爲循環服務觀念，常被大型電腦所採用，在這種系統中，顧客先接受部份的服務，此外如果等候的區域無法容納所有需服務的顧客，那麼她們將會離開。這種情況即是所謂有限的等候線。有限停車位

旅館管理

的餐廳會面臨此種問題。

三、服務接觸

服務接觸關心的是伴隨提供服務的人所產生的因素；由於服務的產生和消費是同時發生，服務傳送時與服務提供人不可分離，所以，服務傳送時的任一接觸點失誤，就會產生消費者的負面反應（Goodwin and Ross，1992）。而從服務時間之縱斷面來看，服務失誤發生，可在顧客與服務業員工之任何接觸時點，不論從第一次接觸到最近一次接觸；嚴重程度也可從微不足道到非常嚴重（Kelley Hoffman and Davis，1993）。

服務接觸（Critical Service Encounter）而此方面學者研究方向有三：管理顧客和員工在服務接觸時之互動和瞭解顧客如何衡量個別服務接觸，服務接觸時顧客參與和服務產生、傳送之顧客角色有形實體環境在顧客衡量接觸之角色。

Bitner et al.（1990）由調查員工服務接觸的角度出發，來探討顧客滿意與不滿意之狀況；在以航空公司、旅館、餐館三種行爲顧客之700件案例中，發現可分爲三類：服務傳送系統失誤之員工反應、顧客需求和要求之員工反應、員工自發性行爲。Bitner et al.（1990）之分類，亦被學者應用在探討服務失誤。如Kelley，Hoffman and Davis（1993）以Bitner et al.（1990）的研究分類爲基礎，另以零售業爲研究對象，在661件案例的分析上，歸納出3大類15細項的零售失誤。Hoffman，Kelley and Rotalsky（1995）針對餐飲業爲調查對象，373件案例的研究顯示，服務失誤可分爲3大類11細項。後來Bitner，et al.（1994），改從員工觀點來研究重要服務接觸，目標對旅館、餐館、航空公司三種行業之員工，蒐集到781件案例，而歸納出4類的服務接觸，與Bitner et al.（1990）

研究最大之不同在於是提出新的問題顧客行爲（Problematic Customer Behavior）分類方式。

第三節　服務補償

一、服務補償與顧客滿意度

在服務缺失發生時，由於和顧客接近的第一線員工最先知道問題發生，是否能掌握時機，迅速找出並採取那些安撫及補救措施；如果處理得當，即能爲公司爭取到忠誠的顧客，而不是失去一名顧客。所以服務補償是企業面對服務失誤時，對於顧客所採取之行動（Gronroos，1988）。此行動之正面效果可消除或減少顧客不滿意之態度，持續與企業交易，而服務補償行動雖然有時成本昂貴，但可視爲改善服務傳送系統的機會，產生更多之滿意顧客。對於顧客而言，面對企業所提供之服務不滿意時，通常情緒反應強烈，因此，補救行動也要同等強烈有效；而顧客不滿意之緣由，除了企業之服務失誤之外，另外絕大部分是來自未能做好服務補償行動，甚至亦是導致顧客轉移、改向其他企業交易之主要原因之一。因此，企業採取良好的服務補償將有助於加強顧客滿意度、建立顧客關係並防止顧客之流失。

當顧客向服務人員表示不滿意時，企業由管理人員作出指示後，由適當的服務人員來回應顧客的抱怨，並滿足顧客的需求，且強調與顧客接觸之服務人員的重要性。每個企業都應該鼓勵顧客提出抱怨，因爲抱怨者提供了在服務程序或管理上有何需要改進的地方，抱怨的顧客就如期是公司的顧問，可以幫公司預防服務失誤所造成的顧客流失。

二、補償方式

(一)向消費者解釋

Greenberg（1990）認爲爲了維持消費者對公司或產品的正面觀感，提出三種向消費者解釋的方式，他將解釋分成三類，包括(1)找理由：不承認公司的錯誤。(2)道歉：承認公司的錯誤並加以道歉。(3)證明正當：承認公司應該對錯誤負責，但卻不認爲此一事件會對整體服務品質造成影響。

(二)以程序公平、分配公平及互動公平觀之

Goodwin and Ross（1992）以程序公平、分配公平及互動公平來探討服務失誤時顧客的反應，發現企業的申訴機會和道歉，可以加強公平與滿意的感受，如果再加上企業的折扣或禮物時，則補救的效果也愈好，若沒有實質的物質作補償，僅僅只有口頭上的道歉，則補救的效果較小。

1.程序公平

程序公平強調企業應該制定一套方式讓消費者有機會對服務失誤申訴或更換的管道，許多企業設立的免付費電話及購買7日內無條件更換產品即是基於程序公平的關內所提出得做法。

2.分配公平

在分配公平上強調當消費者購買的產品有瑕疵時，企業應當給予實質的補償；在服務補償之補償行動分類上：Kelley et al.（1993）調查發現零售業的服務補償方式有：折扣、更正、管理者或員工解決、更正加補償、更換、抱歉、退還金額、顧客自行更正、給予折讓、不滿意之更正、加大錯誤、不做任何處置等方式；Hoffman et al.（1995）對於餐飲業的服務補償調查，業者使用的補償行動種類有：免費食物、折扣、優待

券、管理者出面解決、替換、更正、道歉、不做任何處置。若從「有形」構面上來分析：折扣、免費、補償、退還金額等屬於較有形解決；而「無形」服務構面則有管理者或員工解決、抱歉、更換、更正服務態度；惡化型的服務補償則是加大錯誤和不做任何處置。

3. 互動公平

在互動公平上，面對服務補償之執行方面：Hart (2000) 建議企業有效進行補償過程為：(1)衡量成本；(2)打破沉默；(3)預測補救需要；(4)快速行動；(5)訓練員工；(6)授權第一線員工；(7)結束補償行動。Bell and Zemke (1987) 提出服務補償的過程有六項：(1)瞭解並道歉；(2)傾聽表達同理心；(3)適當解決問題；(4.)供補償；(5)遵守對顧客承諾；(6)繼續追蹤。Tax and Brown (1998) 的服務補償模式主要包含：(1)確認服務失誤類型，(2)解決顧客問題，(3)針對失誤進行分類與教育，(4)整合與改善服務系統。

雖然，學者重視服務補償方面之研究，而一般也認為服務行銷觀念會引導企業決策，不過，實務上卻並非如此，有許多服務業在實際運作時並未將重要經營觀念，例如服務補償落實在實際工作與服務顧客 (Zeithaml，Parasurman and Berry，1990)。Cathy and Ross (1992) 以汽車修理、航空旅遊、牙醫服務和餐飲服務為例，探討三種服務補救方式（道歉、發表意見、有利補償）對顧客公平性知覺的影響。結果發現：發表意見、有利補償對公平性知覺產生正面影響，可加強顧客公平和滿意的感受；而道歉效果則不顯著；但道歉與有力補償的交叉效果對公平性知覺有正面影響。

(三)服務補償程序

服務補償依員工、政策與服務失誤的嚴重程度，其作法上亦有不同，在實際作法上Tax and Brown （1998）則提出了一個四步驟的服務補償程序（Service Quality Recovery Process）包含(1)確認服務疏失；(2)解決顧客問題；(3)溝通並分類服務疏失；(4)整合資料及改進整體服務。說明了服務補償的改善來發展顧客忠誠度，或是立即從解決顧客問題來維持顧客忠誠度皆可達到獲得利潤的目的。

Boshoff（1997）認為持續不良的服務傳遞會對企業的生存與成長造成相當不好的影響，過去大部份的研究都注重服務失誤發生時，企業應提出相關策略來回復顧客的不滿意程度，但是並沒有嘗試著去評估顧客受到補救後，其滿意度的程度，該研究藉著分析顧客的期望，對服務補救的相關構面作一分類，共可分為溝通類型、授權、回饋、補償、解釋及有形性6個構面。

(四)服務補救的注意事項

公司要建立服務補救的技巧，並教育員工，當服務缺失發生時，公司愈做出補救措施回應，則成功的機會愈大。服務補救應注意的幾點項目如下：(1)衡量成本；(2)打破緘默；(3)預期提供補救措施的需要；(4)快速行動；(5)訓練員工與直銷商；(6)授權給第一線的直銷商。

三、顧客滿意

顧客滿意（Customer Satisfaction）是一種經驗為基礎的整體態度（Fornell，1992），即使是相同的產品或服務滿意與否確實會因判斷基準和經驗的多寡而異，但是只要有人滿意即代表顧客滿意的行成，滿意的客人越多顯示顧客對服務的滿意度越高。

近年來顧客滿意一詞深受國內外企業重視尤其是服務業特別強調，顧客滿意度已成爲現今企業經營時主要的衡量指標。從過去相關的消費者行爲中（Spreng,Harrell and Mackey，1995）可發現消費者滿意度常被拿來與其他消費者行爲變數進行探討。

顧客滿意大致上可從兩個角度來探討。其一是以「範疇」來界定，可分特定交易觀點及累積觀點；其次是以「性質」來界定，可分情緒性評價及認知性評價之觀點。消費者蒐集資訊從兩方面；內部資訊－記憶、經驗或相關消費知識，以及外部資訊－個人來源（口碑）、商業來源（廣告）及公共來源（報導）。美國Lexus汽車公司總經理Dave Illingworth強調：「顧客滿意度」唯一有意義的衡量標準，就是顧客是否會再度光臨。

(一)以範疇來界定

以範疇來界定顧客滿意上，Anderson,Fornell and Lehmann(1994)歸納過去一些學者的看法，提出了兩種不同的觀點來解釋顧客滿意。

1.特定交易觀點

顧客滿意是顧客在特定使用情境下，對於使用產品所獲得的價值，一種立即性的情緒反應。顧客滿意提供了顧客對特定產品或服務績效評估的訊息。因此，顧客滿意可被認爲是特定購買場合或時機的購後評估。

2.累積觀點

顧客滿意可被視爲是顧客在某些消費經驗後，喜歡或不喜歡的程度，是一個以累積經驗爲基礎的整體性態度。Fornell

and Johnson（1991）認爲，從累積觀點來看，顧客滿意是顧客針對產品或服務的所有購買經驗的整體評量，可視爲一基本指標，亦可顯示出一企業的過去、現在、甚至未來的績效。

(二)以性質來界定

在以性質來界定顧客滿意方面，認知評價觀點認爲：顧客滿意是顧客對其犧牲所獲得之報酬適不適當的一種認知狀態，包含評價與比較兩種成分（Howard and Sheth，1969）。Churchill and Surprenant（1982）提出顧客滿意=f（期望，績效）的函數形式。Engel, Blackwell and Miniard（1995）認爲顧客滿意是一種所選方案至少配合或超過期望的消費後評價。Kotler(1997)亦認爲顧客滿意是一種顧客在購前期望下對產品品質的購後評價。而情感性觀點認爲：顧客滿意的情感性定義，代表顧客主觀覺得好便產生滿意。Woodruff et al.(1983）在一項研究中指出，顧客會使用情緒性的語句表達使用產品的感覺，以代表產生顧客滿意時的感覺，亦即顧客滿意是一種來自消費經驗的情緒性反應。

四、相關研究

顧客導向、服務補償與服務品質之關係研究－以國際觀光旅館爲實證本研究，指出基於以上的動機所得研究結果得知，顧客導向之作爲與服務品質有是具有相關聯性的；顧客導向與服務品質對顧客滿意度都有正面的影響，高顧客導向的觀光旅館，其服務品質與顧客滿意度都較高；不同地區的國際觀光旅館不管在顧客導向、服務品質或顧客滿意度上都沒有差異。至於服務失誤發生後，業者通常會採取像口頭道歉或立即更正失誤的補償動作；若以顧客的觀點來看，則立即更正失誤的滿意

度最高，沒有任何補償的滿意度最低。 而台灣的旅客對於旅館所提供的服務普遍存在著滿意程度（梁雯玟，2001）

問題與討論

1.請比較顧客受到服務失誤影響時產生顧客抱怨行爲及其影響。
2.請說明客房與餐飲服務失誤的類型。
3.請說明等候對旅客的影響，並以旅客訴登記爲例，提出減少等候的方式。
4.請說明服務補償的意義，並由公平理論的角度，在用餐等待帶位時，提出服務補償的具體做法。

第九章　旅館資訊系統

- 資訊科技的轉變與衝擊
- 資訊系統的功能
- 旅館資訊系統的功能
- 前檯作業系統
- 未來研究方向

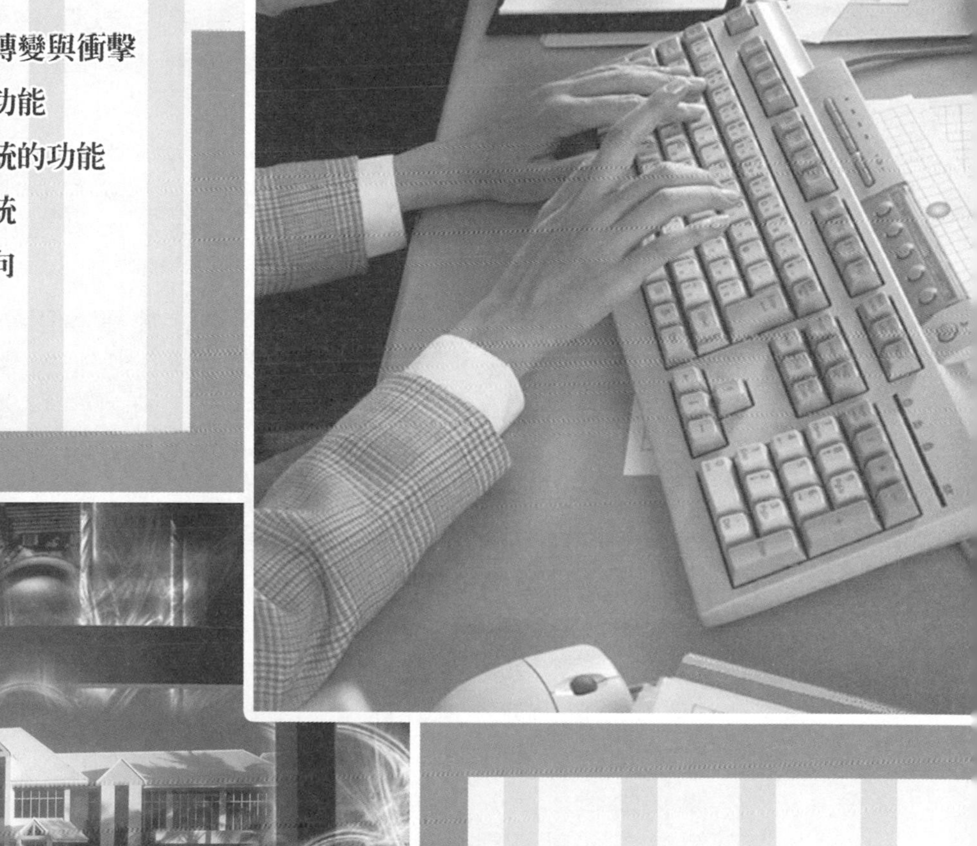

亞洲五大旅館集團成立「亞洲旅館聯盟」，亞太地區由台灣麗緻（Landis）、泰國杜西（Dusit）、香港馬可波羅（Marco Polo）、新加坡君華（Meritus）及日本新歐塔尼（New Otani）等五大知名連鎖旅館共創的「亞洲旅館聯盟」（AHA），2001年七月分別在台北、曼谷、香港、新加坡及東京等五大城市同時宣布成立，成為亞太區第一個跨國旅館聯盟，其營運中的飯店達66家、房間數超過21,373間，相關資訊同時整合在網址上（http://www.asiahotelsalliance.com/）。

國內麗緻酒店集團總裁嚴長壽先生指出，上述五大旅館集團為該聯盟創始會員，其他多家歐美及亞洲等地區旅館集團也表示加入意願，不過須經所有創始會員同意。

總裁嚴長壽先生指出，該聯盟會員在各國市場均占有一席之地，未來將整各集團的資源，合作從事國際行銷，進一步提升中小型或地區型旅館的國際知名度，才能和大型國際集團相互競爭。今後，凡該聯盟旗下任一集團飯店的會員旅客，只要事先訂房，下榻其他聯盟的旅館，均被視為各旅館的專屬會員，享有同等優惠及禮遇。該聯盟同時也印製聯盟旅館簡介手冊，流通全球各地，達到擴大市場規模的目的。

總裁嚴長壽先生指出，國際間如航空業界也出現「星空聯盟」及「寰宇一家」等大型航空公司聯盟，顯示同業間的資源共享，已然是重要趨勢，不但可以聯盟整體力量來採購各項原料，同時也將在員工培訓、美食廚師交流及國際行銷策畫方面相互支援，該聯盟同時也有定期的業務、經營會議，使各集團飯店更能和國際接軌。對於旅客而言，也可以享受更低成本、且更有品質的服務。這個第一個在亞洲成立的國際旅館聯盟，把其市場形象設定在五星級旅館的層次，旅客將可以利用同一網址及訂房系統，完成訂房計畫。

當旅館邁入連鎖的過程中，負責旅館間行銷策略的規劃格外顯得重要，觀光旅遊業為資訊密集（Information Intensive）的產業，在思考競爭策略時，所需要分析的資訊必須涵蓋經濟環境、產業競爭、相關產業市場，及企業內活動的密集性等資訊，且對於經濟環境、競爭者動態資訊的掌握格外重要，他迫切需要整合性資訊系統以避免完全依賴觀光旅遊企業內資訊，產生「產品導向」的決策錯誤。

如何透過旅館內部資訊系統及團隊工作上，以更短的時間及成本完成策略規劃的工作；同時他思考著，如何藉由整合式資訊系統的規劃下，不僅對連鎖旅館同時可由區域網路取得產業環境資訊以利決策，亦將使各企業體，成為網路上資源共享、企業合作競爭的夥伴，共同擴展觀光旅遊市場。根據分析：觀光旅遊業因應資訊科技的衝擊，而重新界定其目標及業務範圍，在資訊科技發展的協助下，各企業體重新思考其合作關係。

由此趨勢，觀光旅遊業在規劃發展資訊系統時，藉由對合作方式重新架構，協助企業目標市場的釐清，選擇適合之合作企業，將使旅館本身可以開發不同的目標市場，同時可以自產業競爭中脫穎而出。由觀光旅遊產業投資的觀點，無論是航空業、國際觀光旅館業、遊憩區經營或旅行業均屬資本密集、固定成本高之產業，其經營係以長期獲利回收方式爲主，資訊必須能反應產業長期「投資」功能。

第一節　資訊科技的轉變與衝擊

回顧在旅館產業中，資訊科技協助旅館經營者建立預約管理的體系，透過資訊科技，探究未來預約管理的潛在關鍵，旅館的管理者必須瞭解科技轉變的遊戲規則，選擇具有競爭優勢的策略，策略的實行分爲服務導向策略和資訊科技導向策略。旅館業者總是努力達到房間客滿，以及利益最大化，爲了達到此目的，旅館計劃並管理預約的程序，也就是說，旅館盡可能把潛在的需求轉變成眞正的需求，如果旅館做得很好，相對地，就得到它的競爭優勢。

一、資訊科技發展與使用的階段

在資訊科技的發展與使用的過程中，共分爲若干的階段(Buhalis and Licata，2002)，包括：

(一)資訊科技資料處理階段（Data Process Era）

1970年代，利用資訊科技使資料快速正確地處理，和分析大量複雜的資料，變得十分經濟，這使公司開始重視自動化，在此階段的企業環境內，得到相對的穩定性，而功能趨向的企業中，利用資訊科技增加速率，用機器取代人力。在旅館業中，資訊科技被利用成為資斛預約程序的工具，以及建立中央訂房系統，而其競爭優勢就是在預約的花費較低。

(二)個人電腦階段（PC-Centric Era）

在90年代，電腦的周邊設備與個人電腦的軟體，變得像是日用品一般，結果造成科技快速且廣闊得擴散到旅館的操作上，其中包括：新軟體（例如：程式表、文書處理）、Point-of Sales終端機、溝通網際系統和工作站。

在此階段中，管理者必須對作決策、決定價格策略、和旅館的市場定位和市場區隔負責；管理者也必須為監視YM（Yield Manage）實行、控制利益最大化、和校正報酬計劃負責。

(三)網路階段（Network Era）

在此階段結合全球化溝通的基礎，和廣泛使用電腦的目的，網際網路的來臨，明確地增加了旅館的分配頻道可行性，旅館現在可以直接從網路上促銷，以及利用財產目錄銷售它的房間，比起利用訂房中心、GDS（全球定位系統）、和GRS（全球訂房系統）便宜得多。

(四)內容服務階段（Content Era）

在此階段主要轉變的關鍵點在於從電子商務到虛擬生意；從有線消費到個人化服務；從溝通頻寬到軟體資訊與服務等。Content Era的虛擬商務和個人化服務，是依賴先前時期所傳遞下來，便宜且到處存在的頻寬基礎建設。在此，為了提升給顧客的價值，競爭優勢不在單純只是憑藉著「地點」或「商標」，

而將是憑靠知識的創新。當顧客更富有知識時，會要求個人化的產品，因此飯店將會更加倚靠顧客的資訊紀錄。有些連鎖飯店在和顧客互動時，已藉由改變顧客資訊蒐集、分析和使用的方式，履行顧客關係管理與一對一的策略。例如：私人網站設置、銷售供應者和資訊都經由網際網路或是其他有關網路的方法分配出去，如：袖珍型電腦或電話。資訊系統的演化階段，可能不只簡單的管理一個策略目標（如利益最大化），而是好幾個目標同時存在著。所以我們在Content Era看到這些目標包括：達到增加價值、Cross-Selling、顧客滿意度及忠誠度，以及顧客回流率。而科技不只是關於預約，同時也是市場、銷售點還有其他系統的整合。

二、觀光產業的資訊科技應用

(一)旅館業

現階段旅館資訊系統的整合是個決定性的關鍵，因為多數飯店在既有的系統（Legacy Systems）上，必須操作兩個以上的電腦獨立系統，使決策能運作，同時Legacy Systems也繼承了先前蒐集的顧客資訊。整合資訊系統也被要求使員工能夠交換及分享知識。在此區域，因資訊科技在供給者、發展者與飯店管理者之間，有所利益的衝突，因此需被好好管理。當人類從工業時期到知識時代，從大量製造到大量電腦化時，飯店業者須重新設計他們的程序與策略。因為資訊科技已從決策支援的工具，轉變成一個決定性的關鍵點。

(二)旅遊業／航空業

網際網路也能夠精準的、有效的確認目標顧客，這或許是顧客對於大量客製化的產品需求增加的原因，由於網際網路超越地理上的限制，所以允許組織滲透至外國的市場抓住廣大的消費者，延伸市場的占有率。過去旅客認為多媒體的使用在網際網路上並不重要，這是因為他們覺得受到現有頻寬的限制，無法使潛在的多媒體普及於產業中，然而，研究卻證實一些潛在的多媒體可傳遞圖檔資料和生動的旅遊產品，包含錄影影像、地圖、互動的呈現等等，因此，受訪者認為只要技術性的問題被解決，觀光組織就能透過多媒體創造極大的機會優勢。寬頻和ADSL科技將支援網際網路使用者在家中透過高速頻寬傳輸數位資料。

這樣的轉變促使整體旅遊產業發生了一些結構的改變；例如廣泛地使用網際網路就像是傳遞更新內容，能夠創造廣泛範圍旅遊電子媒介（New Tourism eMediaries），藉著旅遊業的目標，當多數的競爭者希望能生產大量的利潤，旅遊電子媒介維持一段期間，允許使用者定位系統的融入，以提供旅遊供給者新機會的優勢和發展電子商務的應用，這個包括單一供給者的供給量，例如英國航空公司、Marriott Hotel、Avis，像多數供給者的網頁顯現出能支援運送物品目的地發展管理系統，並分配較小的所有權。除此之外，網際網路的入口發展在線上的旅遊分布，通常藉著外部線上代理人和供給者的旅遊內容，媒體（Media）企業就像漸漸地匯集他們的區域位置上延伸電子商務的能力。最近線上的代理商有效地分配存貨清單，Price.com更換價錢的方法並且允許乘客搜尋準備服務他們的供給者，行銷管理者在全部分配信號通道，進行確認他們描述的產品，並且能瞭解困難度以及成本。

當無數以網際網路為主的經營者經由不同的平台提供服務時，我們可清楚的知道行動商務（Mcommerce）將會跟隨著網際網路的電子平台出現，旅遊供應者已開始使用WAP及SMS發布訊息，且允許顧客確認班機的抵達和離開時間，目前使用此方式

的有：航空公司、電子旅行社、旅館等，受訪者覺得旅遊組織在技術能夠支持行動裝置時，將會擴展他們的網際網路之供給，而如何讓資訊透過不同的平台散布出去對業者來說是個挑戰，此行動裝置對於經常旅行的商務客或習慣購買相似產品的人來說是十分有幫助的，但對初次接觸的人來說卻必須在購買前找出最合適的產品。他們同時也發現Mcommerce對於最後一刻銷售（Last Minute Sales）爲一大機會，如同顧客可在接近抵達或離開時間的時候對訂位做改變。

此外，旅客預期電信公司會和電子旅行社及其他供應者成爲線上旅遊服務的合作夥伴，而當消費者願意付出金錢在WAP的連結上時，商業模式或許需要些改變，因此旅遊組織可能會對電信公司收取費用，進而分享連結時的收入。Mcommerce將會是個重大變革，它能夠讓顧客在同一時間購買產品，也能夠確認當地可供出售的產品及服務，同時Mcommerce亦能使組織在鄰近地區選定顧客，進而提供特別的促銷及服務。

值的思考的是，當人類從工業化時代移動到知識時代，從大量生產到個人化服務的時代（O'Connor and Fre， 2002；Luck and Lancaster，2003）。不同科技型態，如New eMediaries、On-Line Travel Agents及Portals適時地提供相關及豐富的資訊，爲網路市場區隔的因素；數位電視、手機科技能深入商業間和家庭市場，優勢在於它能適用在多重平台，在不同時間、不同情況下，服務不同的顧客。而傳統的系統，如GDS功能逐漸式微，除非這些系統結合現代化更新及採用新的模式進行，否則便僅能流失市場了。對旅館業者而言，必須考慮到新的概念和新的訓練，包括有知識的管理、對今後機制的評價、規則和管理技術（陳隆昇，1997）。

二、資訊系統與企業管理

(一)資訊系統與組織效率

資訊系統能夠幫助組織達到超高效率藉由將這些過程的部分自動化或透過工作流程軟體的發展幫助組織重新思索以及讓這些過程簡化。企業過程涉及在組織中工作，協調，和集中於生產一個有價值的產品或服務的行爲。一方面企業過程是來自於物料，資訊，和知識的具體工作的整套活動。但是企業過程也涉及組織協調工作，資訊，和知識，和管理決定協調工作的方法。

企業過程當前的利益來自於認知策略性成功最終取決於公司如何成功地執行將最低成本最高品質的商品和服務傳遞給顧客的主要任務。他開始於收到訂單並結束於當這個顧客收到產品和支付款項，它把一個想法變成可製造的原型，或訂單履行，過程便是新產品發展。

企業過程在其本性上通常是交互運作，並且超越銷售，行銷，製造，和研發的界限。過程跨過傳統的組織架構，聚集來自不同部門和專長的員工以完成一件工作。例如許多公司的訂單履行過程需要銷售部門（收到訂單，登錄訂單），會計部門（信用確認和訂單布告），和製造部門（匯整和運送訂單）的合作。一些組織已經建立資訊系統來支援這些交互功能的過程，例如產品發展，訂單履行，或顧客支援。

(二)資訊系統與企業成本

從經濟的觀點來說，資訊科技被視爲能夠自由地代替資本和勞工的生產因素之一。隨著資訊科技的成本下滑，它代替了過去一直是高成本的人力。因此在公司的微觀經濟模型中，資

訊科技會造成中階管理者和辦事員的人數減少當資訊科技代替他們的人力。

交易成本理論認爲，資訊科技因爲它能夠減少交易成本，幫助公司縮小規模，因爲使用市場是昂貴的，所以公司和個人都會企圖尋求交易成本的最佳化。例如確定供應商的地點並且和他們聯繫，監控合約承諾，購買保險，獲得產品資訊等協調成本。在傳統上，公司努力減少處理事務成本來降低交易成本，如僱用更多員工，或收購自己的供應商和配銷商，就像傳統的速食麵消費性產品企業，面臨產業規模無法擴張以及產品命周期越來越短等困境，如何在產品創新上取得優勢，例如縮短創新時間、降低產品成本、提高產品品質等等，已成爲企業首要解決的課題（江榮俊，2004）。

資訊科技，尤其是網路連線作業的使用，能夠幫助公司降低交易成本，讓公司與外部供應商簽約比使用內部資源更有價值。資訊科技也能夠減少內部管理成本。根據代理理論，公司被視爲介於許多利益中心的自我個體間「契約的連結」。雇主（所有者）雇用代理人“Agent”（員工）爲他工作，並獲的利潤。然而，代理人需要持續的監督和管理，否則他們將傾向於追求自己的利益而非這些雇主的利益。隨著公司的規模和範圍的發展，所有者必須投入越來越多的努力去監督和管理員工，代理成本或協調成本也跟著提升。

資訊科技能減少獲得和分析資訊的成本，讓組織減少代理成本因爲管理者更容易監督大量的員工。資訊科技能擴張組織的權利，和小型組織用極少的職員和管理者處理訂單貨保持追蹤庫存等協調活動。

經濟理論能夠解釋市場上營運的公司數量之外；社會學、心理學，和政治學的行爲更容易描述個體公司的行爲。行爲研究者推論，資訊科技能透過降低獲得資訊的成本，及使資訊的分發變廣在組織裡改變決策的階層。資訊科技能夠從作業單位直接把資訊傳遞給高階管理者，藉以排除中階管理者和支援他們的辦事員。資訊科技能允許高階管理者直接接觸使用網路連線作業的電信和使用較低電腦層級的單位，從而除去中階管理的媒介。資訊科技能用來交替著對較低層級的工作人員直接分發資訊，此時他能使自己作出沒有任何管理介入以自己的知識和資訊爲基礎的決定。某種研究甚至建議電腦化增加給中階管理者的資訊，授權他們作出比過去更重要的決策，因而減少對大量較低層級工作人員的需求。

(三)資訊系統與組織結構

在後工業社會（Postindustrial）裡，當權者逐漸依靠知識和能力，而不只是正式的職位，因此，組織的形狀應該朝扁平化發展，因爲專業工作人員傾向於自我管理，而且決策應該變得更爲分散當知識和資訊遍及各方面。資訊科技可能會激發專業人員群聚的網路型組織，共同面對面或者電子地－短期內完成一個特殊的任務。

另一個行爲方法對於組織的政策、流程，和資源的影響，把資訊系統看作和組織次群體之間政治競爭的結果。資訊系統不可避免地變成專心於組織經營策略，因爲他們影響了一個主要資訊的連結－即資訊。資訊系統能夠影響在組織裡誰對誰，何時，在哪裡，和如何做什麼。例如分析台灣國際觀光旅館業之支援資訊科技運作環境因素對引進資訊科技成效之影響中發現，「主管幕僚關切決策權」、「組織配合及資源充裕度」對台灣國際觀光旅館業組織內部整體引進資訊科技的支援程度有顯著的關係（廖怡華，1999）。

因爲資訊系統潛在地改變一個組織的架構、文化、經營策略和工作，當被導入的時候，對於他們時常有大量的抵抗。組

旅館管理

織抗拒有許多形式。例如探討旅館運用旅館管理系統造成運用情形不佳原因，包括主管的能力與對資訊科技的態度、旅館經營型態與規模、組織高階對科技的認知與涉入以及資金投入、系統的適切性、使用者方面以及內部IT人員的能力與角色等因素(賴麗華，2003)，是值得管理者注意的問題。

第二節　資訊系統的功能

資訊系統所強調的處之特性包括組織結構、任務與決策類型、管理支援的本質、及將使用系統的員工態度與想法，組織的歷史與外在的環境以應備考慮在內。

建置新的資訊系統由於需要組織變革，常較預期的困難，因爲系統改變組織的結構、權力關係、及工作方式等，常引起組織的抗拒。如果資訊系統完整的建置，則可以協助組織與個人的決策。至今，資訊系統是管理上最有效的資訊與決策角色。相同的系統對管理者之間的價值是有限的，組織中高彈性的資訊系統是具有較大功能的。

一個企業或組織內各層級資訊系統，提供工作人員不同需求的功能，例如行銷與銷售系統協助公司確認產品或服務，瞭解客人需要，規劃和開發他們需要的產品和服務，藉由廣告和增進這些產品和服務。製造和生產系統處理生產設備的規劃、開發、和產品服務;並控制生產流程。財務與會計系統可以持續追蹤資產與現金流量；人力資源系統維護員工基本資料，追蹤工作技能，員工績效，訓練，員工福利及生涯發展。

由競爭力與價值鏈模型爲企業內策略資訊系統確認策略優勢（Porter，1985)，競爭力描述企業面對的外在威脅與機會，以致於企業必須發展競爭策略。資訊系統可以對抗新的競爭威脅進入市場，減少替代品的威脅，降低供應商及客人的議價權力，改變傳統競爭中的定位。企業也可以藉由與其他企業分享獲得優勢。價值鏈模型能夠確切地運用資訊科技來提升它的競爭優勢。這個模型強調將公司看作「系列」增加價值的活動。資訊系統爲企業帶來衝擊及增加企業價值（周宣光，2000；Brown and Atkinson，2001）。

然而，並非所有策略系統都能產生效益，有些可能相當昂貴與費力維護。策略的優勢因容易仿效而無法持續。更新策略性系統需要持續的組織變革，並且要自某一個社會科技面轉換到其他層面上，策略的轉換相當難達成。資訊科技協助組織簡化生產作業流程，尋找品質基準，改善顧客服務，減少生產時間，改善生產與設計品質（Connolly and Olsen，2001）。

一、資訊系統增進品質

全球性競爭促使公司比以往更重視競爭策略的品質焦點。資訊系統中有許多方法能幫助組織在他們的產品、服務和操作等品質方面獲得更高的水準。

顧客關心有形產品：包括它使用的耐久性、安全、自在的品質。第二，顧客關心服務的品質，他們用藉由廣告的保證，附應，和正在進行的產品支援的精確度與眞實性瞭解品質。 最後，顧客的品質概念包括心理方面：公司對產品的知識、銷售和支援職員的禮貌和靈敏性，和產品的名譽等，現今越來越商業專注於全面品質管理的想法。

TQM 是由W Edwards Deming與 Joseph Juran等品質專家發展的品質管理概念中獲得。日本將TQM發揚光大了。日本管理採用了零缺點的目標，並將改正產品或者服務焦點集中於裝運改進而非在傳送之後。日本的企業賦予實際上製造產品或者服

務的人員品質責任。研究顯示，日本企業對的不僅清晰把品質方法轉變給作業人員，同時作業人員增加對品質的重視，並且也降低了生產費用。資訊系統能夠幫助公司簡化產品或流程、訂定標準、增進滿足顧客需求、減少生產周期時間，和增加和設計生產產品的品質。

當資訊系統幫助減少步驟時，錯誤的數字將急劇下落，省下製造的費用，並且傳遞更多的利益給顧客。品質管理最有效的步驟之一爲減少生產到結束的周期時間。減少周期的時間通常導致較少步驟。更短的周期意味著錯誤通常能在製成的開始即可掌握，企業流程再造是將周期時間減少一半的生產方法。爲了提供標準更好的資訊，資訊系統專家能夠爲經營者或而工作者設計新的系統以分析現存系統中與品質相關的資料。

二、資訊系統的策略性功能

(一)辨認策略性的資訊系統

資訊系統的策略性功能是藉由改變目標、操作、產品、服務，或者對組織的環境關係來幫助它們獲得超越競爭者的優勢。系統甚至能夠改變組織的營運，就集中於長期決策問題的高階管理者而言，策略性層級應該辨識策略性的資訊系統。相較於其他描述的系統，策略性資訊系統深刻地改變了公司營運的方法或公司重要的業務（顧景昇，1993；楊長輝，1996；劉聰仁、林玥秀，2000；Frey,Susanne,Schegg and Murphy，2003)。

爲了把資訊系統作爲競爭武器，首先人們必須理解很有可能找到的營運之戰略機會在哪裡。競爭力模型和價值鍊模型被用來辨別資訊系統能夠提供超越競爭者的優勢的業務範圍。

Porter（1980）的競爭力模型分析指出，公司營運面對外在的威脅和機會，這些威脅和機會包括它的市場裡新進入者的威脅，來自代替的產品或服務的壓力，顧客的議價能力，供應商的議價能力，傳統產業競爭者的定位。

(二)利用四個基本競爭策略

藉由提升公司的能力來處理顧客、供應商、代替的產品和服務，和它的市場新的進入者已獲得競爭優勢，使企業在整體產業中在和其他的競爭者之間輪流改變競爭優。企業用4個基本競爭策略來處理這些競爭力量：包括對顧客和供給者產品區分策略，焦點的區分策略與顧客和供應商發緊密的連結，和成爲低成本生產導向的策略。公司可以透過進行這些策略其中之一或者同時進行幾個策略已獲得競爭優勢。

此外，公司藉由產品差異化來發展品牌忠誠度；創造獨一無二能夠容易與競爭者區分，而且現存的競爭者和潛在新的競爭者不能複製的新產品和服務。企業能夠用焦點差異化創造新的市場利基，對於能夠以較好的方式來提供的產品或服務確定一個特定的目標。公司能夠提供一個特殊化的產品或服務，在這個範圍狹小的目標市場供應得比現存競爭者更好以及使潛在新競爭者保持距離。資訊系統使公司能夠分析顧客購買模式、品味，和偏好以便公司能夠對越來越小的目標市場做廣告和行銷活動。

(三)發展不同功能的資訊系統

在組織內有各式不同的管理層級及操作人員，單一的系統並無法提供所有的資訊給組織內每一爲不同需求的人使用，因此將發展不同功能的資訊系統；組織分爲策略管理知識運作等層次，並將組織依功能區分爲行銷、生產作業、財務、會計、

及人力資源等領域，系統將可依照組織需求而建置。

三、資訊系統的功能

針對現今組織爲不同目的及使用者，設計5種主要的資訊系統。交易處理系統屬於操作階層的系統，例如薪資或訂單處理，記錄企業營運日常交易的資料。知識層級系統協助支援辦公人員、管理人員及專業人員。它包括提升資料處理人員生產力的辦公室自動化系統，及強化知識工作者生產力的知識工作系統(KWS)。管理層級的系統 (管理資訊系統及決策支援系統)讓管理人員可以存取組織目前的績效報表及歷史資料。大部分的MIS報表是不需深入分析就可從TPS中獲取資訊。而決策支援系統 (DSS)則支援獨特、變化迅速、無法事先確定的決策管理。DSS比MIS通常需要同時綜合內部及外部資料，需要高深的分析模式及資料分析能力(周宣光，2000)。

(一)作業交換系統

作業交換系統是組織作業中最基礎的商業系統，是商務工作中最常使用例行性紀錄的電腦化系統，例如銷售紀錄的登陸、旅館訂房系統、付款、員工資料、及出貨等紀錄。

作業層次中，資料的項目、來源、目標將被高度結構化的定義；例如主任必須先確認定義出顧客信用的情況的資訊內容。作業交換系統功能通常過於集中於其業務範疇，或者可能由於其他公司作業聯繫失敗而中斷其業務功能；例如聯邦快遞如果沒有包裹追蹤系統將使得業務中斷，航空公司若沒有電腦訂位系統將無法使得定位功能運作。

管理者通常需要作業交換系統以瞭解組織內部運作情形，與組織外部相關的活動，作業交換系統通常也爲其他形式的資訊系統製作不同形式的資訊。

(二)知識工作和辦公系統

知識工作系統（KWS）和辦公系統提供組織知識層集中所需的資訊。知識工作系統支援知識工作者，然而辦公系統主要支援資料工作者（雖然他們也廣大地被知識工作者所使用）。例如科學和工學設計工作站，增進新的知識和確保新的知識和專業技術完全整合在企業中。辦公系統是一種資訊科技的應用藉由支援典型辦公室合作和溝通的活動，使不同的資訊工作者、地理單位、機能區域同心協力，來增加資料工作者的生產力。這個系統和顧客、供應商、其他公司外部的組織溝通而且它就像票據交換所一樣在流動資訊和知識。

典型辦公系統處理和管理文件（透過文書處理，個人電腦發表，影像化文件，數位檔案）編製時間表（透過電子行事曆）和通訊（透過電子郵件語音，郵件或語音會議）。文書處理和建構、編輯、格式化、列印文件的軟硬體有關。文書處理系統在資訊科技中個別運用最常見的代表是辦公事務。桌上排版藉由連結用來設計元件製圖和特別配置特徵的文書處理軟體的輸出，生產專業的發行品。現在很多公司以網頁的形式發行文件爲了使文件更容易擷取和分送。文件影像系統是另一個廣泛地用於知識應用的例子；文件影像系統將文件和影像轉換成數位的形式利於被電腦儲存和擷取。

(三)管理資訊系統

管理資訊系統（MIS）適用於組織中的知識層級，用報表或線上擷取的方式提供管理者組織現在的執行績效和歷史紀錄。基本上，此系統只適合對於內部的情況下而非環境或外部的事件。MIS主要提供知識層級規劃、控制和決策的功能，通常他們

靠處理系統來處理資料。

MIS就公司基本營運提出報告和概述，來自TPS的基本處理資料是壓縮的，而且通常在定期的計劃表上被提出來。

大部分的MIS使用簡易的例行程序，例如摘要和對照。通常MIS提供管理者所感興趣的每周和每年的決議，而非逐日的活動。一般而言管理資訊系統提供了預先被指定加以說明的問題例行的答案並以事先定義的流程來答覆這些問題。例如MIS的報表可能會列出一家速食連鎖店使用的四分之一萵苣葉總磅數，與達到既定目標的特殊產品之全年總銷售額做比較。

(四)決策支援系統

決策支援系統（DSS）也適用於組織中的管理層級。DSS幫助管理者預先做唯一、快速改變、不易加以說明的決策。他們提出爲了達成還沒一個預先定義的解決方案的流程，雖然DSS從TPS和MIS使用內部資訊，他們通常從外部資源例如競爭者目前的股價或產品價格來獲得資訊。

DSS讓使用者能夠直接用它來工作，DSS藉由設計明顯地比其他系統擁有強大的分析能力。DSS擁有了多樣性的模型去分析資料，或以能被決策者分析的形式來濃縮大量的資料。

(五)高階支援系統

ESS被設計作爲合併外部事件的資料的工具，同時也從內部的MIS和DSS獲得概述的資訊。高階管理者使用高階支援系統（ESS）來作決策，高階管理者提出需要判斷、評估和洞察力的非例行的決策。ESS創造普遍化的計算和通訊環境而非提供任何固定的應用或者專門的能力。藉由過濾、壓縮和追蹤關鍵性資料，強調要求獲得對執行有幫助的資訊所需之有用的時間和努力的變換。

許多DSS設計成高度分析，而較少使用在分析模型。不同於資訊系統的另一些類型，ESS並非主要被設計來解決專門的問題。ESS反而提供普遍化能夠應用於改變問題排列的計算和通訊能力。ESS有助於回答以下的問題：我們應該涉入什麼企業？競爭者在做什麼？

資訊科技可用於不同的產品，科技可以創造新商品及服務，提高顧客與供應商的轉置成本，降低企業內營運成本，選擇替企業競爭優勢的專用科技是一項重要的決策。為了讓資訊才能夠容易在組織不同的部分流動，每一個組織都必須衡量系統整合的困難程度；管理的職責是位企業發展策略與品質標準，管理決策關鍵包括確認競爭策略、資訊系統價值鏈上提供的最大效益，及品質改善的主要領域；從交易處理到知識管理及決策管理，組織有不同的資訊系統，以服務不同的功能。每種系統提供不同的策略工具，系統明顯地增加企業競爭優勢，全面品質管理需要組織不斷地變革。

第三節 旅館資訊系統的功能

一、旅館使用電腦資訊系統的概況

根據使用電腦資訊系統者在初步調查（林玥秀、劉聰仁，1999）瞭解台灣地區中小型旅館業者使用電腦資訊系統的現況與需求。

(一)設備

1.作業系統

旅館使用的電腦資訊系統其作業系統以Windows（45%）及

DOS（24%）所占比率最高，但NOVELL（7%）及UNIX（9%）亦各有少許使用者。

2.系統設計

系統之設計有38%爲委託電腦公司設計；22%爲購買套裝軟體再予部分變更；19%購買套裝軟體；自行研發僅占7%與電腦公司共同開發則占9%。

3.旅館資訊系統的作業子系統

旅館之資訊系統包含的作業子系統以前檯作業系統爲主，其中又以客戶歷史管理（85%）、櫃檯接待（81%）及櫃檯出納、房務管理、及電話總機系統(均爲77%)爲最主要功能；後檯作業系統以會計總帳管理（50%）、人事/薪資、庫存管理(均爲46%）爲最主要功能；其他輔助作業安全設施的建置，如不斷電系統（81%）；電腦防毒軟體（38%）爲業者重要考量配置因素。

(二)電腦系統對旅館產生的效益

電腦系統對旅館產生的效益，以有效建立顧客歷史資料檔最獲業者認同，其次爲即時掌握客房狀況做出正確銷售決定、營業帳目清楚明確、節省顧客退房結帳時間、提高旅館全面的服務品質、減少顧客退房結帳的報怨、提供正確營運電腦報表、提高顧客的滿意程度、改善客人與員工之間的互動及減少人工作業。

(三)業者在操作電腦資訊系統上所面臨的問題

目前業者在操作電腦資訊系統上所面臨的最大的問題包括軟體整合功能不足、合作廠商配合困難、系統維護成本太高、系統不穩定、系統擴充不易及與其他軟體系統不相容等因素。

二、網際網路對餐旅業的影響

現今，網際網路帶來的好處，也包含了減少經過仲介或中間商的過程並從中獲利，而因此有些仲介商便轉換成一個新的形式，成功成爲餐旅資訊系統中價值鏈的一環，如旅行社與全球訂位系統（Global Distribution Systems，GDSs）的合作，便提高其了價值。除此之外，另一種中間商是以創造通路、銷售、訂位的模式出現在資訊網路上，還有一種仲介模式是提供服務者、供應商、消費者一種綜合性的網路連結，而餐旅業者也可以經由此網路連結提供顧客餐旅相關的資訊，或是餐旅業者對自己或競爭者的資訊來源，有如特定性質的搜尋網站。

資訊科技對於餐旅業有著相當程度的貢獻，尤其是對外網路資訊的提供及餐旅業界對內資訊庫的處理，爲他們帶來不少優勢；雖然如此，資訊系統對於其訂房訂位系統及顧客歷史資料的幫助還侷限於基本的功能，如果能夠藉著此資訊系統進行市場區隔或分析顧客型態，更能創造出更大的利益。

在旅館中常見的資訊系統是旅館作業系統（Property Management Systems，PMS），支援旅館內部資訊作業（O'Connor, 2000; Hassanien and Baum, 2002）。於客人訂房時時的訂房作業系統，進房前的電子鎖系統（Electronic Locking Systems，ELS），進房後的能源管理系統（Energy Management Systems，EMS），房間內所具備的小酒吧服務（In-Room Mini Bar）、保險箱（In-Room Safety Box）、付費電影（In-Room Movie）、電話計費系統（Call Accounting Systems，CAS），餐廳用餐時的餐廳營業系統（Point of systems，POS）。其他如旅館庫存存量的紀錄、房間使用狀態、房間銷售紀錄，形成一張強大的旅館電子資訊網。

(一)訂房作業系統

訂房作業系統，保有客人的歷史訂房資訊、紀錄，爲旅館建立長期客戶必須之作業系統，並有旅館歷史住房率、房價銷售指標系統可供查詢。

(二)電子鎖系統

電子鎖系統是使用磁卡來啓動電子鎖，每張卡片都有其特殊密碼，而每道門也相想當於一個智慧電腦系統，可記憶卡片密碼，並接受更新的密碼，卡片一過了時效或是門鎖經過另一新密碼的磁卡所啓動，則前一張自然就無法生效；而且卡片的密碼可重新修改過又是另一道門鎖的開關，重複使用且方便攜帶，亦可防盜。

(三)能源管理系統

能源管理系統可替飯店節省下不必要浪費的能源，通常可以是房間能源總開關的設計，爲客人外出時節省檢查電源開關所浪費的時間，也爲飯店小能源節省，集腋成裘，常是一筆累積起來甚爲可觀的財富。

(四)電話付費系統

電話付費系統可分爲個人對個人電話的撥打、三方通話、信用卡付費撥號，和對方付費電話，並可分爲市內電話撥打或長途電話撥打。這些必要的付費資訊房客可透過總機的諮詢來達到撥出的目的，此時電腦系統將會自動計時通話時間並將通話費用轉入房帳，可供房客查詢。

(五)餐廳營利系統

餐廳營利系統可爲餐廳營業稽核做好會計的工作，爲餐廳尋求最大利潤，並可爲用餐的房客提供舒適服務，即可使房客到各個餐廳用餐可以不用攜帶現金，餐廳可直接爲房客的用餐消費轉入房帳，等到辦Check-Out手續時再同時付清(Piccoli，Spaldingand Ives，2001)。

以訂房系統爲例，在現在這個高度文明的複雜的自動化系統中，已經改變了預訂房間的方法。而且這也是現在旅館業所需必備的一項社會趨勢和潮流，而早期在旅館還沒有具有多種種類和特定屬性類型的預定訂房系統出現之前，引入賣出最後一個可用的房間的觀念科技之前，就已經開始被廣泛的使用在旅館的預定訂房系統中。而且，也在旅館業預定訂房管理系統中，引起了大革命。

擁有完整的管理系統，將使得全球訂房系統便可以瞭解所擁有的房間類型以及房間價格，並且能確切的掌握已經所賣出的房間以及確實的使用到每一個房間，以及最後一個可使用的房間，而不會造成資源浪費或是空房的情況。而在這一連串的電子化的轉換成資訊科技的狀況下，在旅館業中會造成一定的影響，會增加結盟、連結的旅館、或者是旅行社及航空公司，進而組織成一個更完整細密的資訊網。

而在產生利潤以及生利和回收的系統作用之下，(也就是平均的房價除以賣掉的房間數)，房間價格產生改變的機能和作用是因爲所處的時間或是客人的需求而改變。一般來說，家庭聚會中的家族旅行、或者是大型的旅遊團體，會在一年前或是幾個月之前就先開始進行策劃、及房間預訂。而這些顧客，也因此可以得到由旅館所提供的優惠價格、特別的折扣、或是更

優惠的套裝價格，而關於這些折扣多少的方面，就是由資訊管理系統來專門負責的。但是，相反的，有一些客人、或是團體的旅遊團往往都是在最後的一刻才開始訂房或是直接住宿而沒有事先預約。在這一種狀況之下，回收利益的資訊系統便起了作用，專門針對這一方面的客人所進行調整，尤其是當旅館接近於客滿的時候，調高至可收取的最大最高的房間價格。

三、一般的餐飲產業的資訊系統應用

資訊系統不只應用在飯店的各項作業，近年來也逐漸應用在一般的餐飲產業當中。例如：傳統餐廳的點餐方式都是使用點菜單，將顧客所需要的餐點用筆加以紀錄後，在將不同的菜單聯分別送到廚房或出納櫃檯…等，這似乎已成爲了一種既定的模式。但現在則可以應用到資訊科技方面，像是使用PDA幫顧客點餐，或設置點選螢幕於餐桌，PDA和螢幕裡會有菜單能直接點選，而點選之後所需要的菜色資料就會直接傳到廚房和出納櫃檯，加速了菜餚的製作與金額的結算，也可以節省員工的人數和工作量。

在庫存方面，一般的庫存都是以傳統的資料方式收集成冊，因此調閱和檢視也相當不方便。但若將所購買的食材、餐具等加以輸入資訊系統紀錄，當補貨或盤點時即可迅速反映庫存狀態，若更進一步和點餐系統結合，更能由點餐時就扣除貨品的存貨量，得到最新的庫存狀態，也就又能夠由庫存系統的存量，反映到點菜系統上，彼此互相輔助，讓工作能進行的更有效率與流暢。

我國旅館業者現階段旅館在網際網路上的運用，62%有架設網站，網站的內容以旅館本身介紹爲最主要內容、特別促銷活動、提供旅遊資訊、提供旅館最新資訊、提供訂房服務、電子郵件回覆、連結相關網站、餐飲促銷活動；而招募廣告、線上互動功能、線上付款安全保護、線上餐飲訂位及外送服務均只占極少比率。超過72%旅館業者有提昇整體電腦功能計劃。其中以加強旅館電腦軟體系統內容最多、其他依次爲加強網站內容、更新電腦硬體設備、客房連線上網、更新電腦軟體設備、投入電子商務市場、升級爲寬頻網路（林玥秀，劉聰仁，2000）。

對於中小型旅館而言，即使面臨企業電腦資訊化迫切的程度不若大型旅館來得緊迫，卻也無法避免這股潮流（Van Hoof, et al, 1995）。國內中小型旅館在過去的經營環境不像現在這般競爭，加上以往業者皆秉持勤奮傳統，因爲規模不大，對於資訊化的需求不高，認爲人腦來管理規模不大的飯店比電腦來得可靠及管用，而未能善加利用這項科技工具。面對二十一世紀的到來，在業務競爭及人力成本高漲聲中，旅館利用電腦來管理，可以提升旅館的工作效率，將是必然的途徑。

電腦資訊系統是今日及未來的趨勢，每個中小型旅館都應該瞭解其必要性及所帶來的效益。目前電腦資訊軟體公司所開發的系統內容多是依照國際觀光旅館等大型旅館的需求而設計，系統包羅萬象及龐雜，但對中小型旅館而言，實在無法應用。一來旅館規模較小，許多功能根本不會用到，二來是成本提高，因此如果能開發一套低成本多功能的旅館電腦資訊系統，將來能夠逐步擴充較爲可行。加上今日旅館電腦資訊系統設計通常只考慮到較大型旅館的需求，若能夠將管理系統拆開成多個單元系統，中小型旅館僅針對本身管理上的需求來安裝數個單元系統，在經費上較能負擔，管理及運作上也能更加順暢。

四、旅館資訊系統提供的作業功能及服務功能

整體而言，旅館資訊系統提供以下作業功能及服務功能：

（一）安全的維護

旅館必須建立一套周全的安全制度，以便讓員工和客人免於恐懼，旅館的財務也從而獲得保障。以下將詳述旅館安全管理的特點與制度之建立（阮仲仁，1991；姚德雄，1997；黃惠伯，2000）。資訊系統可以助於住宿不安全因素，提高服務水準。

旅館透過電子鎖系統對於旅客的住宿安全及隱私提供進一步的維護；電子鎖除了可以管制住宿區域住客的進出管制之外，在旅館客房中均設有電子保險箱，供客人存放貴重物品的保管，可交由櫃檯出納負責處理。貴重品的保管，無論在櫃檯或客房，可以有效遏止竊盜事件之發生。

此外，透過電子鎖系統預防竊盜事件是客房安全的重要工作。發生在旅館客房的偷竊事件主要與住客、外來人員及員工有相當關係。所有客房鑰匙均置於櫃檯，當客人辦完住宿遷入手續後，分發給客人使用，退房遷出時交回給櫃檯或於退房後即刻失效，鑰匙控制良好可減少竊盜事件之發生，當員工發現住客把鑰匙插在門鎖外，鎖匙要及時取出並交給櫃檯保管，客人返回飯客後始交予客人。

（二）整合運用服務規畫

飯店營業時，旅客需要一舒適又能提供充分休閒及商務機能的住宿環境，由住房到休息型態均提供快速登錄資料功能，規劃中並結合電話計費及POS系統，而旅客資料在系統中詳盡的資料，能提供下次住宿時，快速呼叫出旅客與廠商簽約資料。例如：話務服務，資訊系統同時提供計費功能，可以統計各客房撥出電話費用，方便旅客結帳的時候瞭解費用明細。此外，在留言與晨喚服務上，資訊科技可以協助旅館提升服務功能，例如當客人回房後，看到留言燈閃亮，即知有信件或留言，便會要求櫃檯送至客房裡，或親自取回。也有旅館能將外客留言顯現在電視的螢幕上，住客可以方便地收視留言內容。比較進步的爲語音信箱系統（Voice Mailboxes），能夠錄下外客的留言。外客只須在電話中說出留言內容，語音信箱便自動錄下外客的語音。住客回房時被留言燈示知後，只要撥特定的電話號碼，便可連接語音信箱，聽取留言內容。

（三）及時互動訂房的競爭優勢、即時獲得營業資訊

旅館資訊系統中前檯作業系統若能與訂房程式連結，將飯店前檯的空房數依一定的設定比例，將空房數提供至網站供網友線上訂房。24小時全年無休的網路線上訂房，降低人力、時間成本，同時可與著名旅遊網站連結，將無限拓展飯店業務，提高住房率及知名度，進而提昇飯店營收。同時，旅館資訊系統可以提供詳盡之報表，作爲經營管理者深入瞭解與分析飯店經營現況並作爲決策參考，其他如旅客和簽約客戶資料，提供行銷業務推廣人員作爲行銷或促銷活動之目標對象。

（四）人性化設備

PMS硬體設備的安裝是依照旅館的規模和所需使用程度而定，小型旅館可能僅需要一部電腦就足夠儲存及處理旅客和房間資料，並提供管理階層所需要的相關報表；而中大型旅館就需要利用內部網路來連結不同的部門，架設伺服器用來儲存軟

體及檔案，同時提供多工使用。

此外，圖形化介面及多作業終端機則提高（Property Management System，PMS）作業產能及效率，UNIX-Based System和SQL Databases更是受歡迎的工作環境，提高全球資訊流通及可攜帶性。

以視窗（Windows）為基底的PMS系統，具有友善介面、彈性及整合性，能夠相容於不同的平台，將會是未來的趨勢。視窗介面與快速鍵設計，使用者無須記憶大量秘訣或需要長時之教育訓練，任何人經過短時間教學後便能操作本系統，並可結合會計系統、人事系統、備品系統甚至未來餐廳之點餐系統，使得飯店整體透過完整的系統串聯，達到且化之目的，並提高競爭力。

第四節　前檯作業系統

旅館作業系統中最為重要的是前檯電腦作業系統，因為這個系統必須處理旅客住宿的所有資料，為了使旅館正常運作，櫃檯服務人員必須對此系統相當熟悉。一般而言，櫃檯系統包括以下功能：

一、基本資料管理

提供飯店房間基本資料設定，例如：房價、房型、等級…等。在進入基本資料區域設定中，系統操作者可以輸入所需要的各項資料，如此，對於房間狀況一目了然，方便使用者對房間設定各項資料。

為了節省設定同等級房間時，因為同樣設定動作過於繁多，系統設計了「等級修改」功能，系統操作者在設定完一組資料後，只要點選畫面上，「依等級修改」鍵，輸入欲修改等級，即可快速設定所有同等級的房間內容。

二、客户歷史資料管理

由此功能新增、修改、刪除、查詢客戶歷史資料，內容包括姓名、電話、住址、公司名稱、客戶影像圖檔等。系統同時可查詢客戶住宿歷史資料，內容包括前次房號、累計消費金額、前次住宿日期、前次房價、住宿吹數、累計天數…等。

三、訂房作業管理

不論個人或團體，若採取預訂房間方式，則可選擇此功能做顧客房問的登錄管理，待訂房客戶抵達時，便可立刻轉爲住房，並提供取消訂房功能。可新增、修改、刪除、查詢訂房客戶基本資料及訂房記錄。需有訂金收取功能，並可查詢已訂房未收訂金或已訂房未確認的名單。

系統提供可查詢排房狀況、每天剩餘房間、各種房問型式訂房狀況、排房表。此功能同時提供多種方式快速查詢訂房記錄功能，旅館作業中有關訂房作業管理相關的服務內容請見第五章。

四、接待管理

主畫面需顯示目前房間狀態，以利櫃台掌握房間狀態，內容包括住宿、休息、待打掃、打掃中、修理中等。此外系統可以管理個人旅客、公司行號、旅行社等個人及團體的資料。並

可列印郵寄標籤、目前住宿名單。

五、出納管理

主畫面顯示項目需可以依使用者需求彈性調整，內容包括姓名、房號、房間等級、未付金額、進退房日期及時間、備註等。由此功能可辦理櫃台現場個人及團體的進房及退房作業。及補記錄住宿旅客的基本資料、各項消費項目。退房時可選擇不付清費用，系統會記錄明細，並隨時可查詢列印某客戶在某區段日期未付清的金額明細及可做帳款收回的輸入消帳。系統並提供發票開立功能，可設定發票開立項目、發票作廢設定、發票開立明細表及查詢功能。

六、房務管理

可查詢目前各類客房型態數量，目前空房報表，每日客房明細。由主畫面即可得知，目前房間狀態，例如：空房、待打掃、清理中、修理中，櫃台人員可明確掌握所有房間，以利於銷售及排房。

七、稽核作業

操作系統提供各項功能時的記錄，例如：進出系統時間、密碼及權限修改、客戶資料刪除、消費資料刪除，換房、取消住房、取消退房等。

八、電話管理

櫃台辦理住、退房作業時，可由系統直接控制房間電話自動開關機。由此功能可查詢飯店內最近撥出的電話、各房間撥出電話明細、電話歷史資料查詢。提供電話費收入日報表及電話費收入損益分析表，並提供電話資料清檔作業。旅館可自由設定打市內電話、國內長途、國際電話、行動電話時欲收取之服務費及結帳方式。

九、營運管理報表

營運管理報表提供收款分類明細表、客房住宿率統計表、及依照日、月、年分類之營業報表。

十、系統管理

此功能須經由權限的設定來控制操作的人員，提供過期歷史資料刪除，刪除項目有:住房紀錄、系統事件記錄、日營業統計、交接交班記錄…等。及系統參數作業等設定工作。

十一、其他相關系統介紹

除了櫃檯系統之外，餐廳管理系統也是協助旅館管理的重要工具之一。各旅館依其餐廳的數量與規模，在系統設計上將有出入；某些大型設有中央廚房的旅館，其系統複雜程度增加。

此外，採購作業系統協助旅館採購與庫存備品，此系統提供使用者廠商名單、詢價紀錄，及進貨作業管理等功能。財務

作業系統提供管理者總帳、應付及票據等功能；人事薪資系統提供管理者員工出勤紀錄、薪資及員工基本資料等功能；然而因爲各國稅法及勞工法令的不同，國內引進旅館資訊系統時，多將此兩系統分開採購。

第五節　未來研究方向

一、從使用者行爲模式出發

除了探討資訊科技對旅館產業的影響外，另一個在旅館業須注意但仍外研究的是主題是，從使用者行爲模式出發，探討企業內部建置、使用資訊科技或系統時組織成員的意向與接受的問題。

(一)理性行爲理論

Azjen and Fishbein（1980）首先提出理性行爲理論(The Theory of Reasoned Action，TRA)，TRA認爲行爲的前置因素爲行爲意向，而行爲意向又受「行爲的傾向態度」(Attitudes Toward the Behavior）或「行爲的主觀規範」(Subjective Norms Toward the Behavior)，二者或其中之一的影響。

由於TRA無法完全解釋若干行爲，是以Ajzen（1985；1991）將TRA加以延伸爲TPB，將PBC納入考量(PBC指個人對自己所擁有該行爲所需的資源、機會或阻礙多寡的認知)，由個人知覺到完成該某一行爲容易或困難的程度的控制信念（Control Beliefs)，與這些因素對該行爲的影響的知覺便利（Perceived Facilitating）所構成。

(二)計畫行爲理論

1.行為意圖

計畫行爲理論（Theory of Planned Behavior，TPB）指出，行爲意圖（Behavior Intention）反映個人對從事某項行爲（Behavior，B）的意願，是預測行爲最好的指標。BI由三個構面所組成：(1)對該行爲所持的態度（Attitude Toward the Behavior）；(2)主觀規範（Subjective Norm）；(3)行爲控制知覺（Perceived Behavioral Control，PBC)。計畫行爲理論假設若個人對該行爲的態度愈正面、所感受到周遭的社會壓力愈大，以及對該行爲認定的實際控制越多，則個人採行該行爲的意向將愈強，此外，當預測的行爲不完全在意志的控制之下時，PBC亦可能直接對行爲產生影響，也就是考量前述認定的阻力與助力與認知行使行爲確切性。

第九章　旅館資訊系統

2.行為的形成過程

TPB以三個階段來分析行爲的形成過程：(1)行爲決定於個人的行爲意向（Intention）；(2)行爲意向受行爲的傾向態度（Attitude Toward the Behavior)、行爲的主觀規範（Subjective Norm Concerning the Behavior）或行爲控制認知（Perceived Behavioral Control)等三者或其中部分的影響；(3)行爲的傾向態度、主觀規範及行爲控制認知決定於人口變數、人格特質、對標的物的信念（Beliefs Concerning Object)、標的物的傾向態度（Attitude Toward Objects)、工作特性、情境等外生因素（External Variables)。

3.TPB各階段的說明

(1)行爲決定於個人的行爲意向：TPB認爲個人的行爲意向是預測行爲的最佳變數。行爲意向乃指個人想從事某種行爲的主觀機率（Subjective Probability)。個人對某一行爲的意向

愈強，代表他愈有可能去從事該行爲。由於行爲意向與實際行爲有非常強的直接關係，因此TPB對實際行爲的衡量，是以行爲意向來代替，故稱之爲意向模式（Intention Model）。

(2)行爲的傾向態度：爲了瞭解態度與行爲之間的關係，將態度區分成兩種：A.行爲的傾向態度（Attitude Toward the Behavior）及B.標的物的傾向態度（Attitude Toward the Object）。行爲的傾向態度是指個人對行爲持有的態度，例如使用系統可以解省時間、成本等，就是對行爲抱持的態度。標的物的傾向態度是指個人對人、事、物或問題（行爲以外）持有的態度，例如，系統的功能很齊全、很好等，就是對標的物抱持的態度。標的物的傾向態度無法預測行爲，亦即標的物的傾向態度與行爲之間並無直接關係，例如個人對系統（標的物）的態度並無法直接預測他是否會使用系統。相反地，行爲的傾向態度與此行爲的發生有直接關係，當某個人對某一行爲抱持的態度愈好，則從事該行爲的意向會愈強。例如，若人們認爲使用系統的感覺很好（對使用系統抱持正面的態度），則他使用系統意願會愈強。換言之，衡量個體行爲的傾向態度，可以預測他執行該行爲的意向。因此，TPB模式所衡量的態度，是一個人對於行爲的態度，而不是對標的物的態度。

(3)主觀規範行爲：主觀規範是個人於執行某一行爲時，他認爲其他重要關係人（Important Others），是否同意他的行爲；亦即指個人從事某一行爲所預期的壓力。行爲有時受社會環境壓力的影響，大過個人態度的影響。某些時候，態度即可決定行爲意向，有些時候，主觀規範會主導行爲意向。例如某一IS人員會使用系統的原因，可能因爲高階主管的壓力，並非來自於他對系統使用的態度。

(4)行爲控制認知：有些時候，行爲並不只決定於態度與主觀規範，還必須視個人對行爲的意志力控制，因此Ajzen（1985）引入了行爲控制認知（Perceived Behavioral Control）。行爲控制認知代表一個人對執行行爲容易度的信念。個人認爲自己具有執行行爲的能力，或擁有執行行爲相關的資源或機會越多時，則他對執行該項行爲的控制認知會越強。當人們認爲缺乏能力、資源或機會去執行一個行爲，或過去的類似經驗讓他感到執行該行爲是困難時（亦即，當認知到行爲控制力低時），他們就不太可能有很強的意向去執行此項行爲。也就是說，行爲的執行不只決定於一個人的動機，尙包括部分的非動機因素，例如時間、技能、個人知識的配合等。另外，行爲控制認知也可直接影響行爲。即使一個人想做某事，若他眞的沒有能力或機會（無實際的行爲控制），則他也不能去做（許孟祥，1999；朱斌妤，1999）。例如某一個人可能認爲使用系統可以帶來好處（有正面的態度），主管也希望它去使用（有很強的主觀規範），但是若他眞的沒有足夠的電腦知識（有很低的行爲控制能力），他也不能去使用系統。因此，若個人的行爲控制認知與實際的行爲控制非常接近時，行爲控制認知會直接影響行爲。

一些研究顯示，資訊系統成功建置經驗，探討使用者採用新資訊系統的影響因素。研究結果發現，實際採用行爲會受行爲意圖正向影響；行爲意圖會受行爲態度、主觀規範與知覺行爲控制正向影響，其中以行爲態度影響程度最大；行爲態度會受有用認知正向影響與相容性反向影響；主觀規範會受主管反向影響與同儕正向影響；知覺行爲控制會受自我效能與助益環境正向影響（許孟祥，1999）。

二、開發一套低成本多功能的旅館電腦資訊系統

面對21世紀的到來，在業務競爭及人力成本高漲聲中，旅館利用電腦來管理，可以提升旅館的工作效率，將是必然的途徑。對於中小型旅館而言，即使面臨企業資訊化迫切的程度不若大型旅館來得緊迫，卻也無法避免這股潮流（Van Hoof, et al,1995）。

過去國內中小型旅館的經營環境不像現在這般競爭，一來旅館規模較小，對於資訊化的需求不高，二來是導入系統將使得營運成本提高，旅館資訊系統中許多功能根本不會用到，對中小型旅館而言，實在無法應用。

資訊軟體公司所開發的系統內容，多是依照國際觀光旅館等大型旅館的需求而設計，系統包羅萬象及龐雜，因此如果旅館資訊系統設計除了能考慮到較大型旅館的需求之外，同時能夠將管理系統拆開成多個單元系統，旅館僅針對本身管理上的需求來安裝數個單元系統，在經費上較能負擔，管理及運作上也能更加順暢。開發一套低成本多功能的旅館電腦資訊系統，將來能夠逐步擴充，較爲可行。旅館資訊系統是未來的趨勢，每個旅館都應該瞭解其必要性及所帶來的效益。

問題與討論

1.請說明3項旅館業可以透過資訊整合上，創造對行銷策略優勢。
2.請說明資訊科技對旅館業組織影響的階段變化。
3.請說明旅館資訊系統整體架構，及資訊系統設計上，於旅館經營與服務上考慮的因素。
4.請列舉旅館資訊系統中，相當重要的櫃檯系統架構中5項功能。

旅館管理

參考文獻

中文部分

丁一倫（2002）。《影響員工離職傾向因素之探討－以台中地區國際觀光旅館爲例》。朝陽科技大學休閒事業管理系碩士班未出版之碩士論文。

尤國彬（1996）。《高雄地區觀光旅館經營策略之研究》。國立中山大學企業管理研究所未出版之碩士論文。

方怡堯（2002）。《溫泉遊客遊憩涉入與遊憩體驗關係之研究－以北投溫泉爲例》。國立台灣師範大學運動休閒與管理研究所未出版之碩士論文。

牛涵錚（2000）。《自我效能、工作投入與生涯承諾關係之研究》。中國文化大學觀光事業研究所未出版之碩士論文。

王世豪（1995）。《我國服務業推動全面品質管理之實證研究以國際觀光旅館業爲例》。國立政治大學企業管理研究所未出版之碩士論文。

王政杰（2004）。《國際觀光旅館之信任、承諾、關係品質與行爲意向之研究》。輔仁大學餐旅管理學系碩士班未出版之碩士論文。

王英櫻（2000）。《服務補償之顧客滿意度－以公平理論來探討》。中國文化大學國際企業管理研究所未出版之碩士論文。

王雪梅（2003）。《國際觀光旅館競爭策略之研究－以晶華酒店爲例》。國立台北大學企業管理學系碩士班未出版之碩士論文。

王婷瑜（2003）。《國際觀光旅館經營效率與生產力消長之研究》。南華大學旅遊事業管理學研究所未出版之碩士論文

王婷穎（2002）。《國際觀光旅館之服務品質、關係品質與顧客忠誠度之相關性研究－以台北、台中及高雄地區爲例》。南華大學旅遊事業管理研究所未出版之碩士論文。

王惠霞（1998）。《我國國際觀光旅館教育訓練實施之研究》。國立東華大學企業管理研究所未出版之碩士論文。

王貴正（2000）。《服務補償等待時間對於服務補償滿意度影響之研究》。中國文化大學國際企業管理研究所未出版之碩士論文。。

王麗娟（2000）。《我國觀光旅館營收管理運作及其成效影響因素之研究》。中國文化大學觀光事業研究所未出版之碩士論文。

王麗菱（2001）。《國際觀光旅館餐飲外場工作人員應具備專業能力之分析研究》。國立台灣師範大學家政教育研究所未出版之博士論文。

左如芝（2002）。《商務旅館服務與住客消費行為之研究－以台中永豐棧麗緻酒店為例》。朝陽科技大學休閒事業管理系碩士班未出版之碩士論文。

甘唐沖（1992）。《觀光旅館業人力資源管理制度與型態之研究》。中國文化大學觀光事業研究所未出版之碩士論文。

甘敦凱（2004）。《應用聯合分析法決定國際觀光旅館之最適定價》。義守大學管理科學研究所未出版之碩士論文。

石嘉寧（2003）。《國際觀光旅館導入顧客關係管理之研究》。國立台灣科技大學管理研究所未出版之碩士論文。

交通部觀光局（2001）。《中華民國九十年台灣地區國際觀光旅館營運分析報告》。

朱彥華（1992）。《國際觀光旅館從業人員訓練需求之研究》。中國文化大學觀光事業研究所未出版之碩士論文。

江佳蓉（2002）。《消費者對選擇旅館住宿之主成分分析》。中華大學電機工程學系碩士班未出版之碩士論文。

艾明德（2001）。《台北市國際觀光旅館西式自助餐行銷策略之質化研究》。世新大學觀光學系碩士班未出版之碩士論文。

何太森（2003）。《台灣國際觀光旅館技術效率之探討》。國立政治經濟研究所未出版之碩士論文。

何家任（2004）。《溫泉旅館消費決策之研究》。輔仁大學餐旅管理學系碩士班未出版之碩士論文。

吳佳玲（2003）。《觀光業職業婦女角色衝突、休閒阻礙與休閒活動參與之探討》。南華大學旅遊事業管理學研究所未出版之碩士論文。

吳孟樺（1999）。《顧客對抱怨處理反應之研究－由預期補償的觀點探討》。國立中央大學企業管理研究所未出版之碩士論文。

吳勉勤（1998）。《旅館管理：理論與實務》。台北，揚智文化。

吳政和（1992）。《中式國際觀光旅館連鎖經營之研究》。中國文化大學觀光事業研究所未出版之碩士論文。

吳美華（2002）。《日治時期台灣溫泉建築之研究》。中原大學建築研究所未出版之碩士論文。

吳貞宜（1999）。《旅館業實體環境設施、員工績效線索與顧客反應間關係之研究》。國立中山大學企業管理學系碩士班未出版之碩士論文。

吳家傑（2002）。《服務失誤嚴重性、服務補償期望與顧客信任度關係之研究》。中國文化大學國際企業管理研究所未出版之碩士論文。

吳進益（2003）。《國際觀光飯店服務接觸與消費者後續行爲關係之研究－以台中金典酒店爲例》。雲林科技大學企業管理系碩士班未出版之碩士論文。

呂志明（1993）。《國際觀光旅館利潤中心經營制之研究》。中國文化大學觀光事業學系碩士班未出版之碩士論文。

呂佩勳（1997）。《國際觀光旅館人力資源配置之研究》。中國文化大學觀光事業研究所未出版之碩士論文。

呂金波（2000）。《旅館業、旅行業、航空業中員工社會化對工作滿足之關係比較研究》。中國文化大學觀光事業研究所未出版之碩士論文。

宋欣雅（2004）。《新北投地區溫泉旅館服務品質與遊客購後行爲之研究》。國立台灣師範大學運動休閒與管理研究所未出版之碩士論文。

宋敬德（2003）。《情緒價值與情緒行銷及情緒勞務管理之關聯性研究－以國際觀光旅館爲例》。雲林科技大學企業管理系碩士班未出版之碩士論文。

岑淑筱（1997）。《台北市五星級國際觀光旅館從業人員訓練需求》。國立中正大學勞工研究所未出版之碩士論文。

李方元（2002）。《應用決策型態與生活型態變數區隔出國旅遊市場之研究》。南華大學旅遊事業管理研究所未出版之碩士論文

李佳蓉（2002）。《台灣國際觀光旅館規模與多樣化經濟之探討》。國立政治大學經濟學系碩士班未出版之碩士論文。

李宜玲（2000）。《顧客抱怨強度與服務補償策略關係之研究》。中原大學企業管理學系未出版之碩士論文。

李欽明（1997）。《都市旅館區位選擇關鍵因素之研究：以台中市爲例》。中國文化大學觀光事業研究所未出版之碩士論文。

李欽明（1998）。《旅館客房管理實務。》台北：揚智文化。

李慈慧（2002）。《旅遊消費者抱怨行爲之研究》。朝陽科技大學休閒事業管理系未出版之碩士論文。

李慧珊（2003）。《台灣地區國際觀光休閒旅館網際網路通路運用研究》。世新大學觀光學系碩士班未出版之碩士論文。

汪昱（2004）。《旅館領導行為對服務導向組織公民行為的影響》。世新大學觀光學系碩士班未出版之碩士論文。

阮仲仁（1991）。《觀光飯店計劃》。台北：旺文出版社。

周于萍（2002）。《來台旅客消費行為之研究》。輔仁大學應用統計學研究所未出版之碩士論文。

周旬旬（2004）。《國際觀光旅館之服務補救、知覺公平與服務補救後滿意度對行為意向之研究》。輔仁大學餐旅管理學系碩士班未出版之碩士論文。

周宣光（2000）。《管理資訊系統：網路化企業中的組織與科技，第六版》。台北：東華書局。

周毓哲（2001）。《服務補償、知覺公平對顧客滿意度與再購買意願效果之研究：以旅館業為例》。大同大學事業經營研究所未出版之碩士論文。

周蓉滋（2004）。《建構溫泉旅館專家系統》。銘傳大學觀光研究所未出版之碩士論文。

於忠苓（2003）。《台灣中部溫泉區遊客重遊意願之研究》。台中健康暨管理學院經營管理研究所未出版之碩士論文。

林中文（2001）。《溫泉遊憩區市場區隔之研究：以礁溪溫泉區為例》。國立東華大學企業管理學系碩士班未出版之碩士論文。

林佩儀（2000）。《企業經理人之知覺品質、品牌聯想、生活型態與消費行為關聯性之研究》。國立成功大學企業管理學系碩士班未出版之碩士論文。

林怡君（2001）。《觀光旅館人力資源管理實務.服務行為與服務品質關係之研究》。中國文化大學觀光事業研究所未出版之碩士論文。

林怡菁（2004）。《資訊科技服務對服務品質與關係品質影響之研究－以旅館業為例》。大葉大學工業關係學系碩士班未出版之碩士論文未出版之碩士論文。

林玟廷（2003）。《核心資源、產業環境與經營策略之研究－以台灣地區國際觀光旅館所屬餐廳為例》。輔仁大學生活應用科學系碩士班未出版之碩士論文。

林玥秀、劉聰仁（2000）。《台灣地區中小型旅館資訊系統之研究》。國科會專題研究計畫成果報告，NSC-89-2416-H-328-008。

林長壽（2001）。《顧客抱怨及抱怨補救行為之研究－五星級銀髮族高級住宅行為之實證調查》。淡江大學管科所未出版之碩士論文。

林建宏（2002）。《跨組織之知識移轉與建構機制之研究－以台灣地區觀光及大型旅館為例》。南華大學旅遊事業管理研究所未出版之碩士論文。

林恬予（2000）。《旅館服務品質、顧客滿意度與再宿意願關係之研究》。長榮管理學院經營管理研究所未出版之碩士論文。

林英顏（1999）。《國際觀光旅館員工訓練與離職傾向關係之研究》。中國文化大學觀光事業研究所未出版之碩士論文

林書漢（2002）。《國際觀光旅館業關鍵成功因素與績效評估指標設計之研究：平衡計分卡之應用》。南華大學旅遊事業管理研究所未出版之碩士論文。

林益鴻（2004）。《台北北投區發展溫泉遊憩遊客之識覺研究》。中國文化大學地學研究所未出版之碩士論文

邵小娟（2000）。《旅館業、旅行業及航空業員工社會化與離職傾向關係之比較研究》。中國文化大學觀光事業研究所未出版之碩士論文。

邱千芸（2004）。《國際觀光旅館業公共關係運作模式之研究》。世新大學觀光學系碩士班未出版之碩士論文。

邱金蓮（2003）。《旅館業服務接觸之研究：管理者、員工及顧客觀點之比較》。大葉大學事業經營研究所未出版之碩士論文。

邱莉晴（2000）。《服務失誤與服務補償對顧客滿意之影響》。國立中央大學企業管理研究所未出版之碩士論文。

邱超群（2000）。《台北市國際觀光旅館餐飲業從業人員服務品質之研究》。國立台北科技大學生產系統工程與管理研究所未出版之碩士論文。

侯竹軒（2002）。《國際觀光旅館市場導向之組織學習與知識創造、組織創新對經營績效關聯模式之實證研究》。世新大學觀光學系碩士班未出版之碩士論文。

姚德雄（1997）。《旅館產業的開發與規劃》。台北：揚智文化。

施瑞峰（2000）。《台灣國際觀光旅館國人住宿率預測之研究》。朝陽大學休閒事業管理系碩士班未出版之碩士論文。

施義輝（1996）。《台灣地區旅行業關係品質模式建立之實證研究》。雲林技術學院企業管理技術研究所未出版之碩士論文。。

洪玉娟（1998）。《花蓮地區國際觀光旅館的環境,策略與組織結構之關係：策略矩陣分析法之應用》。國立東華大學企業管理研究所未出版之碩士論文。

洪啓方（2003）。《工作滿足與員工離職傾向關係之研究》。國立台灣師範大學工業科技教育研究所未出版之碩士論文。

洪煜鈴（2004）。《顧客導向之旅館服務品質認知差距通則化縮減研究》。中華大學科技管理研究所未出版之碩士論文未出版之碩士論文。
洪靜霞（2001）。《台灣國際觀光旅館國人住宿需求之研究》。朝陽科技大學休閒事業管理系碩士班未出版之碩士論文。
胡家華（1994）。《觀光旅館服務品質之研究：以台中地區觀光旅館為研究對象》。東海大學企業管理研究所未出版之碩士論文。
孫非等譯（1999）。《社會生活中的交換與權力》。台北：桂冠圖書公司。
徐于娟（1999）。《餐飲服務人員工作生涯品質,服務態度對顧客滿意度、顧客忠誠度影響之研究》。中國文化大學觀光事業研究所未出版之碩士論文。
殷樹勛（1992）。《管理資訊系統的分析與設計》。台北：儒林圖書有限公司。
翁廷碩（2001）。《中高齡族群對長住型旅館需求之探究》。中國文化大學觀光事業研究所未出版之碩士論文。
高建文（2002）。《國際連鎖旅館暨華人旅館業者國際化策略之研究》。國立台灣大學國際企業學研究所未出版之碩士論文。
張心美（2001）。《觀光旅館員工授權、服務行為與服務品質關係之研究》。中國文化大學觀光事業研究所未出版之碩士論文。
張哲碩（2002）。《顧客滿意與員工滿意之衝突與解決之道－以旅館業為例》。國立中止大學企業管理研究所未出版之碩士論文。
張振豪（2004）。《探討薪酬制度與薪酬公平性對工作態度之影響－以台灣地區飯店員工為例》。義守大學工業工程與管理學系碩士班未出版之碩士論文。
張曼玲（2002）。《競爭環境下之產值管理策略分析》。彰化師範大學商業教育學系碩士班未出版之碩士論文。
張婷婷（1999）。《旅館業網頁功能對消費者品牌態度與消費意願影響之研究》。世新大學觀光學系碩士班未出版之碩士論文。
張幃宜（2004）。《促銷方式、促銷態度與購買意願之研究－以休閒旅館為例》。國立嘉義大學休閒事業管理研究所未出版之碩士論文碩士班未出版之碩士論文。
張嘉孟（1997）。台灣地區國際觀光旅館規模經濟與範疇經濟之實證研究。國立台灣工業技術學院管理技術研究所未出版之碩士論文。
張碧鴻（2004）。《台北市國際觀光旅館的經營知識發展運用與績效之研究》。銘傳大學管理學院高階經理碩士學程。

張德儀（2003）。《台灣地區國際觀光旅館業資源能力與經營績效因果關係之研究》。銘傳大學管理科學研究所未出版之博士論文。

張麗雪（2004）。《我國國際觀光旅館業之經營效率評估》。元智大學會計學系碩士班未出版之碩士論文。

戚嘉林（1979）。《台灣地區觀光旅館各區供需之透視》。中國文化大學經濟研究所未出版之碩士論文。

曹勝雄，曾國雄（2000）。《我國觀光旅館業營收管理成功運作之影響因素研究》。行政院國家科學委員會專題研究報告，NSC89-2416-E-034-007。

梁志隆（1999）。《台北大眾捷運系統服務品質與顧客滿意度之研究》。國立中山大學公共事事管理研究所未出版之碩士論文。

梁書豪（2001）。《旅遊代理人以協商之方式推薦旅遊行程》。國立清華大學資訊工程學系碩士班未出版之碩士論文。

梁殷禎（1999）。《服務員工知覺之內部行銷作爲、角色知覺與顧客導向間關係之研究－以旅館業爲例》。國立中山大學企業管理學系碩士班未出版之碩士論文。

梁雯玟（2001）。《顧客導向，服務補償與服務品質之關係研究－以國際觀光旅館爲實證》。成功大學企業管理學系碩士班未出版之碩士論文。

梁聖慈（2004）。《組織變革、人力資源危機及其因應策略關係之研究－以旅館業爲例》。國立高雄應用科技大學商務經營研究所未出版之碩士論文。

梁慧婷（2001）。《服務補償、顧客忠誠度與補救後滿意度關係之研究》。實踐大學企業管理研究所未出版之碩士論文。

莊鴻德（2001）。《台灣國際觀光旅館教育訓練實施、員工教育訓練成效與組織績效之相關性研究》。國立中正大學企業管理研究所未出版之碩士論文。

許玉燕（1999）。《旅館業之服務行銷策略之研究－以我國國際觀光旅館業爲例》。元智大學管理研究所未出版之碩士論文。

許惠美（1999）。《旅行業者對大型國際觀光旅館企業形象評估之研究－以台北市爲例》。世新大學觀光學系碩士班未出版之碩士論文。

許瑛慧（2004）。《加盟連鎖型態中知識移轉之研究－以國際旅館業爲例》。國立政治大學國際貿易研究所未出版之碩士論文。

許筱雯（1999）。《台灣地區國際觀光旅館策略群組與營運績效之實證研究》。銘傳大學國際企業管理研究所未出版之碩士論文。

郭先豪（1996）。《禁煙問題對餐廳消費行爲之研究》。中國文化大學觀光事業研究所未出版之碩士論文。

郭更生、顧景昇、張玉欣（1999）。《運用資訊策略創造競爭優勢－以餐飲服務業爲例》。第四屆餐飲管理學術研討會論文集。高雄市。

郭建男（2001）。《以行動代理人爲基礎商務環境下之群體代理人合作協商機制－設計與實作》。朝陽科技大學資訊管理系碩士班未出版之碩士論文。

郭峻彰（1997）。《一般觀光旅館市場區隔之實證研究－以台北市一般觀光旅館爲例》。東吳大學企業管理學系碩士班未出版之碩士論文。

郭德賓（2000）。《服務業顧客滿意評量模式之研究》。中山大學企業管理研究所未出版之碩士論文。

陳志孟（1999）。《國際觀光旅館經營策略－台中地區產業之個案研究》。東海大學工業工程學系碩士班未出版之碩士論文。

陳志遠、藍政偉（2000）。消費者抱怨行爲、抱怨處理方式及其抱怨處理後行爲之研究。《台北大學企業管理學報》，48，139-172。

陳秀珠（1996）。《國際觀光旅館顧客需求滿意度與再宿意願關係之研究－以圓山大飯店爲例》。中國文化大學觀光事業學系碩士班未出版之碩士論文。

陳芳儀（2004）。《旅館顧客滿意屬性矩陣之研究－比較日、美、中國大陸旅客之認知》。銘傳大學觀光研究所未出版之碩士論文。

陳長暉（2003）。《環保旅館與遊客選擇旅館住宿因子關係之研究》。國立嘉義大學管理研究所未出版之碩士論文。

陳彥銘（2002）。《台北都會溫泉遊憩區遊客區位選擇模式之建立》。國立台灣大學建築與城鄉研究所未出版之碩士論文。

陳春宏（2003）。《台北市國際觀光商務旅館異業聯盟之聯盟現況、聯盟型態、競合關係與聯盟績效關係之研究》。屏東科技大學企業管理系碩士班未出版之碩士論文。

陳昭同（1992）。《消費者購後不滿意反應類型之研究》。東海大學食品科學管理研究所未出版之碩士論文。。

陳炳欽（2002）。《台灣地區連鎖國際觀光旅館經營效率之研究》。南華大學旅遊事業管理研究所未出版之碩士論文。

陳凌娟（2003）。《經常性旅遊之國人在台旅遊滿意度相關因素之探討》。國立嘉義大學管理研究所未出版之碩士論文。

陳桓敦（2002）。《台灣地區休閒旅館遊客消費行爲之研究》。世新大學觀光學系碩士班未出版之碩士論文。

陳崑雄（2003）。《區域性條件與國際觀光旅館經營效率關係之探討》。朝陽科技大學休閒事業管理系碩士班未出版之碩士論文。

陳湘妮（1999）。《來華旅客對國內國際觀光旅館設施需求與認知之研究》。中國文化大學觀光事業研究所未出版之碩士論文。

陳隆昇（1997）。《互動電視服務的發展趨勢與機會》。國立交通大學科技管理研究所未出版之碩士論文。

陳菀揚（2002）。《工作特性、組織角色與知識來源對工作滿足之探討－以旅館業員工爲例》。大葉大學休閒事業管理研究所未出版之碩士論文。

陳瑋鈴（2004）。《台北市新北投溫泉休閒產業發展的時空特性》。國立台灣師範大學地理研究所未出版之碩士論文。

陳鉦達（2001）。《企業形象,服務補償期望與補救後滿意度關係之研究》。中國文化大學國際企業管理研究所未出版之碩士論文。

陳鉦達（2002）。《企業形象、服務補救期望與補救後滿意度關係之研究》。中國文化大學國際企業管理研究所未出版之碩士論文。

陳嘉芳（2003）。《以行動代理人建置多對多之多屬性協商機制的電子市集》。國立政治大學資訊管理研究所未出版之碩士論文。

陳銘堯（1998）。《區域條件對非國際觀光旅館經營績效之影響－以台中市爲例》。東海大學管理學研究所未出版之碩士論文。

陳學先（1993）。《新加坡、香港、台灣三地國際觀光旅館經營策略之比較研究》。國立中正大學企業管理研究所未出版之碩士論文。

陳聰正（2000）。《嘉義中信大飯店競爭策略－資源基礎論觀點》。國立中山大學高階經營碩士班未出版之碩士論文。

陳鴻宜（2000）。《台灣地區休閒渡假旅館經營效率之研究》。朝陽大學休閒事業管理系碩士班未出版之碩士論文。

陳麗文（1998）。《餐飲管理科及非餐飲管理科畢業生工作表現之比較研究》。中國文化大學生活應用科學研究所未出版之碩士論文。

淩儀玲（2000）。《服務接觸中認知腳本之研究》。國立中山大學企業管理研究所未出版之博士論文。

勞動基準法及其施行細則，行政院勞工委員會全球資訊網。http://www.cla.gov.tw/。

掌慶琳（2003）。《台美旅客對國際觀光旅館之推薦式廣告效果的比較研究》。中國文化大學國際企業管理研究所未出版之碩士論文。

曾千豪（2002）。《休閒產業與發卡銀行策略聯盟績效之研究》。朝陽科技大學休閒事業管理系碩士班未出版之碩士論文。

曾志民（1996）。《消費者抱怨行爲影響因素之研究》。台灣大學商學研究所未出版之碩士論文。

曾倩玉（1995）。《國際觀光旅館員工工作滿足、工作績效與離職傾向關係之研究》。銘傳大學管理科學研究所未出版之碩士論文。

游旻羲（2004）。《國際觀光旅館內部行銷作爲與員工工作滿足及離職傾向之研究－以台北市爲例》。銘傳大學觀光研究所未出版之碩士論文。

黃大昌（1999）。《新竹科學工業園區對旅館業影響之研究》。中華大學建築與都市計畫學系碩士班未出版之碩士論文。

黃文翰（2002）。《服務補救不一致,服務補救後滿意度與消費者後續行爲意圖之關係研究》。國立東華大學觀光暨遊憩管理研究所未出版之碩士論文。

黃志峰（1999）。《台灣地區觀光旅館所有權結構領導風格與經營績效關係之研究》。中國文化大學觀光事業研究所未出版之碩士論文。

黃怡君（2001）。《我國餐旅教育與校外實習制度對工作表現影響之研究》。中國文化大學觀光事業研究所未出版之碩士論文。

黃俊傑（2003）。《遊客住宿型態選擇之研究》。國立嘉義大學管理研究所未出版之碩士論文。

黃英忠等（1998）。《人力資源管理》。台北：華泰書局。

黃純德（1997）。《國民文化對旅館顧客不滿意之影響－以美日旅客爲例》。國立交通大學管理科學研究所未出版之碩士論文博士。

黃敏惠（2001）。《服務失誤之歸因與服務補償後滿意度關係之研究》。中國文化大學國際企業管理研究所未出版之碩士論文。

黃凱筳（1998）。《台灣國際觀光旅館對觀光教育培育人力需求之研究》。中國文化大學觀光事業研究所未出版之碩士論文。

黃惠伯（2000）。《旅館安全管理》。台北：揚智文化。

黃曉玲（2002）。《顧客關係對服務補償期望,服務失誤歸因,與後續行為忠誠面之影響：Double Deviation Effect之實證研究。》國立成功大學企業管理學系未出版之碩士論文。

黃應豪（1995）。《我國國際觀光旅館業經營策略之研究－策略矩陣分析法之應用》。國立政治大學企業管理研究所未出版之碩士論文。

楊主行（2000）。《國際觀光旅館員工對工作輪調與生涯發展關係之認知研究》。中國文化大學觀光事業研究所未出版之碩士論文。

楊宗翰（2001）。《從服務利潤鏈的角度探討內外部服務品質與忠誠度之關係－以花蓮地區國際觀光旅館為例》。國立東華大學企業管理學系碩士班未出版之碩士論文。

楊欣宜（2004）。《北投地區溫泉遊憩安全認知之探討》。國立台北護理學院旅遊健康研究所未出版之碩士論文。

楊長輝（1996）。《旅館經營管理實務》。台北，揚智文化。

楊淑涓（2001）。《價格、品質與價值鏈之實證研究－以國際觀光旅館為例》。朝陽科技大學休閒事業管理系碩士班未出版之碩士論文。

楊慧華（2002）。《企業文化、企業願景、經營策略與經營績效之關係研究－以台灣國際觀光旅館為實證》。國立成功大學企業管理學系碩士班未出版之碩士論文。

楊麗華（2001）。《員工工作生活品質滿意度與個人工作績效關係之探討－以台北凱悅大飯店為例》。國立中央大學人力資源管理研究所未出版之碩士論文。

葉泰民（2000）。《台北市發展國際會議觀光之潛力研究》。中國文化大學觀光事業研究所未出版之碩士論文。

葉湞惠（1999）。《服務品質與消費者購後行為相關性之研究－以台中國際觀光旅館為例》。大葉大學事業經營研究所未出版之碩士論文。

葉靜輝（1998）。《勞基法對觀光旅館業影響之研究》。國立中正大學勞工研究所未出版之碩士論文。

詹弘斌（2002）。《運用網際網路提昇餐旅業服務品質之研究》。中華大學科技管理研究所未出版之碩士論文。

詹玉瑛（2004）。《觀光旅館業女性主管工作困境及其因應方式之研究》。國立嘉義大學休閒事業管理研究所未出版之碩士論文碩士班未出版之碩士論文。

詹森（1996）。《台灣國際商務旅館經營管理研究》。國立政治大學企業管理學系碩士班未出版之碩士論文。

鄒家慧（1998）。《航空電腦訂位系統（CRS）在旅行業應用之研究》。中國文化大學觀光事業研究所未出版之碩士論文。

廖佩芬（2004）。《宜蘭礁溪溫泉空間的特性與變遷－由休閒的觀點》。淡江大學建築學系碩士班未出版之碩士論文。

廖怡華（1999）。《影響國際觀光旅館業引進資訊科技之組織因素研究》。中國文化大學觀光事業研究所未出版之碩士論文

廖森貴（2001）。《服務補償、服務價值、抱怨處理後滿意度與關係行銷之研究》。台北科技大學商業自動化與管理研究所未出版之碩士論文。

趙采虹（2003）。《組織內員工知識分享意願之探討－以統茂大飯店為例》。義守大學管理科學研究所未出版之碩士論文。

趙泰源（2002）。《服務失誤之補救效益與補救矛盾現象之探討》。國立東華大學企業管理學系未出版之碩士論文。

趙珠吟（2003）。《觀光旅館餐飲經理人員性別角色刻板印象與兩性工作平等態度之研究》。中國文化大學生活應用科學研究所未出版之碩士論文。

趙惠玉（1999）。《國際觀光旅館工作標準化與員工工作滿意度關係之研究》。中國文化大學觀光事業研究所未出版之碩士論文。

趙惠玉（2003）。《國際觀光旅館員工人格特質與服務態度關係之研究》。中國文化大學國際企業管理研究所未出版之碩士論文。

趙韶丰（2000）。《服務接觸滿意關鍵因素之研究：餐飲業為例》。國立中山大學企業管理研究所未出版之碩士論文。

齊德彰（2004）。《服務業內部行銷策略導向、工作滿足與工作績效之關係－台灣國際 觀光旅館為實證》。國立台北大學企業管理學系碩士班未出版之碩士論文。

劉威昌（2002）。《台灣國際觀光旅館資訊科技應用對經營績效之影響》。朝陽科技大學休閒事業管理系碩士班未出版之碩士論文。

劉彩月（2003）。《高階主管之領導型態與經營績效之探討－以國內國際觀光旅館業為例》。靜宜大學企業管理學系碩士班未出版之碩士論文。

劉清華（2002）。《台中市國際觀光旅館業員工知識分享意願之研究》。朝陽科技大學休閒事業管理系碩士班未出版之碩士論文。

劉蕙萍（2004）。《行銷公關活動認知對行銷效果、企業績效影響之研究－以台灣觀光旅館業爲例》。東海大學企業管理學系碩士班未出版之碩士論文。

劉聰仁，李一民（2002）。《旅館網內網路管理資訊系統之研究-雛型網站之實現》。行政院國家科學委員會專題研究報告，NSC90-2213-E-328-001。

劉聰仁、林玥秀（2000）。《旅館內網路管理資訊系統之研究》。國科會專題研究計畫成果報告，NSC-89-2626-E-328-001。

樓邦儒（2001）。《台灣觀光旅館時空變遷之研究》。中國文化大學地學研究所未出版之博士論文。

歐季金（2003）。《由服務傳送系統探討服務接觸、顧客消費後反應與顧客特徵關係之研究－以小型商務旅館爲例》。國立東華大學觀光暨遊憩管理研究所未出版之碩士論文。

潘亮如（2003）。《國際觀光旅館餐廳主管工作滿足之研究》。東海大學食品科學系碩士班未出版之碩士論文。

蔣麗君（1999）。《國內百貨公司顧客抱怨原因之實證研究》。靜宜大學企業管理系未出版之碩士論文。

蔡亞芬（2004）。《組織特性、工作自主性、探究程度與員工服務品質之關係研究－以台灣之觀光旅館爲例》。輔仁大學餐旅管理學系碩士班未出版之碩士論文。

蔡坤宏（2000）。《旅館業、旅行業、航空業員工社會化與工作壓力之關係比較研究》。中國文化大學觀光事業研究所未出版之碩士論文。

蔡宜菁（2001）。《國際觀光旅館之高階經營團隊、組織結構、經營策略、關鍵成功因素與績效之關聯－以台灣國際觀光旅館爲實證》。國立成功大學企業管理學系碩士班未出版之碩士論文。

蔡宛雁（2004）。《台灣觀光旅館業程序不公正、員工創造性、離職傾向之關係－以同事支持、工作與家庭衝突爲干擾變項》。輔仁大學餐旅管理學系碩士班未出版之碩士論文。

蔡倩雯（1996）。《台灣地區國際觀光旅館業成本結構之研究》。中國文化大學觀光事業學系碩士班未出版之碩士論文。

蔡倩雯（2003）。《台美消費者對國際觀光旅館服務品質評估因素之比較研究》。中國文化大學國際企業管理研究所未出版之博士論文。

蔡雪紅（1999）。《企業文化、領導型態與企業績效關係之研究－以台灣地區國際觀光旅館爲例》。逢甲大學企業管理學系碩士班未出版之碩士論文。

蔡慈鴻（1998）。《北投地區溫泉建築及其空間變遷之研究》。淡江大學建築學系碩士班未出版之碩士論文研究所未出版之碩士論文。

蔡臆如（2002）。《服務藍圖 服務失誤與服務補償之服務傳送過程探討－以餐飲個案爲例》。銘傳大學管理科學研究所未出版之碩士論文。

談心怡（2001）。《台灣觀光旅館業員工考核制度之探討》。世新大學觀光學系碩士班未出版之碩士論文。

輝偉偉（1996）。《顧客抱怨處理與顯客滿意關係之研究－綜合認知面與情感面之探討》。國立中央大學管研所未出版之碩士論文。

鄭正豐（2002）。《跨國企業在國際化趨勢下之最適產值管理策略評析》。彰化師範大學商業教育學系碩士班未出版之碩士論文。

鄭玉惠（1993）。《國際觀光旅館服務品質之研究》。國立中山大學企業管理研究所未出版之碩士論文。

鄭志輝（2003）。《墾丁地區休閒渡假旅館經營策略與經營績效關係之研究》。長榮大學經營管理研究所未出版之碩士論文。

鄭尙悅（2002）。《旅館業服務品質評量模式之建立－以新竹地區爲例》。中華大學科技管理研究所未出版之碩士論文。

鄭美玉（2004）。《旅館業知識管理系統建構之研究》。銘傳大學觀光研究所未出版之碩士論文。

鄭敏玉（2000）。《國際觀光旅館服務品質與經營效率之研究－以台北地區國際觀光旅館爲例》。銘傳大學管理科學研究所未出版之碩士論文。

鄭紹成（1997）。《服務業服務失誤、挽回顧客與顧客反應之研究》。中國文化大學國際企業管理研究所未出版之博士論文

鄭紹成（1998）。服務失誤類型之探索性研究-針對零售服務業顧客觀點。《管理評論》，17（2），25-43。

鄭惠玲（2001）。《服務失敗與補救措施有效性之研究－以認知腳本觀點看二次滿意》。國立嘉義大學管理研究所未出版之碩士論文。

鄭嘉文（2003）。《產業群聚、策略型態與績效關係之研究－以台北市國際觀光商務旅館爲例》。屏東科技大學企業管理系碩士班未出版之碩士論文。

旅館管理

盧儀苑（2004）。《服務保證之比較式廣告對消費者風險認知之影響－以企業可信度爲干擾變數》。中國文化大學國際企業管理研究所未出版之碩士論文。

蕭淑藝、郭春敏（2003）。平衡計分卡之研究－以商務旅館爲例。《立德管理學院2003年健康休閒暨觀光餐旅產官學研討會論文集》。

賴佳維（2004）。《旅館業電子化經營與績效之關聯性研究》。世新大學觀光學系碩士班未出版之碩士論文。

賴其勛（1997）。《消費者抱怨行爲、抱怨後行爲及其影響因素之研究》。國立台灣大學商學研究所未出版之碩士論文。

賴衍瑞（2002）。《休閒產業電子商務營運績效之研究－以台灣地區觀光旅館網站爲例》。國立台灣師範大學運動休閒與管理研究所未出版之碩士論文。

賴貞治（1993）。《台北市五朵梅花級國際觀光旅館服務品質之實證研究》。國立中央大學企業管理研究所未出版之碩士論文。

賴珮如（2001）。《谷關溫泉區觀光發展認知之研究》。朝陽科技大學休閒事業管理系碩士班未出版之碩士論文。

賴麗華（2003）。《資產管理系統在旅館行銷之運用與阻礙因素之研究》。中國文化大學觀光事業研究所未出版之碩士論文。

鮑敦瑗（1999）。《溫泉旅館遊客市場區隔分析之研究－以知本溫泉爲例》。朝陽科技大學休閒事業管理系碩士班未出版之碩士論文。

謝銘原（1998）。《我國旅館業經營績效影響因素之研究》。大葉大學事業經營研究所未出版之碩士論文。

韓夢麟（2001）。《服務復原策略效益評估模式建立之研究－以馬可夫鏈爲分析工具》。中原大學企業管理研究所未出版之碩士論文。

韓維中（2001）。《服務缺失、顧客歸因與補救回復之滿意度模式》。國立台灣大學商學研究所未出版之碩士論文。

藍政偉（1997）。《消費者抱怨行爲、抱怨處理方式及其抱怨處理後行爲之研究》。國立雲林科技大學企業管理研究所未出版之碩士論文。

藍德龍（2001）。《服務接觸型態、服務補償期望與服務補償後滿意度關係之研究》。中國文化大學國際企業管理研究所未出版之碩士論文。

顏昌華（1997）。《台灣地區國際觀光旅館業經營效率評估之研究》。中國文化大學觀光事業研究所未出版之碩士論文。

魏正元（1992）。《服務核心、服務傳送系統與績效關係之研究－以台北市服飾零售業爲實證對象》。國立政治大學企業管理所未出版之博士論文。

羅啓中（2002）。《服務事件重要性、顧客情緒與補救後顧客滿意度關係之研究》。中國文化大學國際企業管理研究所未出版之碩士論文。

羅崚賓（2004）。《企業環境、核心能力與事業策略對人力資源策略與人力資源績效之影響研究－以台灣地區國際觀光旅館爲例》。國立嘉義大學休閒事業管理研究所未出版之碩士論文碩士班未出版之碩士論文。

邊雲花（2001）。《台灣國際觀光旅館經營型態與效率之研究。朝陽科技大學休閒事業管理系碩士班未出版之碩士論文》。

顧景昇（1993）。《台灣地區國際觀光旅館業行銷資訊系統規劃之研究》。中國文化大學觀光事業研究所未出版之碩士論文

顧景昇（1995/5/2）。掌握行銷資訊拓展觀光旅遊商機。《經濟日報》，28版。

顧景昇（1995/4/19）。資訊科技改寫觀光旅遊業行銷史。《經濟日報》，28版。

顧景昇（1995/1/11）。整合資訊策略拓展觀光旅遊市場。《經濟日報》，28版。

顧景昇（2002）。《客房實務（上、下）》。台北：文野出版社。

顧景昇（2002）。《旅館管理（上、下）》。台北：文野出版社。

顧景昇（2004）。《餐旅資訊系統》。台北：揚智文化。

龔聖雄（2002）。《國際觀光旅館服務失誤關鍵影響因素之研究》。朝陽科技大學休閒事業管理系碩士班未出版之碩士論文。

旅館管理

英文部分

Anderson, E. W., Fornell, C., and Lehmann, D. R. (1994). Customer satisfaction, market share, and profitability: Findings from Sweden. *Journal of Marketing*, 58(3), pp53-66.

Baker, T.; Murthy, N. N. and Jayaraman, V. (2002), Service package switching in hotel revenue management systems. *Cornell Hotel and Restaurant Administration Quarterly*, 43(1), pp109-112.

Baysinger, B, D., Keim, G. D., and Zeithaml, C. P. (1985). An empirical evaluation of the potential for including shareholders in corporate constituency programs. *Academy of Management Journal*, 28(1), pp180-200.

Bell, C. R., and Zemke, R. E. (1987). Service breakdown: the road to recovery. *Management Review*,76(1), pp32-36.

Berry, L.L., Zeithaml, V. A., and Parasuraman, A. (1990). Five imperatives for improving service quality. *Sloan Management Review*, 31(4), pp29-38.

Bitner, M. J., Booms, B. H., and Tetreault, M. S. (1990). The service encounter: diagnosing favorable and unfavorable. *Journal of Marketing*, 54(1), pp 71-84.

Bonnie, K. J. (1988). Frequent travelers: making them happy and bringing them back. *Cornell Hotel and Restaurant Administration Quarterly*, 29(1), pp. 83-88.

Boshoff, C. (1997). An experimental study of service recovery options. International *Journal of Service Industry Management*, 8(2), pp110.

Brown J. B. and Atkinson, H.(2001). Budgeting in the information age: a fresh approach. *International Journal of Contemporary Hospitality Management*, 13(3), pp.136-143.

Buhalis, D. and Licata, M. C. (2002). The future eTourism intermediaries. Tourism Management, 23, pp207-220.

Canina, L., Walsh, K. and Enz, C. A. (2000). The effects of gasoline-price changes on room demand: a study of branded hotels from 1988 through 2000. *Cornell Hotel and Restaurant Administration Quarterly*. 44(4), pp. 29-37.

Cannon, J. P, and Homburg, C. (2001). Buyers-supplier relationships and customer firm costs. *Journal of Marketing*. 65(1), pp29-44.

Carroll, B. and Siguaw, J.(2003). The evolution of electronic distribution: effects on hotels and intermediaries. *Cornell Hotel and Restaurant Administration Quarterly*, 44(4), pp.

38-50.

Casado, M.A. (2000). *Housekeeping management*. John Wiley &Sons, Inc.

Chan,A. Frank M Go, Pine, R. (1998). Service innovation in Hong Kong: attitudes and practice. *The Service Industries Journal*, 18(2), pp. 112-124.

Choi, S. and Kimes, S. E. (2002). Electronic distribution channel's effect on hotel revenue management. *Cornell Hotel and Restaurant Administration Quarterly*, 43(3), pp23-31.

Chrisman, J. J., Hofer, C. W., and Boulton, W. R.(1988). Toward a system for classifying business strategies. academy of management. *The Academy of Management Review*, 13(3), pp. 413-428.

Christo, B. (1997). An experimental study of service recovery options. *International Journal of Service Industry Management*, 8( ), pp.110-130.

Connolly, D. J. and Olsen, M. D. (2001). An environmental assessment of how technology is reshaping the hospitality industry. *Tourism and Hospitality Research*, 3(1), pp. 73-93.

Crosby, P. B. (1994). A license to do quality. *The Journal for Quality and Participation*, 17(1), pp 96-97.

Crosby, P. B. (1997). Learning and applying quality management is elementary. *The Journal for Quality and Participation*, 20(2), pp72-75.

Crosby, P. B. (2000). Creating a useful and reliable organization: The quality professional's role. *Annual Quality Congress Proceedings*, pp 720-722

Das, T. K., and Teng, B. S. (2000). Instabilities of strategic alliances: An internal tensions perspective. *Organization Science*, 11(1), p77

Desiraju, R. and Shugan, S. M. (1999). Strategic service pricing and yield management. *Journal of Marketing*, January, 63, pp44-56.

Dierickx, I., Cool, K., Barney, J. B. (1989). Asset stock accumulation and sustainability of competitive. *Management Science*, 35(12), pp1504-1513.

Dube, L. and Renaghan, L. M. (2000). Marketing your hotel to and through intermediaries. *Cornell Hotel and Restaurant Administration Quarterly*, 41(1), pp73-83.

Dube, L. and Renaghan, L. M. (2000). Creating visible customer value. *Cornell Hotel and Restaurant Administration Quarterly*, 41(1), pp62-72.

Enz, C. A.; Canina, L. &and Walsh, K. (2001). Hotel-industry averages: an inaccurate

旅館管理

tool for measuring performance. *Cornell Hotel and Restaurant Administration Quarterly*, 42(6), pp. 22-32.

Fitzsimmons, James and Mona Fitzsimmons. (1998). *Service management: operations, Strategy, and Information Technology. 2nd Edition*. Boston: Irwin/McGraw Hill.

Fodness, D. (1994). Measuring tourist motivation. *Annals of Tourism Research*, 21, pp.555-581.

Fornell, C. (1992). A national customer satisfaction barometer: The Swedish experience. *Journal of Marketing*, 56(1), pp.6-22.

Gitomer, D. L. (1997). Dramatic concepts, Greek and Indian: a study of the Poetics and the Natyasastra. *Comparative Drama*, 31(3), pp459-464.

Goodwin, C. and Ross, I. (1990). Consumer evaluations of responses to complaints: what's fair and why? *The Journal of Services Marketing*, 4(3), pp.53-61.

Gronroos, C. (1988). Service quality: the six criteria of good perceived service. *Review of Business*, 9(3), pp. 10-13.

Guiry, M. (1992). Consumer and employee roles in service encounters. *Advances in Consumer Research*, 19, pp666-672.

Hanks, R. D.; Cross, R. G. and Noland, R. P. (2002). Discounting in the hotel industry: A new approach. *Cornell Hotel and Restaurant Administration Quarterly*, 43(4), pp. 94-103.

Hart, C. W. (2000). Extraordinary guarantees. Marketing Management, 9(1), pp. 4-5.

Hassanien, A. and Baum, T. (2002). Hotel repositioning through property renovation. *Tourism and Hospitality Research*, 4(2), pp. 144-157.

Higley, J. (1998). Building binge in full swing. *Hotel and Motel Management*, 213(19), pp. 99-108.

Hoffman, K. D., Kelley, S. W., and Rotalsky, H. M. (1995). Tracking service failures and employee recovery efforts. *The Journal of Services Marketing*, 9(2), pp49-62.

Ismail, J. A., Dalbor, M. C., and Mills, J. E. (2002). Using RevPAR to analyze lodging-segment variability. *Cornell Hotel and Restaurant Administration Quarterly*, 43(6), pp. 73-80.

Jan A deRoos (1999). Natural occupancy rates and development gaps: A look at the U.S.

lodging industry. *Cornell Hotel and Restaurant Administration Quarterly*, 40(2), pp. 14-22.

Jesitus, J. (1998). City's lodging market mile high. *Hotel and Motel Management*, 213(19), pp. 114-128.

Jones, P. (1999). Yield management in UK hotels: A systems analysis. The Journal of the Operational Research Society, 50(11), pp. 1111-1119.

Jones. P. (1999). Multi-unit management in the hospitality industry: a late twentieth century phenomenon. *International Journal of Contemporary Hospitality Management*, 11(4), pp.155-164.

Kandampully, J. & Suhartanto, D. (2000). Customer loyalty in the hotel industry: the role of customer satisfaction and image. International Journal of Contemporary Hospitality Management, 12(6), pp346-351.

Karamustafa, K. (2000). Marketing-channel relationships: Turkey's resort purveyors' interactions with international tour operators. *Cornell Hotel and Restaurant Administration Quarterly*, 41(4), pp.21-31.

Keaveney, S. M. (1995). Customer Switching Behavior in Service Industries: An Exploratory Study. *Journal of Marketing*, 59, pp. 71-82.

Kimes, S. E. (2002). A retrospective commentary on discounting in the hotel industry: a new approach. *Cornell Hotel and Restaurant Administration Quarterly*, 43(4), pp. 92-93.

Kimes, S. E. (2002). Perceived fairness of yield management. *Cornell Hotel and Restaurant Administration Quarterly*, 43(1), pp. 21-30.

Kimes, S. E. (1999). Group forecasting accuracy in hotels. *The Journal of the Operational Research Society*, 50(11), pp. 1104-1110.

Kimes, S., Paul, E., and Wagner, E. (2001). Preserving your revenue-management system as a trade secret. *Cornell Hotel and Restaurant Administration Quarterly*. 42(5), pp. 8-15

Kumar, A., and Dillon W. R. (1987). Some further remarks on measurement-structure interaction and the unidimensionality of constructs. *Journal of Marketing Research*, 24, pp. 438-444.

Kwansa, F. and Schmidgall, S. (1999). The uniform system of accounts for the lodging

industry. *Cornell Hotel and Restaurant Administration Quarterly*, 40(6), pp. 88-94.

Kyoo, Y. C. (2000). Hotel room rate pricing strategy for market share in oligopolistic competition：eight-year longitudinal study of super deluxe hotels in Seoul. *Tourism Management*, 21(2), pp. 135-145.

Lovelock, C. H. (1996), *Services marketing*. Prentice Hall, International Editions

Luck, D. and Lancaster, G. (2003). E-CRM: Customer relationship marketing in the hotel industry. *Managerial Auditing Journal*, 18(3), pp. 213-231.

Maister, D. H. (1982). Balancing the professional service firm. *Sloan Management Review*, 24(1), pp15-30.

Miller, D., and Shamsie, J. (1996). The resource-based view of the firm in two environments: The Hollywood film studios from 1936 to 1965. *Academy of Management Journal*, 39(3), pp. 519-544.

Monteson, P. & Singer, J. (1999). Restoring the Homestead's historic Spa. *Cornell Hotel and Restaurant Administration Quarterly*, 40(4), pp. 70-77.

Murphy, J., Olaru, D., Schegg, R., and Frey. S. (2003). The bandwagon effect: Swiss hotels' Web-site and e-mail management. *Cornell Hotel and Restaurant Administration Quarterly*, 44(1), pp. 71-87.

O'Connor, P. (2000) Using computers in Hospitality. NY:Cassell.

O'Connor, P. & Frew, A. J. (2002). The future of hotel electronic distribution: expert and industry perspectives. *Cornell Hotel and Restaurant Administration Quarterly*, 43(3), pp33-45.

O'Connor. P. (2003). On-line pricing: an analysis of hotel-company practices. *Cornell Hotel and Restaurant Administration Quarterly*, 44(1), pp. 88-96.

O'Neill, J. W. (2003). ADR rule of thumb: validity and suggestions for its application. *Cornell Hotel and Restaurant Administration Quarterly*, 44(4), pp. 7-16.

Parasuraman, A., Berry, L.L., and Zeithaml, V. A., and (1991). Perceived service quality as a customer-based performance measure: an empirical examination of organizational barriers using an extended Service quality model. *Human Resource Management*, 30(3), pp. 335-364.

Pernsteiner, C. & Gart, A. (2000). Why buyers pay a premium for hotels. *Cornell*

Hotel and Restaurant Administration Quarterly, 41(5), pp. 72-77.

Peter, J. (1996). Managing hospitality innovation. *Cornell Hotel and Restaurant Administration Quarterly*, 37(5), pp. 86-95.

Piccoli, G., Spalding, B. R., & Ives, B. (2001). The customer-service life cycle: A framework for improving customer service through information technology. *Cornell Hotel and Restaurant Administration Quarterly*, 42(3), pp. 38-45.

Porter, M. E. (2001). Strategy and the Internet. *Harvard Business Review*, 79(3), pp 63-72.

Prahalad, C. K., and Hamel, G. (1990). The core competence of the corporation. *Harvard Business Review*, 68(3), pp. 79-92.

Quan, D. C. (2002). The price of a reservation. *Cornell Hotel and Restaurant Administration Quarterly*, 43(3), pp.77-86.

Renner, P.F. (1994). Basic hotel front office procedures. John Wiley &Sons, Inc.

Schneider, A. J. (1992). The quest for quality: TQM and the financial function. *The Journal of Business Strategy*, 13(5), pp 21.

Sigala, M., Lockwood, A. & Jones, P. (2001). Strategic implementation and IT: gaining competitive advantage from the hotel reservations process. *International Journal of Contemporary Hospitality Management*, 13(7), pp364-371.

Singh, J. (1989). Determinants of consumers' decisions to Seek third Party recovery. *The Journal of Consumer Affairs*, 23(2), pp329-364.

Smith, R. A. and Lesure, J. D. (2003). Barometer of hotel room revenue. *Cornell Hotel and Restaurant Administration Quarterly*, 44(4), pp. 6-

Soriano, D. R. (1999). Total quality management. *Cornell Hotel and Restaurant Administration Quarterly*, 40(1), pp.54-59.

Spreng, R. A., Harrell, G. D., and Mackoy, R. D. (1995). Service recovery: impact on satisfaction and intentions. *The Journal of Services Marketing*, 9(1), pp.15-23.

Stewart, D. M. (2003). Pricing together service quality: a framework for robust service. *Production and Operations Management*, 12(2), pp. 246-265.

Stutts, A.T. (2001). *Hotel and lodging management*. John Wiley &Sons, Inc.

Sundaram, D. S. and Webster, C. (2000). The role of nonverbal communication in service encounters. *The Journal of Services Marketing*, 14(5), pp. 378.

Swidler, R. (1998). Hotels leverage purchasing power for regular renovation. Hotel and Motel Management, pp.76-77.

Tax, S. S., and Brown, S. W. (1998). Recovering and learning from service failure. *Sloan Management Review*, 40(1), pp.75-88.

Tsang, H. C. (2002). Strategic dimensions of maintenance management. *Journal of Quality in Maintenance Engineering*, 8(1), pp.7-40.

Vallen, G. K. & Vallen, J. J. (1996). *Check-In Check-Out*. IRWIN Book Team.

Weatherford, L. R.; Kimes, S. E. & Scott, D. A. (2001). Forecasting for hotel revenue management: Testing aggregation against disaggregation. *Cornell Hotel and Restaurant Administration Quarterly*, 42(4), pp53-64.

Williamson, O. E. (1975). *Market and Hierarchies*, New York; Free Press.

Williamson, O. E. (1981). The Economics of Organization: The Transaction Cost Approach. *American Journal of Sociology*, 87, pp.548-577.

Williamson, O. E. (1985). *The Economic Institutions of Capitalism*. NY. Free Press.

Williamson, O. E. (1988). Corporate Finance and Corporate Governance. *The Journal of Finance*, XLIII(3), pp.567-591.

Withiam, G. (1991). The Homestead: combining tradition and innovation. *Cornell Hotel and Restaurant Administration Quarterly*, 32(2), pp. 60-64.

Withiam, G. (2000). Moderating revenue, but solid growth. *Cornell Hotel and Restaurant Administration Quarterly*, 41(3), pp. 12-14.

Wong, K. and Kwan, C(2001).An analysis of the competitive strategies of hotels and travel agents in Hong Kong and Singapore. *International Journal of Contemporary Hospitality Management*, 13(6), pp. 293-303.

Woodruff, R. B., Cadotte, E. R., and Jenkins, R. L(1983). Modeling consumer satisfaction processes using experience-based norms. *Journal of Marketing* Research, 20(3), pp. 296-304.

Zeithaml, V. A. (1988). Consumer perceptions of Price, quality, and value: a means. *Journal of Marketing*, 52(3), pp. 2-22.

附錄一　觀光旅館業管理規則

公布文號	版本日期
中華民國八十八年六月二十九日交通部交路發字第八八五九號令修正第四條、第二十九條	1999/6/29
交路發字第〇九二B〇〇〇〇三七號令	2003/4/28

附錄一

第一章　總則

第一條　本規則依發展觀光條例第六十六條第二項規定訂定之。

第二條　觀光旅館業經營之觀光旅館分爲國際觀光旅館及一般觀光旅館，其建築及設備應符合觀光旅館建築及設備標準之規定。

第三條　非依本規則申請核准之旅館，不得使用國際觀光旅館或一般觀光旅館之名稱或專用標識。

國際觀光旅館及一般觀光旅館專用標識應編號列管，其型式如附表。

第二章　觀光旅館業之籌設、發照及變更

第四條　經營觀光旅館業者，應先備具下列文件，向主管機關申請核准籌設：

一、觀光旅館業籌設申請書。

二、發起人名冊或董事、監察人名冊。

三、公司章程。

四、營業計畫書。

五、財務計畫書。

六、土地所有權狀影本或土地使用權同意書及土地使用分區證明；一般旅館及其他既有建築物擬作爲觀光旅館者，並應備具建築物所有權狀影本或建築物使用權同意書。

七、建築設計圖說。

八、設備總說明書。

申請籌設觀光旅館業之案件，除在直轄市籌設一般觀光旅館業者，由交通部委託直轄市主管機關受理外，其餘由交通部委任觀光局受理。受理之主管機關應於收件後十五日內，將審查結果函復申請人；對於符合規定之案件，並應將核准籌設函件副本抄送有關機關。

主管機關審查觀光旅館建築設計圖說，得向申請人收取審查費；設計圖說變更時，亦同。

第五條　依前條規定申請核准籌設觀光旅館業者，應依法辦理公司登記，並備具下列文件報請原受理機關備查：

一、公司登記證明文件影本。

二、董事、監察人及經理人名冊。

前項登記事項有變更時，應於公司主管機關核准日起十五日內，報請原受理機關備查。

第六條　觀光旅館之中、外文名稱，不得使用其他觀光旅館已登記之相同或類似名稱。但依第三十一條規定報備加入國內、外旅館聯營組織者，不在此限。

第七條　經核准籌設之觀光旅館，其申請人應於二年內依建築法之規定，向當地主管建築機關申請核發用途爲觀光旅館之建造執照依法興建；觀光旅館業於核准籌設前，其建築物已領有使用執照者，其申請人應於核准籌設後二年內，向當地主管建築機關申請核發用途爲觀光旅館之使用執照；逾期即廢止其籌設之核准，並副知相關機關。但有正當事由者，得於期限屆滿前報請原受理機關予以展期。

觀光旅館業其建築物於興建前或興建中變更原設計時，應備具變更設計圖說及有關文件，

報請原受理機關核准，並依建築法令相關規定辦理。

觀光旅館業於籌設中轉讓他人者，應備具下列文件，申請

原受理機關核准：

一、有關契約書副本。

二、轉讓人之股東會議事錄或股東同意書。

三、受讓人之營業計畫書及財務計畫書。

第八條　觀光旅館業籌設完成後，應備具下列文件報請原受理機關會同警察、建築管理、消防及衛生等有關機關查驗合格後，由交通部發給觀光旅館業營業執照及觀光旅館業專用標識，始得營業：

一、觀光旅館業營業執照申請書。

二、建築物使用執照影本及竣工圖。

三、公司登記證明文件影本。

第九條　興建觀光旅館客房間數在三百間以上，具備下列條件，得依前條規定申請查驗，符合規定者，發給觀光旅館業營業執照及觀光旅館專用標識，先行營業：

一、領有觀光旅館之全部建築物使用執照及竣工圖。

二、客房裝設完成已達百分之六十，且不少於二百四十間；營業之樓層並已全部裝設完成。

三、餐廳營業之合計面積，不少於營業客房數乘一點五平方公尺，營業之樓層並已全部裝設完成。

四、門廳樓層、會客室、電梯、餐廳附設之廚房、衣帽間及盥洗室均已裝設完成。

五、未裝設完成之樓層，應設有敬告旅客注意安全之明顯標識。

前項先行營業之觀光旅館業，應於一年內全部裝設完成，並依前條規定報請查驗合格。但有正當理由者，得報請原受理機關予以展期，其期限不得超過一年。

第十條　觀光旅館建築物之增建、改建及修建，準用關於籌設之規定辦理；但免附送公司發起人名冊或董事、監察人名冊。

第十一條　經核准與其他用途之建築物綜合設計共同使用基地之觀

光旅館，於營業後，如需將同幢其他用途部分變更爲觀光旅館使用者，應先檢附下列文件，申請原受理機關核准：

一、營業計畫書。

二、財務計畫書。

三、申請變更爲觀光旅館使用部分之建築物所有權狀影本或使用權同意書。

四、建築設計圖說。

五、設備說明書。

前項觀光旅館於變更部分竣工後，應備具下列文件，申請原受理機關查驗合格後，始得營業：

一、建築物變更使用執照核准文件影本及竣工圖。

二、建築管理與防火避難設施及防空避難設備、消防安全設備、營業衛生、安全防護等事項，經有關機關查驗合格之文件。

第十二條　觀光旅館之門廳、客房、餐廳、會議場所、休閒場所、商店等營業場所之建築及設備，如需變更，仍應符合觀光旅館建築及設備標準，並報請原受理機關核准；非經原受理機關查驗合格，不得使用。

前項變更部分，原受理機關應通知有關機關。

第十三條　觀光旅館業之組織、名稱、業務範圍、地址及代表公司之負責人有變更時，應自公司主管機關核准變更登記之日起十五日內，備具下列文件送請原受理機關辦理變更登記，並轉報交通部換發觀光旅館業營業執照：

一、觀光旅館業變更登記申請書。

二、公司登記證明文件影本、股東會議事錄或股東同意書或董事會議事錄。

第十四條　主管機關得依職權或觀光旅館業之申請辦理等級評鑑。

觀光旅館之等級評鑑標準表由交通部觀光局按其建築與

設備標準、經營管理狀況、服務品質等訂定之。

主管機關為辦理前項評鑑事務，得委託民間團體辦理。

觀光旅館業經營之觀光旅館經等級評鑑後，應將主管機關發給之等級區分標識，置於門廳明顯易見之處。

前項等級區分標識由交通部觀光局定之。

第十五條　申請觀光旅館業營業執照及其換發或補發，應繳納執照費。

第三章　觀光旅館業之經營與管理

第十六條　觀光旅館業應備置旅客資料活頁登記表，將每日住宿旅客依式登記，並送該管警察所或分駐（派出）所，送達時間，依當地警察局、分局之規定。

前項旅客登記資料，其保存期間為半年。

第十七條　觀光旅館業應將旅客寄存之金錢、有價證券、珠寶或其他貴重物品妥為保管，並應旅客之要求掣給收據，如有毀損、喪失，依法負賠償責任。

第十八條　觀光旅館業發現旅客遺留之行李物品，應登記其特徵及發現時間、地點，並妥為保管，已知其所有人及住址者，通知其前來認領或送還，不知其所有人者，應報請該管警察機關處理。

第十九條　觀光旅館業應對其經營之觀光旅館業務，投保責任保險。

責任保險之保險範圍及最低投保金額如下：

一、每一個人身體傷亡：新臺幣二百萬元。

二、每一事故身體傷亡：新臺幣一千萬元。

三、每一事故財產損失：新臺幣二百萬元。

四、保險期間總保險金額：新臺幣二千四百萬元。

第二十條　觀光旅館業之經營管理，應遵守下列規定：

一、不得代客媒介色情或為其他妨害善良風俗或詐騙旅

客之行爲。

二、附設表演場所者，不得僱用未經核准之外國藝人演出。

三、附設夜總會供跳舞者，不得僱用或代客介紹職業或非職業舞伴或陪侍。

第二十一條　觀光旅館業發現旅客有下列情形之一者，應即爲必要之處理或報請當地警察機關處理：

一、有危害國家安全之嫌疑者。

二、攜帶軍械、危險物品或其他違禁物品者。

三、施用煙毒或其他麻醉藥品者。

四、有自殺企圖之跡象或死亡者。

五、有聚賭或爲其他妨害公衆安寧、公共秩序及善良風俗之行爲，不聽勸止者。

六、未攜帶身分證明文件或拒絕住宿登記而強行住宿者。

七、有其他犯罪嫌疑者。

第二十二條　觀光旅館業發現旅客罹患疾病時，應於二十四小時內協助就醫。

第二十三條　觀光旅館業客房之定價，由該觀光旅館業自行訂定後，報請原受理機關備查，並副知當地觀光旅館商業同業公會；變更時亦同。

觀光旅館業應將房租價格、旅客住宿須知及避難位置圖置於客房明顯易見之處。

第二十四條　觀光旅館業應將觀光旅館業專用標識，置於門廳明顯易見之處。

觀光旅館業經申請核准註銷其營業執照或經受停止營業或廢止營業執照之處分者，應繳回觀光旅館業專用標識。

未依前項規定繳回觀光旅館業專用標識者，由主管機

關公告註銷，觀光旅館業不得繼續使用之。

第二十五條　觀光旅館業於開業前或開業後，不得以保證支付租金或利潤等方式招攬銷售其建築物及設備之一部或全部。

第二十六條　觀光旅館業開業後，應將下列資料依限填表分報各級主管機關：

一、每月營業收入、客房住用率、住客人數統計及外匯收入實績，於次月十五日前。

二、資產負債表、損益表，於次年四月底前。

第二十七條　依本規則核准之觀光旅館建築物除全部轉讓外，不得分割轉讓。

觀光旅館業將其觀光旅館之全部建築物及設備出租或轉讓他人經營觀光旅館業時，應先由

雙方當事人備具下列文件，申請原受理機關核定：

一、有關契約書副本。

二、出租人或轉讓人之股東會議事錄或股東同意書。

三、承租人或受讓人之營業計畫書及財務計畫書。

前項申請案件經核定後，承租人或受讓人應於二個月內依法辦妥公司設立登記或變更登記，並由雙方當事人備具下列文件，申請原受理機關核轉交通部核發觀光旅館業營業執照：

一、觀光旅館業營業執照申請書。

二、原領觀光旅館業營業執照。

三、承租人或受讓人之公司章程、公司登記證明文件影本、董事、監察人名冊。

第三項所定期限，如有正當事由，其承租人或受讓人得申請展延二個月，並以一次為限。

第二十八條　觀光旅館建築物經法院拍賣或經債權人依法承受者，其買受人或承受人申請繼續經營觀光旅館業時，應於

拍定受讓後檢送不動產權利移轉證書及所有權狀，準用關於籌設之有關規定，申請原受理機關辦理籌設及發照。第三人因向買受人或承受人受讓或受託經營觀光旅館業者，亦同。

前項申請案件，其建築設備標準，未變更使用者，適用原籌設時之法令審核。但變更使用部分，適用申請時之法令。

第二十九條　觀光旅館業暫停營業一個月以上者，應於十五日內備具股東會議事錄或股東同意書報原受理機關備查。

前項申請暫停營業期間，最長不得超過一年。其有正當事由者，得申請展延一次，期間以一年爲限，並應於期間屆滿前十五日內提出申請。停業期限屆滿後，應於十五日內向原受理機關申報復業。

觀光旅館業因故結束營業者，應檢附下列文件向原受理機關申請註銷觀光旅館業營業執照：

一、原核發觀光旅館業營業執照。

二、股東會議事錄或股東同意書。

第三十條　觀光旅館業不得將其客房之全部或一部出租他人經營。

觀光旅館業將所營觀光旅館之餐廳、會議場所及其他附屬設備之一部出租他人經營，其承租人或僱用之職工均應遵守本規則之規定；如有違反時，觀光旅館業仍應負本規則規定之責任。

第三十一條　觀光旅館業參加國內、外旅館聯營組織經營時，應依有關法令規定辦理後，檢附契約書等相關文件報請原受理機關備查。其由直轄市主管機關備查者，並應副知交通部觀光局。

第三十二條　觀光旅館業對於主管機關及其他國際民間觀光組織所舉辦之推廣活動，應積極配合參與。

第三十三條　觀光旅館業對其僱用之職工，應實施職前及在職訓練，必要時得由主管機關協助之。

主管機關爲提高觀光旅館從業人員素質所舉辦之專業訓練，觀光旅館業應依規定派員參加並應遵守受訓人員應遵守事項。

前項專業訓練，主管機關得收取報名費、學雜費及證書費。

第四章　觀光旅館業從業人員之管理

第三十四條　觀光旅館業之經理人應具備其所經營業務之專門學識與能力。

第三十五條　觀光旅館業應依其業務，分設部門，各置經理人，並應於公司主管機關核准日起十五日內，報請原受理機關備查，其經理人變更時亦同。

第三十六條　觀光旅館業爲加強推展國外業務，得在國外重要據點設置業務代表，並應於設置後一個月內報請原受理機關備查。

第三十七條　觀光旅館業對其僱用之人員，應嚴加管理，隨時登記其異動，並對本規則規定人員應遵守之事項負監督責任。

前項僱用之人員，應給予合理之薪金，不得以小帳分成抵充其薪金。

第三十八條　觀光旅館業對其僱用之人員，應製發制服及易於識別之胸章。

前項人員工作時，應穿著制服及佩帶有姓名或代號之胸章，並不得有下列行爲：

一、代客媒介色情、代客僱用舞伴或從事其他妨害善良風俗行爲。

二、竊取或侵占旅客財物。

三、詐騙旅客。

四、向旅客額外需索。

五、私自兌換外幣。

第五章　獎勵及處罰

第三十九條　觀光旅館之興建，符合觀光旅館之建築及設備標準者，依法獎勵之。

第四十條　主管機關爲輔導興建觀光旅館，得視實際需要，協調土地管理機關依法租售公有土地。

第四十一條　觀光旅館業有下列情事之一者，主管機關得予以獎勵或表揚：

一、維護國家榮譽或社會治安有特殊貢獻者。

二、參加國際推廣活動，增進國際友誼有重大表現者。

三、改進管理制度及提高服務品質有卓越成效者。

四、外匯收入有優異業績者。

五、其他有足以表揚之事蹟者。

第四十二條　觀光旅館業從業人員有下列情事之一者，主管機關得予以獎勵或表揚：

一、推動觀光事業有卓越表現者。

二、對觀光旅館管理之研究發展，有顯著成效者。

三、接待觀光旅客服務周全，獲有好評或有感人事蹟者。

四、維護國家榮譽，增進國際友誼，表現優異者。

五、在同一事業單位連續服務滿十五年以上，具有敬業精神者。

六、其他有足以表揚之事蹟者。

第四十三條　觀光旅館業違反第六條、第九條、第十一條至第十三條、第十四條第四項、第十六條至第十八條、第二十條第二款、第三款、第二十一條至第二十三條、第二十四條第一項、第二項、第二十五條至第二十七條、第二十九條第三項至第三十一條、第三十三條第二項、第三十五條、第三十七條或第三十八條第一項規定者，由原受理機關依本條例第五十五條第二項第三款規定處罰之。

觀光旅館業僱用之人員違反第三十八條第二項第二款、第四款或第五款規定者由原受理機
關依本條例第五十八條第一項第二款規定處罰之。

第六章　附則

第四十四條　主管機關依本規則所收取之費用，其金額如下：

一、核發觀光旅館業營業執照費新臺幣三千元。

二、換發或補發觀光旅館業營業執照費新臺幣一千五百元。

三、補發觀光旅館專用標識費新臺幣二萬元。

第四十五條　本規則自發布日施行。

附表：觀光旅館業專用標識

（一）國際觀光旅館專用標識　　（二）一般觀光旅館專用標識

附錄二　觀光旅館建築及設備標準

公布文號	版本日期
交路發字第Ｏ九二ＢＯＯＯＯ三六號令	2003/4/28

第一條　本標準依發展觀光條例第二十三條第二項規定訂定之。

第二條　本標準所稱之觀光旅館係指國際觀光旅館及一般觀光旅館。

第三條　觀光旅館之建築設計、構造、設備除依本標準規定外，並應符合有關建築、衛生及消防法令之規定。

第四條　依觀光旅館業管理規則申請在都市土地籌設新建之觀光旅館建築物，除都市計畫風景區外，得在都市土地使用分區有關規定之範圍內綜合設計。

第五條　觀光旅館基地位在住宅區者，限整幢建築物供觀光旅館使用，且其客房樓地板面積合計不得低於計算容積率之總樓地板面積百分之六十。

前項客房樓地板面積之規定，於本標準發布施行前已設立及經核准籌設之觀光旅館不適用之。

第六條　觀光旅館旅客主要出入口之樓層應設門廳及會客場所。

第七條　觀光旅館應設置處理乾式垃圾之密閉式垃圾箱及處理濕式垃圾之冷藏密閉式垃圾儲藏設備。

第八條　觀光旅館客房及公共用室應設置中央系統或具類似功能之空氣調節設備。

第九條　觀光旅館所有客房應裝設寢具、彩色電視機、冰箱及自動電話；公共用室及門廳附近，應裝設對外之公共電話及對內之服務電話。

第十條　觀光旅館客房層每層樓客房數在二十間以上者，應設置備品室一處。

第十一條　觀光旅館客房浴室應設置淋浴設備、沖水馬桶及洗臉盆等，並應供應冷熱水。

第十二條　國際觀光旅館應附設餐廳、會議場所、咖啡廳、酒吧、宴會廳、游泳池、健身房、商店、貴重物品保管專櫃、衛星節目收視設備，並得酌設下列附屬設備：

一、夜總會。

二、三溫暖。

三、洗衣間。

四、美容室。

五、理髮室。

六、射箭場。

七、各式球場。

八、室內遊樂設施。

九、郵電服務設施。

十、旅行服務設施。

十一、高爾夫球練習場。

十二、其他經中央主管機關核准與觀光旅館有關之附屬設備。

前項供餐飲場所之淨面積不得小於客房數乘一點五平方公尺。

第十三條　國際觀光旅館房間數、客房及浴廁淨面積應符合下列規定：

一、應有單人房、雙人房及套房，在直轄市及省轄市至少八十間，風景特定區至少三十間，其他地區至少四十間。

二、各式客房每間之淨面積（不包括浴廁），應有百分之六十以上不得小於下列標準：

(一)單人房十三平方公尺。

(二)雙人房十九平方公尺。

(三)套房三十二平方公尺。

三、每間客房應有向戶外開設之窗戶，並設專用浴廁，其淨面積不得小於三點五平方公尺。

第十四條　國際觀光旅館廚房之淨面積不得小於下列規定：

供餐飲場所淨面積	廚房（包括備餐室）淨面積
一五〇〇平方公尺以下	至少爲供餐飲場所淨面積之三三％
一五〇一至二〇〇〇平方公尺	至少爲供餐飲場所淨面積之二八％加七五平方公尺
二〇〇一至二五〇〇平方公尺	至少爲供餐飲場所淨面積之二三％加一七五平方公尺
二五〇一平方公尺以上	至少爲供餐飲場所淨面積之二一％加二二五平方公尺
未滿一平方公尺者，以一平方公尺計算。	

第十五條　國際觀光旅館自營業樓層之最下層算起四層以上之建築物，應設置客用升降機至客房樓層，其數量不得少於下列規定：

客房間數	客用升降機座數	每座容量
八〇間以下	二座	八人
八一間至一五〇間	二座	十二人
一五一間至二五〇間	三座	十二人
二五一間至三七五間	四座	十二人
三七六間至五〇〇間	五座	十二人
五〇一間至六二五間	六座	十二人
六二六間至七五〇間	七座	十二人
七五一間至九〇〇間	八座	十二人
九〇一間以上	每增二〇〇間增設一座，不足二〇〇間以二〇〇間計算	十二人

國際觀光旅館應設工作專用升降機，客房二百間以下者至少一座，二百零一間以上者，每增加二百間加一座，不足二百間者以二百間計算。前項工作專用升降機載重量每座不得少於四百五十公斤。如採用較小或較大容量者，其座數可照比例增減之。

第十六條　一般觀光旅館應附設餐廳、咖啡廳、會議場所、貴重物品保管專櫃、衛星節目收視設備，並得酌設下列附屬設備：

一、商店。

二、游泳池。

三、宴會廳。

四、夜總會。

五、三溫暖。

六、健身房。

七、洗衣間。

八、美容室。

九、理髮室。

十、射箭場。

十一、各式球場。

十二、室內遊樂設施。

十三、郵電服務設施。

十四、旅行服務設施。

十五、高爾夫球練習場。

十六、其他經中央主管機關核准與觀光旅館有關之附屬設備。

前項供餐飲場所之淨面積不得小於客房數乘一點五平方公尺。

第十七條　一般觀光旅館房間數、客房及浴廁淨面積應符合下列規定：

一、應有單人房、雙人房及套房，在直轄市及省轄市至少五十間，其他地區至少三十間。

二、各式客房每間之淨面積（不包括浴廁），應有百分之六十以上不得小於下列標準：

(一)單人房十平方公尺。

(二)雙人房十五平方公尺。

（三）套房二十五平方公尺。

三、每間客房應有向戶外開設之窗戶，並設專用浴廁，其淨面積不得小於三平方公尺。

第十八條　一般觀光旅館廚房之淨面積不得小於下列規定：

供餐飲場所淨面積	廚房（包括備餐室）淨面積
一五〇〇平方公尺以下	至少爲供餐飲場所淨面積之三〇％
一五〇一至二〇〇〇平方公尺	至少爲供餐飲場所淨面積之二五％加七五平方公尺
二〇〇一平方公尺以上	至少爲供餐飲場所淨面積之二〇％加一七五平方公尺
未滿一平方公尺者，以一平方公尺計算。	

第十九條　一般觀光旅館自營業樓層之最下層算起四層以上之建築物，應設置客用升降機至客房樓層，其數量不得少於下列規定：

客房間數	客用升降機座數	每座容量
八〇間以下	二座	八人
八一間至一五〇間	二座	十人
一五一間至二五〇間	三座	十人
二五一間至三七五間	四座	十人
三七六間至五〇〇間	五座	十人
五〇一間至六二五間	六座	十人
六二六間以上	每增二〇〇間增設一座，不足二〇〇間以二〇〇間計算	十人

一般觀光旅館客房八十間以上者應設工作專用升降機，其載重量不得少於四百五十公斤。

第二十條　本標準自發布日施行。

附錄三　旅館建築備評鑑標準表

	項目＼等級	E	D	C	B	A
整體環境(70)	1.座落地點環境及交通狀況	●簡單交通設施	●出入交通尚稱方便	●出入交通便利 ●與周遭環境搭配良好	●出入交通十分便利 ●致力於維護周圍環境者	●提供清晰旅館指標 ●出入交通十分便利且提供充分交通服務 ●完美融合旅館建築及環境者
	10	0～2	3～4	5～6	7～8	9～10
	2.建築物外觀及景觀設計	●基本簡單的建築外觀及景觀設計	●建築外觀及景觀設計尚可	●建築外觀及景觀設計良好 ●景觀庭園亦屬上乘	●建築外觀及景觀設計優良 ●建築各部位均與環境融合	●建築外觀及景觀設計特優 ●顯露獨特出群之特質 ●細膩的庭園設計與良好維護
	15	0～3	4～6	7～9	10～12	13～15
	3.空間規劃及動線設計	●基本空間規劃及動線設計	●旅館空間規劃及動線設計尚可	●旅館空間規劃及動線設計良好	●旅館空間規劃及動線設計優良	●空間規劃能顯現旅館特色 ●動線設計非常順暢
	15	0～3	4～6	7～9	10～12	13～15
	4.停車場 戶外	●簡易柏油停車場鋪面 ●簡單基本照明 ●柏油或混凝土硬鋪面	●停車格及進出口畫線處理 ●照明尚可 ●停車格數量尚稱足夠	●良好建材鋪面 ●照明良好 ●停車格畫線清楚 ●停車格充足	●建材鋪面及停車動線規劃優良 ●照明優良 ●停車格充足	●建材鋪面及停車動線規劃特優 ●照明特優 ●停車格寬敞且非常充足 ●設置保全監視系統
	4.停車場 室內	●簡易之通風及照明設備 ●機械式停車場	●通風及照明設備尚可 ●機械式停車場但兼有部分平面車位	●通風及照明設備良好 ●以平面車位爲主	●通風及照明設備優良 ●平面室內停車場 ●設置監視系統	●通風及照明設備特優 ●平面室內停車場 ●4小時監視保全系統 ●停車出入動線順暢
	15	0～3	4～6	7～9	10～12	13～15
	5.整體環境維護	●基本維護	●管理維護尚可	●管理維護良好	●管理維護優良	●管理維護特優
	15	0～3	4～6	7～9	10～12	13～15

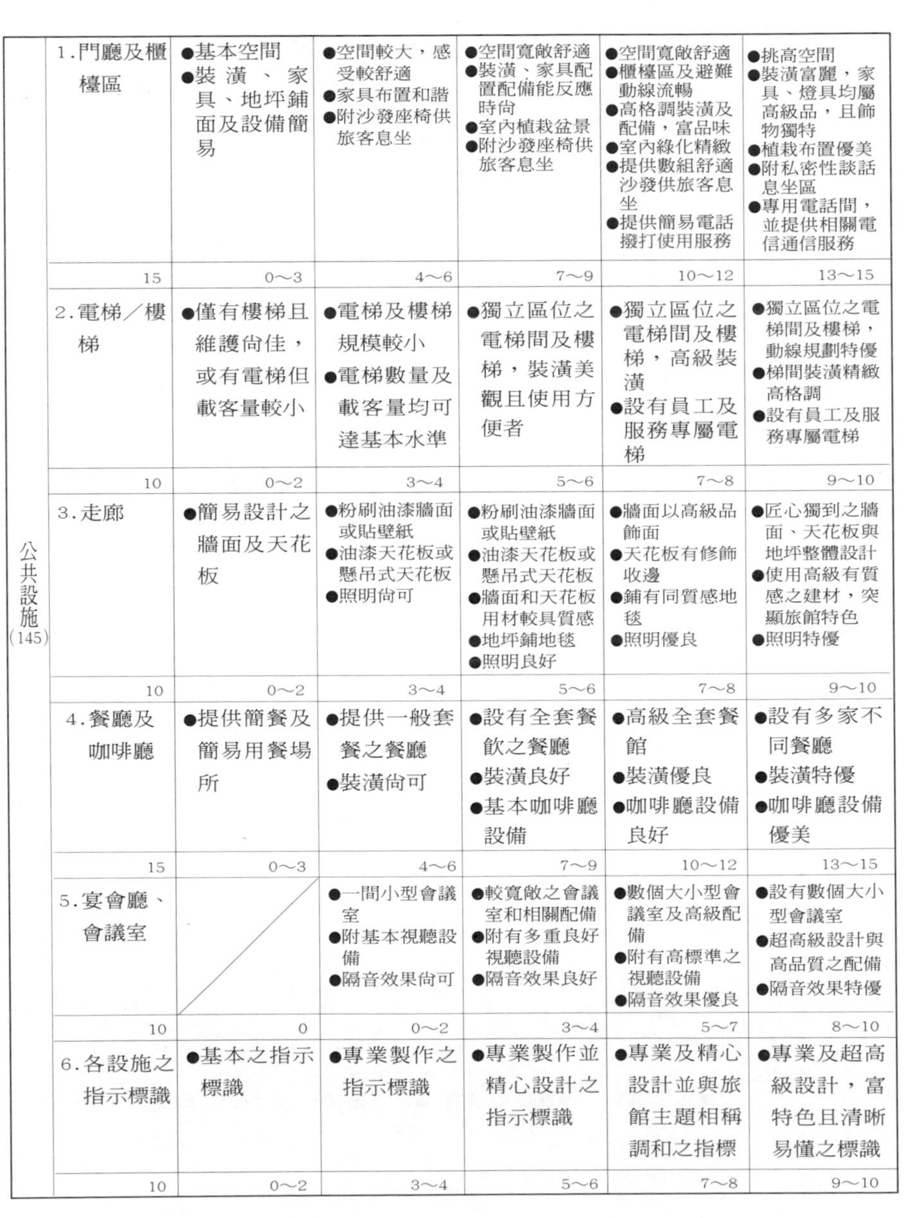

公共設施（145）	1.門廳及櫃檯區	●基本空間 ●裝潢、家具、地坪鋪面及設備簡易	●空間較大，感受較舒適 ●家具布置和諧 ●附沙發座椅供旅客息坐	●空間寬敞舒適 ●裝潢、家具配置配備能反應時尚 ●室內植栽盆景 ●附沙發座椅供旅客息坐	●空間寬敞舒適 ●櫃檯區及避難動線流暢 ●高格調裝潢及配備，富品味 ●室內綠化精緻 ●提供數組舒適沙發供旅客息坐 ●提供簡易電話撥打使用服務	●挑高空間 ●裝潢富麗，家具、燈具均屬高級品，且飾物獨特 ●植栽布置優美 ●附私密性談話息坐區 ●專用電話間，並提供相關電信通信服務
	15	0～3	4～6	7～9	10～12	13～15
	2.電梯／樓梯	●僅有樓梯且維護尚佳，或有電梯但載客量較小	●電梯及樓梯規模較小 ●電梯數量及載客量均可達基本水準	●獨立區位之電梯間及樓梯，裝潢美觀且使用方便者	●獨立區位之電梯間及樓梯，高級裝潢 ●設有員工及服務專屬電梯	●獨立區位之電梯間及樓梯，動線規劃特優 ●梯間裝潢精緻高格調 ●設有員工及服務專屬電梯
	10	0～2	3～4	5～6	7～8	9～10
	3.走廊	●簡易設計之牆面及天花板	●粉刷油漆牆面或貼壁紙 ●油漆天花板或懸吊式天花板 ●照明尚可	●粉刷油漆牆面或貼壁紙 ●油漆天花板或懸吊式天花板 ●牆面和天花板用材較具質感 ●地坪鋪地毯 ●照明良好	●牆面以高級品飾面 ●天花板有修飾收邊 ●鋪有同質感地毯 ●照明優良	●匠心獨到之牆面、天花板與地坪整體設計 ●使用高級有質感之建材，突顯旅館特色 ●照明特優
	10	0～2	3～4	5～6	7～8	9～10
	4.餐廳及咖啡廳	●提供簡餐及簡易用餐場所	●提供一般套餐之餐廳 ●裝潢尚可	●設有全套餐飲之餐廳 ●裝潢良好 ●基本咖啡廳設備	●高級全套餐館 ●裝潢優良 ●咖啡廳設備良好	●設有多家不同餐廳 ●裝潢特優 ●咖啡廳設備優美
	15	0～3	4～6	7～9	10～12	13～15
	5.宴會廳、會議室	／	●一間小型會議室 ●附基本視聽設備 ●隔音效果尚可	●較寬敞之會議室和相關配備 ●附有多重良好視聽設備 ●隔音效果良好	●數個大小型會議室及高級配備 ●附有高標準之視聽設備 ●隔音效果優良	●設有數個大小型會議室 ●超高級設計與高品質之配備 ●隔音效果特優
	10	0	0～2	3～4	5～7	8～10
	6.各設施之指示標識	●基本之指示標識	●專業製作之指示標識	●專業製作並精心設計之指示標識	●專業及精心設計並與旅館主題相稱調和之指標	●專業及超高級設計，富特色且清晰易懂之標識
	10	0～2	3～4	5～6	7～8	9～10

公共設施（145）	項目					
	7.游泳池		●室外泳池 ●基本家具	●全天候泳池 ●多重且品質佳之池旁家具 ●附有溫水池	●室內游泳池具備沖洗、更衣室 ●附有溫水池、蒸汽室及池邊餐飲設施 ●高級品味設計及家具	●室內游泳池具備沖洗、更衣室 ●附有溫水池、蒸汽室及池邊餐飲設施 ●SPA健康沖泡設施 ●超高級設計品質 ●全時段救生及服務人員
	15	0～3	4～6	7～9	10～12	13～15
	8.遊憩設施（運動健身設施或麻將橋牌遊藝區等）		●遊憩設施尚可	●遊憩設施良好	●優良之室內遊憩運動設施或室外可安排免費及付費使用之設施	●特優之室內遊憩及運動設施及提供獨特良好之服務
	15	0～3	4～6	7～9	10～12	13～15
	9.三溫暖		●簡易基本設施	●普通三溫暖設施 ●基本清潔	●寬敞齊全舒適的三溫暖設施 ●維持高度清潔	●頂級完整設計，超高品質的三溫暖設施 ●非常清潔
	10	0	0～2	3～4	5～7	8～10
	10.公共廁所		●簡單基本設備	●普通設備 ●尚稱舒適	●高級設備 ●清潔舒適	●超高級設備 ●維持高度清潔 ●空間寬敞 ●提供殘障便利設施與設計 ●維持良好氣氛（如撥放音樂、廣播）
	10	0	0～2	3～4	5～7	8～10
	11.商店		●簡易購物櫃檯	●僅提供一般生活用品商店	●提供良好精緻禮品商店	●多家高級禮品及精品店
	10	0	0～2	3～4	5～7	8～10
	12.公共設施維護	●基本維護	●管理維護尚可	●管理維護良好	●管理維護優良	●管理維護特優
	15	0～3	4～6	7～9	10～12	13～15

附錄三

客房設施(160)	1.客房淨面積（不含浴廁面積）	●9平方公尺－單人 ●13平方公尺－雙人 ●22平方公尺－套房	●10平方公尺－單人 ●15平方公尺－雙人 ●25平方公尺－套房	●11平方公尺－單人 ●16平方公尺－雙人 ●26平方公尺－套房	●13平方公尺－單人 ●19平方公尺－雙人 ●32平方公尺－套房	●15平方公尺－單人 ●21平方公尺－雙人 ●32平方公尺－套房
	10	0～2	3～4	5～6	7～8	9～10
	2.牆面	●簡易品質及設計	●石膏板或樹脂壁布牆面 ●橡膠或樹脂踢腳板	●油漆、灰泥粉刷或貼樹脂壁布 ●木質踢腳板	●牆面高級壁布 ●牆上緣用飾板及木質踢腳板 ●懸掛簡易畫作及裝飾	●牆面高級壁布牆上緣用飾板及木質踢腳板且更有品味及質感 ●懸掛高級畫作及裝飾，並能搭配整體設計者
	10	0～2	3～4	5～6	7～8	9～10
	3.地坪	●簡易品質及設計	●良好品質地坪，整體裝飾諧和 ●無髒漬毀損	●鋪設品質佳的地坪（木板或磁磚） ●使用區塊地毯重點突顯整體裝飾	●高級地毯、大理石、木板、花岡石或其他高級石材地坪 ●重點區位鋪設潔淨美觀的高級地毯	●採用區塊高品質並經特殊設計的花樣地毯 ●特殊處理的木質地板、大理石、花岡石或其他高級石材地坪
	10	0～2	3～4	5～6	7～8	9～10
	4.窗簾		●質地尚可之窗簾或遮光設施 ●半透光或全遮光之窗簾	●質地良好之窗簾 ●全遮光之遮陽板或百葉窗配以側簾	●質地優良之窗簾 ●高品質雙層窗簾（薄紗與不透光窗簾）	●質地特優之窗簾 ●窗簾花色能搭配室內整體裝飾
	10	0	0～2	3～4	5～7	8～10
	5.照明裝置	●簡單足夠的照明	●整體照明尚可 ●配置三處適當光源	●整體照明良好 ●配置四處適當光源	●整體照明優良 ●附直立式燈具	●整體照明特優 ●提供最舒適之照明需求
	10	0～2	3～4	5～6	7～8	9～10
	6.視聽設備	●最基本普通之視聽設備	●牆掛式或固定式電視 ●僅提供無線電視節目 ●視聽設備尚可	●有基座可旋動或固定式電視 ●提供無線電視、電台及有限的有線電視節目 ●視聽設備良好	●電視放置於櫥櫃上或開放式衣櫥內 ●提供無線電視、電台及有限的有線電視節目及付費電視 ●視聽設備優良	●電視設置於有開啓門之櫥櫃內 ●提供無線電視、電台、有線電視節目、付費電視及KTV服務 ●視聽設備特優
	15	0～3	4～6	7～9	10～12	13～15
	7.空調系統	●提供冷暖氣 ●窗型機	●分離式冷氣 ●具備新風系統	●分離式冷氣 ●具備新風系統 ●易於調控室內溫度	●中央空調系統，可於範圍內自由設定適宜溫度者	●中央空調系統可自由設定恆溫恆濕者
	15	0～3	4～6	7～9	10～12	13～15

客房設施(160)	8.衣櫃間		●關閉式衣櫥 ●空間狹小	●空間合宜 ●行李架或折疊行李架 ●基本數量材質之衣架	●空間較大 ●附設計精良之折疊行李架及板凳 ●衣櫃附設抽屜 ●較多及材質較好之衣架 ●設置普通穿衣鏡 ●設置簡易保險櫃	●空間寬敞 ●衣櫥內附自動開關照明 ●衣櫃附設數量充足之抽屜 ●數量非常足夠以及高級之衣架 ●設置高級全身穿衣鏡 ●設置高級保險櫃	
	10	0	0～2	3～4	5～7	8～10	
	9.床具及寢具	●一般品質及舒適度	●品質及舒適度尚可	●品質及舒適度良好 ●有床罩或被套 ●寢具採用一般填裝物	●品質及舒適度優良 ●設計優美之床罩或被套 ●寢具採用高級填裝物	●品質及舒適度特優 ●獨特精心設計之床罩或被套 ●寢具填裝物可提供選擇	
	15	0～3	4～6	7～9	10～12	13～15	
	10.客房家具	●基本需求之家具 ●一般品牌及構造品	●塑合板材 ●膠合面層構造	●良好品質之構造及膠合面層 ●實木飾邊，精心製作之家具 ●高級品質且整體同系列之家具	●實木加貼木皮飾面材 ●獨立書桌	●專業設計，精心製作之系列家具 ●實木或其他高級材質 ●面積較大且品質優良之獨立書桌	
	15	0～3	4～6	7～9	10～12	13～15	
	11.隔音效果及寧靜度		●尚可	●良好	●優良	●特優	
	10	0	0～2	3～4	5～7	8～10	
	12.MINI吧			●提供熱水瓶、茶包或咖啡包	●提供熱水瓶 ●茶包和咖啡包 ●附冰箱，僅提供免費飲用水（冷）	●提供熱水瓶 ●茶包、咖啡包、糖及奶精 ●冰箱提供各種付費冷飲、酒、礦泉水 ●附高級杯具	
	5	0	0	0～1	2～3	4～5	
	13.文具用品（信紙、便箋、書寫用具）		●提供簡單、一般品質之文具用品	●提供旅館專用之文具用品	●提供高級文具用品	●提供高級文具用品 ●提供書報雜誌	
	10	0	0～2	3～4	5～7	8～10	
	14.整體舒適		●尚可	●良好	●優良	●特優	
	15	0～3	4～6	7～9	10～12	13～15	

類別	項目					
衛浴間設備(75)	1.整體表像	●基本裝飾 ●衛浴器具搭配尚稱調和	●裝飾尚可 ●衛浴器具配備與裝潢非常調和	●衛浴器具呈高度調和並能反映時尚 ●呈現吸引力的式樣	●高格調裝潢，與旅館主調相稱	●獨特豪華式樣 ●藝術品陳設
	15	0～3	4～6	7～9	10～12	13～15
	2.牆面及地坪	●簡易設計 ●一般品質之牆面與地坪	●良好品質牆面，油漆或樹脂飾面牆 ●磁磚或馬賽克地坪	●高品質之樹脂或有質感之牆面 ●磁磚地坪能反映時尚	●極高品質牆面 ●刨光石英磚、大理石或花岡石地坪	●高品味設計及品質之牆面與地坪 ●刨光石英磚、大理石或花岡石地坪
	10	0～2	3～4	5～6	7～8	9～10
	3.衛浴器具	●混合組合之浴缸、淋浴 ●一般品質衛浴器具	●玻璃纖維浴缸 ●良好品質之衛浴器具 ●空間夠大	●含浴缸或淋浴間 ●高品質衛浴器具 ●磁磚或壓克力浴缸 ●附浴簾	●極高級之石材、磁磚或搪磁浴缸 ●高級品牌水龍頭、蓮蓬頭及衛浴配件	●淋浴間和浴缸分開設置 ●極高品質之衛浴器具
	15	0～3	4～6	7～9	10～12	13～15
	4.空間大小		●空間不大略嫌擁擠	●空間尚稱足夠	●空間較大 ●有舒適感	●有足夠自由移動空間 ●空間感受舒適輕鬆
	10	0	0～2	3～4	5～7	8～10
	5.洗臉台	●簡易洗臉台 ●一般懸吊式洗臉盆	●基本品質洗臉台 ●獨立支撐之洗臉盆	●良好洗臉台 ●樹櫃式洗臉盆或合成樹脂洗臉盆 ●設置基本照明設備及鏡子	●設置優良之照明設備及鏡子 ●人造石洗臉台、洗臉盆	●高級照明設備及鏡面優質設計 ●大理石或花岡石或其他高級材質台面
	10	0～2	3～4	5～6	7～8	9～10
	6.浴間配備 毛巾(10)	●浴巾、面巾各二條 ●腳巾一條 ●單薄簡易之毛巾	●浴巾、面巾各二條 ●腳巾一條 ●棉與人造絲混紡之毛巾	●浴巾、面巾各二條 ●浴墊一條 ●方巾一條 ●毛巾質地中等，60％棉	●浴巾、面巾各二條 ●方巾二條以上 ●浴墊一條 ●浴衣一～二件 ●毛巾質地棉80％以上	●浴巾、面巾各二條 ●方巾二條以上 ●浴墊一條 ●浴衣一～二件 ●厚絨毛大毛巾，100％純棉織品
	5	1	2	3	4	5
	盥洗用品(10)		●簡易包裝或不提供 ●二塊肥皂	●精緻包裝 ●有中英文標示 ●二塊大型肥皂或灌裝同等品 ●良好品質	●豪華包裝，中英文標示 ●高級品質 ●五件式備品	●豪華包裝，中英文標示 ●高級品質 ●七件式備品
	5	0	1	2	3	4～5

	6.浴間配備	其他衛浴間設備（電話、吹風機、安全把手、放大化妝（刮鬍）鏡、磅秤、充電插座）(15)	●具備左列一件者	●具備左列兩件者	●具備左列三件者	●具備左列四件者	●具備左列五件以上者
	5		1	2	3	4	5
清潔維護(80)	1.外部環境清潔			●尚可	●良好	●優良	●特優
	10		0	0～2	3～4	5～7	8～10
	2.公共區域清潔（包括門廳、電梯、走道及其他公共設施）			●尚可	●良好	●優良	●特優
	10		0	0～2	3～4	5～7	8～10
	3.客房清潔			●尚可	●良好	●優良	●特優
	15		0～3	4～6	7～9	10～12	13～15
	4.衛浴間清潔			●尚可	●良好	●優良	●特優
	10		0	0～2	3～4	5～7	8～10
	5.餐廳廚房清潔			●尚可	●良好	●優良	●特優
	15		0～3	4～6	7～9	10～12	13～15
	6.垃圾處理（垃圾分類）			●尚可	●良好	●優良	●特優
	10		0	0～2	3～4	5～7	8～10
	7.污水、廢水處理			●尚可	●良好	●優良	●特優
	10		0	0～2	3～4	5～7	8～10

類別	項目					
安全設施(50)	1.消防安全設備		●僅達合格標準	●設備尚稱優良	●高級品質之消防安全設備	●高級品質之消防安全設備 ●與設計和諧
	15	0～3	4～6	7～9	10～12	13～15
	2.逃生動線			●動線略嫌狹窄	●動線尚寬敞	●動線寬敞無阻礙
	5	0	0	0～1	2～3	4～5
	3.安全逃生標識			●合格	●很清楚	●非常清楚齊全
	5	0	0	0～1	2～3	4～5
	4.保全系統			●緊急逃生圖	●緊急逃生圖 ●各房門附有門鏈門鎖、鷹眼穿視孔	●緊急逃生圖 ●各房門附有門鏈門鎖、鷹眼穿視孔 ●設置錄影等完善之監視系統
	5	0	0	0～1	2～3	4～5
	5.建物防火			●合格 ●一般產品	●合格 ●高級防火建材	●合格 ●超高級品質防火建材
	5	0	0	0～1	2～3	4～5
	6.消防設施維護		●尚可	●良好	●優良	●特優
	15	0～3	4～6	7～9	10～12	13～15
綠建築環保設施(20)	1.日常節能設施			●良好	●優良	●特優
	5	0	0	0～1	2～3	4～5
	2.綠化設施			●良好	●優良	●特優
	5	0	0	0～1	2～3	4～5
	3.廢棄物減量 Co2			●良好	●優良	●特優
	3.廢棄物減量 圾垃			●良好	●優良	●特優
	3.廢棄物減量 污水			●良好	●優良	●特優
	5	0	0	0～1	2～3	4～5
	4.水資源(中水)			●良好	●優良	●特優
	5	0	0	0～1	2～3	4～5

總分	一星級	二星級	三星級以上
600	60～180	301～600	60～180

附錄四　旅館服務品質評鑑標準表

項目	評比	C	B	A
總機服務（30）	1．員工是否於鈴響3聲內接聽電話？	N/A	合格	優良
	3	0	1	2～3
	2．員工於接聽電話時是否注意電話禮儀，並注意說話語氣以使客人有愉快之感受？	N/A	合格	優良
	4	0	1～2	2～3
	3．員工於接聽電話是否表明姓名及服務單位，並禮貌詢問客人所需服務？	N/A	合格	優良
	4	0	1～2	2～3
	4．員工講電話時，周圍是否儘量避免吵雜聲或任何干擾？	N/A	合格	優良
	3	0	1	2～3
	5．員工是否具備外語能力？口齒是否清晰？	N/A	合格	優良
	3	0	1	2～3
	6．員工是否確認客人姓名，並於談話中稱呼其適當稱謂？	N/A	合格	優良
	3	0	1	2～3
	7．員工於電話轉接時是否迅速且正確？（總機人員對於旅館各分機之熟悉度）	N/A	合格	優良
	4	0	1～2	2～3
	8．電話轉接系統是否優良？（包括轉接功能、轉接等候音樂設計等等）	N/A	合格	優良
	3	0	1	2～3
	9．晨喚服務是否準時且有禮貌，且能注意客人感受？	N/A	合格	優良
	3	0	1	2～3

訂房服務(30)	1．員工於接聽電話時是否注意電話禮儀，並注意說話語氣以使客人有愉快之感受？	N/A	合格	優良
	3	0	1	2～3
	2．員工於接聽電話時是否表明姓名及服務單位，並禮貌詢問客人所需服務？	N/A	合格	優良
	3	0	1	2～3
	3．員工是否確認客人姓名，並於談話中稱呼其適當稱謂？	N/A	合格	優良
	3	0	1	2～3
	4．員工是否具備外語能力？口齒是否清晰？	N/A	合格	優良
	2	0	1	2
	5．員工能否詳細說明旅館各項服務設施及取消訂房或其他旅館相關規定？	N/A	合格	優良
	3	0	1	2～3
	6．員工能否清楚說明旅館各項設施（房間、會議室、餐廳）之型態？（如位置、大小、設備等等）	N/A	合格	優良
	3	0	1	2～3
	7．員工服務態度是否積極主動並盡力提供服務？服務是否有效率？	N/A	合格	優良
	3	0	1	2～3
	8．員工是否向客人複述內容，以確保交辦事項之完整性？	N/A	合格	優良
	3	0	1	2～3
	9．員工對於旅館房價及其他產品價格是否熟悉？	N/A	合格	優良
	2	0	1	2
	10．員工是否清楚紀錄客人資料及連絡方式，並將相關資料建檔以便利查詢？	N/A	合格	優良
	2	0	1	2
	11．員工是否於客人預定日期到達前再電話確認？	N/A	合格	優良
	3	0	1	2～3

	項目			
櫃檯服務（60）	1．員工是否提供熱忱友善的歡迎及服務並保持微笑？	N/A	合格	優良
	3	0	1	2～3
	2．員工辦理遷入手續是否能於5分鐘內完成？	N/A	合格	優良
	3	0	1	2～3
	3．員工是否詢問客人需求，並提供適當之服務？	N/A	合格	優良
	3	0	1	2～3
	4．員工是否積極主動並盡力提供服務，避免將客人再送至其他部門？	N/A	合格	優良
	3	0	1	2～3
	5．員工是否確認客人姓名，並於談話中稱呼其適當稱謂？	N/A	合格	優良
	3	0	1	2～3
	6．員工之服裝儀容是否整潔美觀？是否皆配戴中外文名牌？	N/A	合格	優良
	3	0	1	2～3
	7．若客人到達旅館時客房尚未準備妥當，員工是否能做妥善處置？	N/A	合格	優良
	3	0	1	2～3
	8．客人於等待客房的同時，員工是否隨時告知客人房間狀況？	N/A	合格	優良
	3	0	1	2～3
	9．員工與同仁工作互動時，是否留意客人的存在？	N/A	合格	優良
	3	0	1	2～3
	10．員工是否迅速安排行李運送服務？或安排服務人員陪同客人至客房？	N/A	合格	優良
	3	0	1	2～3
	11．員工是否保持接待櫃檯區域整齊清潔？	N/A	合格	優良
	3	0	1	2～3

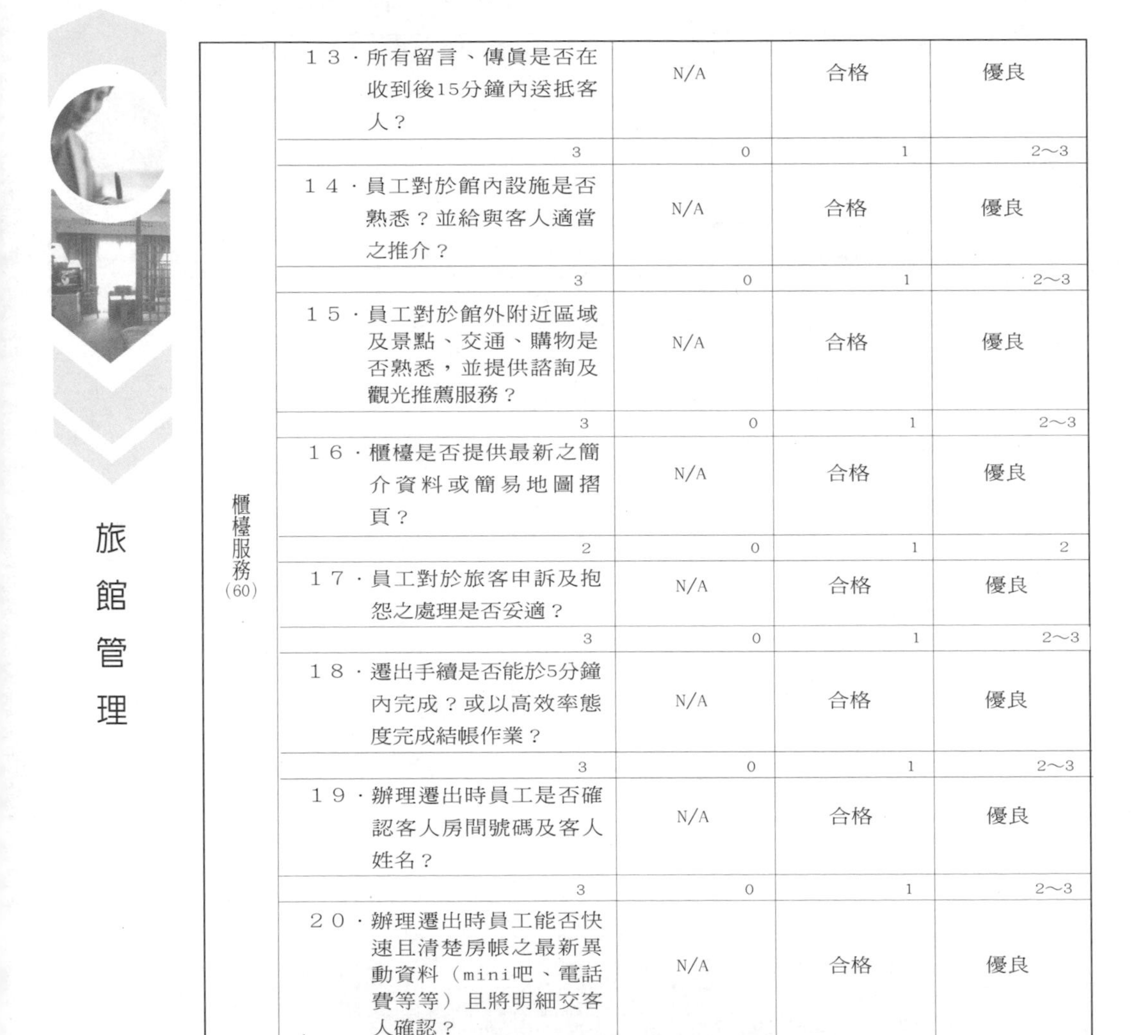

櫃檯服務（60）	13．所有留言、傳眞是否在收到後15分鐘內送抵客人？	N/A	合格	優良
	3	0	1	2～3
	14．員工對於館內設施是否熟悉？並給與客人適當之推介？	N/A	合格	優良
	3	0	1	2～3
	15．員工對於館外附近區域及景點、交通、購物是否熟悉，並提供諮詢及觀光推薦服務？	N/A	合格	優良
	3	0	1	2～3
	16．櫃檯是否提供最新之簡介資料或簡易地圖摺頁？	N/A	合格	優良
	2	0	1	2
	17．員工對於旅客申訴及抱怨之處理是否妥適？	N/A	合格	優良
	3	0	1	2～3
	18．遷出手續是否能於5分鐘內完成？或以高效率態度完成結帳作業？	N/A	合格	優良
	3	0	1	2～3
	19．辦理遷出時員工是否確認客人房間號碼及客人姓名？	N/A	合格	優良
	3	0	1	2～3
	20．辦理遷出時員工能否快速且清楚房帳之最新異動資料（mini吧、電話費等等）且將明細交客人確認？	N/A	合格	優良
	2	0	1	2
	21．員工是否親切詢問客人停留期間是否愉快？並於客人遷出時邀請其再度光臨？	N/A	合格	優良
	3	0	1	2～3

網路服務(20)	1．旅館架設之服務網站是否精美且具實用性？	N/A	合格	優良
	4	0	1～2	3～4
	2．旅館架設之服務網站是否有其他外語頁面可供選擇？	N/A	合格	優良
	4	0	1～2	3～4
	3．是否提供便利之網路線上訂房服務？	N/A	合格	優良
	4	0	1～2	3～4
	4．服務網站之設計是否清楚易懂且容易操作？	N/A	合格	優良
	4	0	1～2	3～4
	5．網路服務品質是否良好？是否爲寬頻網路？是否於各客房均提供便利之上網服務？	N/A	合格	優良
	4	0	1～2	3～4

行李服務(30)	1．員工是否親切友善向客人打招呼？	N/A	合格	優良
	2	0	1	2
	2．員工之服裝儀容是否整潔美觀？是否皆配戴中外文名牌？	N/A	合格	優良
	2	0	1	2
	3．員工是否爲客人開車門並問安？	N/A	合格	優良
	2	0	1	2
	4．員工之行爲舉止是否莊重且有高素質水準？員工是否具備外語能力？	N/A	合格	優良
	3	0	1	2～3
	5．是否提供代客停車服務？服務品質如何？	N/A	合格	優良
	3	0	1	2～3
	6．員工是否在客人遷入房間10分鐘內將行李送抵客房？	N/A	合格	優良
	3	0	1	2～3
	7．員工是否將行李安放於行李架上？	N/A	合格	優良
	2	0	1	2
	8．員工是否介紹客房設施？	N/A	合格	優良
	2	0	1	2
	9．員工是否維持大門區域之清潔美觀（包括玻璃門、窗戶、地面清潔等）	N/A	合格	優良
	2	0	1	2
	10．員工於接聽電話時是否注意電話禮儀，並提供適當且有效率之服務？	N/A	合格	優良
	2	0	1	2
	11．員工是否確認客人姓名，並於談話中稱呼其適當稱謂？	N/A	合格	優良
	2	0	1	2
	12．員工是否能輕敲房門並向客人問安？	N/A	合格	優良
	2	0	1	2
	13．員工是否在接到客人遷出訊息10分鐘內至客房提取行李？	N/A	合格	優良
	3	0	1	2～3

客房整理品質（60）	1．客房地毯、地板、磁磚是否維持清潔乾淨？	N/A	合格	優良
	4	0	1～2	3～4
	2．客房家具及窗戶、窗簾之使用功能使否維護良好且乾淨無塵？	N/A	合格	優良
	4	0	1～2	3～4
	3．電視機、音響、電話等設備是否保持清潔且功能維護良好？	N/A	合格	優良
	4	0	1～2	3～4
	4．被單、毛毯、枕頭、床頭板是否清潔乾淨？	N/A	合格	優良
	4	0	1～2	3～4
	5．燈飾是否乾淨無塵？燈光是否明亮？客房所有鏡面是否乾淨無斑點？	N/A	合格	優良
	4	0	1～2	3～4
	6．天花板及排氣孔是否乾淨無塵？空調系統是否正常運作？	N/A	合格	優良
	4	0	1～2	3～4
	7．陽台是否維持清潔乾淨？	N/A	合格	優良
	4	0	1～2	3～4
	8．馬桶、淋浴間、浴缸、洗臉台是否乾淨且維持良好狀況？（是否漏水或故障？）	N/A	合格	優良
	4	0	1～2	3～4
	9．浴簾、淋浴門及浴室地板是否乾淨且維持良好狀況？	N/A	合格	優良
	4	0	1～2	3～4
	10．毛巾是否清潔？浴室備品是否擺放整齊且無缺損？	N/A	合格	優良
	4	0	1～2	3～4
	11．客房及浴室備品是否均已補足？	N/A	合格	優良
	4	0	1～2	3～4
	12．供水品質是否良好？（水壓、水溫等）	N/A	合格	優良
	4	0	1～2	3～4

客房整理品質（60）	13．是否提供書報雜誌？是否提供其他免費服務？（如水果、礦泉水）品質如何？	N/A	合格	優良
	4	0	1～2	3～4
	14．文具印刷品是否充足？是否提供旅館服務指南？	N/A	合格	優良
	4	0	1～2	3～4
	15．客房視聽娛樂品質是否良好？（是否提供足夠電視、電影、音樂頻道等等）	N/A	合格	優良
	4	0	1～2	3～4
房務服務（30）	1．員工於接聽電話時是否注意電話禮儀，並提供適當且有效率之服務？	N/A	合格	優良
	3	0	1	2～3
	2．員工對於客人詢問是否迅速予以處理？（如客人就備品有疑問）	N/A	合格	優良
	3	0	1	2～3
	3．員工是否親切有禮並盡力提供服務？	N/A	合格	優良
	4	0	1～2	3～4
	4．員工是否能注意基本禮節（輕敲房門、問候及是否尊重客人「請勿打擾」標識等等）	N/A	合格	優良
	4	0	1～2	3～4
	5．客人入住後，員工是否適當清潔整理客房及浴室等各項設施？（煙灰缸、垃圾桶等等）	N/A	合格	優良
	4	0	1～2	3～4
	6．員工對於客人置放之物品是否適當整理？（貴重物品、私人文件等不得任意整理移動）	N/A	合格	優良
	4	0	1～2	3～4
	7．是否提供洗衣服務？其服務品質如何？	N/A	合格	優良
	4	0	1～2	3～4
	8．是否提供鋪夜床服務？其服務品質如何？	N/A	合格	優良
	4	0	1～2	3～4

客房內餐飲服務（20）	1．員工於接聽電話時是否注意電話禮儀，並提供適當且有效率之服務？	N/A	合格	優良
	3	0	1	2～3
	2．員工對於餐點內容是否熟悉？並依客人需求推薦菜單？員工是否具備專業外語能力？	N/A	合格	優良
	3	0	1	2～3
	3．員工之服裝儀容是否整潔美觀？是否皆配戴中外文名牌？	N/A	合格	優良
	2	0	1	2
	4．餐點是否於適當時間內送達？（本項應依所點菜式之樣式及項目多寡而定，但最長不得超過30分鐘）？	N/A	合格	優良
	3	0	1	2～3
	5．員工是否能輕敲房門並向客人問安？與客人交談是否注視客人？	N/A	合格	優良
	3	0	1	2～3
	6．員工是否詢問客人希望將托盤、餐車放置處所？及用餐方式？是否將餐點及餐具擺設妥當，並服務飲料？	N/A	合格	優良
	3	0	1	2～3
	7．送達之餐點是否正確而完整？員工是否簡略說明餐點及各式調味料？	N/A	合格	優良
	3	0	1	2～3

餐廳服務(50)	1．員工於接聽電話時是否注意電話禮儀，並提供適當且有效率之服務？	N/A	合格	優良
	3	0	1	2～3
	2．員工是否親切有禮迎接客人並迅速帶位？	N/A	合格	優良
	3	0	1	2～3
	3．員工之服裝儀容是否整潔美觀？是否皆配戴中外文名牌？	N/A	合格	優良
	3	0	1	2～3
	4．員工是否具備外語能力？	N/A	合格	優良
	3	0	1	2～3
	5．員工接受點菜時，是否對菜色及材料、內容均有相當了解？（點餐）	N/A	合格	優良
	3	0	1	2～3
	6．是否於點餐後15分鐘內上菜？（點餐）	N/A	合格	優良
	2	0	1	2
	7．員工於上菜時是否注意基本禮儀，如提醒客人要上菜了（點餐）	N/A	合格	優良
	2	0	1	2
	8．送給客人之餐點是否正確完整？食物與菜單上名稱是否相符？（點餐）	N/A	合格	優良
	2	0	1	2
	9．員工是否具備飲料專業知識及介紹是否詳細？（點餐）	N/A	合格	優良
	2	0	1	2
	10．員工是否適時補充茶水及更換餐具？（點餐）	N/A	合格	優良
	2	0	1	2
	11．自助餐台是否乾淨、美觀吸引人（自助餐）	N/A	合格	優良
	3	0	1	2～3

餐廳服務(50)	１２．自助餐台各式食物、飲料是否清楚標示？（自助餐）	N/A	合格	優良
	3	0	1	2～3
	１３．自助餐台區是否有專人負責服務整理工作？（自助餐）	N/A	合格	優良
	2	0	1	2
	１４．是否提供足夠之餐具器皿？是否提供足夠份量之食物？（自助餐）	N/A	合格	優良
	3	0	1	2～3
	１５．廚師是否始終於自助餐台後面提供服務？（自助餐）	N/A	合格	優良
	3	0	1	2～3
	１６．餐廳於即將結束收餐時是否預先告知客人並提供必要服務？（自助餐）	N/A	合格	優良
	3	0	1	2～3
	１７．員工能否於客人離席後3分鐘內將桌面收拾乾淨？	N/A	合格	優良
	3	0	1	2～3
	１８．員工是否詢問客人對於餐飲及服務之滿意度？餐廳結帳作業是否迅速？	N/A	合格	優良
	3	0	1	2～3

用餐品質(30)	1．餐桌擺設是否整齊美觀？	N/A	合格	優良
	3	0	1	2～3
	2．餐具是否維持乾淨清潔？(無破損)	N/A	合格	優良
	4	0	1～2	3～4
	3．佐料是否配置妥當且保持清潔衛生？	N/A	合格	優良
	4	0	1～2	3～4
	4．食物份量是否適中？食物溫度是否恰當？食物是否新鮮且色香味俱全？	N/A	合格	優良
	5	0	1～2	3～5
	5．能否避免廚房內吵雜聲及味道傳至餐廳用餐區	N/A	合格	優良
	4	0	1～2	3～4
	6．餐廳整體清潔及衛生維持程度如何？	N/A	合格	優良
	4	0	1～2	3～4
	7．餐廳整體氣氛是否維持舒適安靜？	N/A	合格	優良
	3	0	1	2～3
	8．餐巾、桌布、椅套等布巾類能否維持乾淨，並燙平且無破損、汙點？	N/A	合格	優良
	3	0	1	2～3

附錄四

健身設施服務（健身房、游泳池等）（20）	1．員工於接聽電話時是否注意電話禮儀，並提供適當且有效率之服務？	N/A	合格	優良
	2	0	1	2
	2．員工之穿著及裝備是否恰當？服務人員是否面帶微笑，態度親切和善？	N/A	合格	優良
	2	0	1	2
	3．各項設施之使用管理是否適當？（預約排定、使用人數控管等等）	N/A	合格	優良
	2	0	1	2
	4．員工對各項器材設施是否悉心維護，以使功能正常運作？	N/A	合格	優良
	2	0	1	2
	5．員工是否維持各項設施及場所之清潔乾淨？各項設施是否均提供予客人使用？	N/A	合格	優良
	2	0	1	2
	6．員工對於各項器材與設施是否耐心講解或操作解說？（應注意對客人之禮儀）	N/A	合格	優良
	2	0	1	2
	7．氣氛是否維持舒適？播放之音樂是否恰當？能否避免外在之干擾？（spa則應包含氣味、溫度等等）	N/A	合格	優良
	2	0	1	2
	8．員工是否專注於工作？是否注意維護客人設施使用安全？	N/A	合格	優良
	2	0	1	2
	9．員工是否具備運動傷害緊急防護、水上救生、CPR等專業知識？	N/A	合格	優良
	2	0	1	2
	10．員工是否提供客人所需用品？（如毛巾、沐浴乳、浴袍等）	N/A	合格	優良
	2	0	1	2

	1．員工服務專業訓練成效	N/A	合格	優良
	10	0	1～4	5～10
	2．員工消防安全訓練成效	N/A	合格	優良
	4	0	1～2	3～4
共127項				

	四星級 （軟體＋硬體得分600分以上）	五星級 （軟體＋硬體得分750分以上）
服務品質總分		
建築設備總分	須達301分以上者	須達301分以上者
總得分	600分以上	750分以上

委員綜合評論意見

旅館管理

筆記欄

筆記欄

旅館管理

著　　者／顧景昇
出 版 者／揚智文化事業股份有限公司
發 行 人／葉忠賢
總 編 輯／林新倫
執行編輯／曾慧青
登 記 證／局版北市業字第 1117 號
地　　址／台北縣深坑鄉北深路 3 段 260 號 8F
電　　話／（02）26647780
傳　　真／（02）26647633
郵政劃撥／19735365　戶名：葉忠賢
印　　刷／鼎易印刷事業股份有限公司
初版三刷／2007 年 6 月
ISBN　／957-818-672-2
定　　價／新台幣 450 元
E–mail　service@ycrc.com.tw
網　　址　http://www.ycrc.com.tw

國家圖書館出版品預行編目資料

旅館管理 ／ 顧景昇 著. -- 初版. -- 臺北市：
揚智文化， 2004[民 93]
面； 公分
參考文獻：面
ISBN 957-818-672-2（平裝）

1 旅館業 – 管理

489.2　　93016614